"十三五"江苏省高等学校重点教材（编号：2018-2-252）

网络安全：
信息隐藏与数字水印

张毅锋　宋　畅　编著

科 学 出 版 社

北　京

内 容 简 介

本书总结了作者团队近十多年来在信息隐藏和数字水印领域取得的科研成果，同时参考了国内外最新科研成果，是一部理论联系实际的专业理论著作。书中重点介绍了信息隐藏与数字水印基本理论及原理，并分析了相关的典型算法，其中数字水印算法的主要内容包括经典的数字水印算法、基于视觉模型的数字水印算法、基于神经网络的零水印算法等；信息隐藏算法的主要内容包括二值图像信息隐藏算法、无损可逆信息隐藏算法及加密域可逆信息隐藏算法。许多算法以丰富的实例进行说明。

全书取材新颖、内容丰富、深入浅出、理论联系实际、系统性强、概念清楚，可以作为网络空间安全、计算机应用、电子信息工程和通信工程、网络工程、通信与信息系统、信号与处理、信息安全与密码学、电子商务专业的本科生和研究生教材或科学研究参考资料，也可供从事网络空间安全研究及应用的学者、技术人员参考。

图书在版编目（CIP）数据

网络安全：信息隐藏与数字水印 / 张毅锋，宋畅编著. —北京：科学出版社，2023.3

"十三五"江苏省高等学校重点教材

ISBN 978-7-03-074308-4

Ⅰ. ①网… Ⅱ. ①张… ②宋… Ⅲ. ①计算机网络-安全技术-高等学校-教材 Ⅳ. ①TP393.08

中国版本图书馆 CIP 数据核字（2022）第 240341 号

责任编辑：惠 雪 高慧元 曾佳佳 / 责任校对：郝璐璐
责任印制：张 伟 / 封面设计：许 瑞

科 学 出 版 社 出版

北京东黄城根北街 16 号
邮政编码：100717
http://www.sciencep.com

北京中石油彩色印刷有限责任公司 印刷
科学出版社发行 各地新华书店经销

*

2023 年 3 月第 一 版 开本：787×1092 1/16
2023 年 3 月第一次印刷 印张：17 1/2
字数：415 000

定价：99.00 元
（如有印装质量问题，我社负责调换）

前　言

随着计算机通信技术、互联网技术的飞速发展，多媒体技术迅速兴起、蓬勃发展并被广泛应用。文本、音频、图像以及视频等多媒体技术已经渗透到人类生活的各个领域中，带来了巨大的变革。数字水印，即在图像、音频、视频等数字媒体信息中添加某些数字信息，如具有可鉴别性的数字信号或模式，从而保护多媒体数据的版权，证明产品的真实可靠性，指证盗版行为或者提供产品的附加信息。水印信息嵌入载体中不会对原始信息的可用性和完整性造成影响。在检查盗版行为时，通过从载体中提取出的嵌入信息，证明数字产品的版权以及信息完整性。数字水印技术涉及图像处理、数字信号处理、信息论、密码学以及编码理论等领域，为版权保护问题提供了一个有效的解决方案，已经成为多媒体信息安全研究领域的一个前沿热门方向。

信息隐藏技术既是信息安全领域的重要分支，也是另一种重要的数字图像保护技术。通过将秘密信息嵌入通信载体中，实现信息的隐蔽传输。信息隐藏技术通过利用图像载体的冗余空间进行秘密信息的嵌入与传递，嵌入秘密信息的载体在外观上和原始图像并没有很大的区别，肉眼在一定程度上并不能察觉出秘密信息的存在，具有很强的不可感知性，从而实现安全通信。传统信息隐藏技术在提取秘密信息的过程中会在一定程度上对载体产生不可恢复的破坏，而在一些特殊的应用场景下，如法庭认证、医学图像处理、军事通信、遥感成像等对数据认证要求较高的场景，这样的不可逆损坏是不被允许的，必须保证载体数据的完整性与一致性，由此，可逆信息隐藏技术应运而生。可逆信息隐藏技术不仅能保证秘密信息的嵌入与不可感知，而且满足秘密信息的可逆提取与载体数据的可逆恢复。

伴随着大数据时代的到来，"云计算"由于其虚拟化、动态化、可扩展的特点得到了快速发展。越来越多的多媒体图像存储在云端，与之相关的一系列信息安全问题也随之产生。信息拥有者将自己的多媒体产品加密后上传到云端，保护了自己的隐私不被泄露；信息管理者为了实现数据管理、版权验证，通常需要在加密后的多媒体载体中嵌入附加信息。这一过程中，图像加密域可逆信息隐藏技术在结合图像加密技术和可逆信息隐藏技术对图像内容进行保护的同时，也要保证图像内容的完整性与真实性。此外，图像加密域可逆信息隐藏技术在其他领域也发挥着很大的作用。例如，医学图像传递过程中医学图像的加密处理和加密图像中嵌入患者的个人信息等。又如，在军事领域中，军事图像属于国家机密，通过图像加密对图像内容进行保护显得尤为重要。为了保证图像传输接收双方的信息对称性，图像内容不容篡改。同时双方通过比较嵌入信息的一致性也可以验证军事图像的真伪。因此，在图像数据广为传播的今天，基于对图像加密技术和可逆信息隐藏技术的认识，对图像加密域可逆信息隐藏技术的研究，无论学术上还是应用上都具有重要意义。

本书是在总结国内外信息隐藏与数字水印理论与应用的最新成果，以及作者多年来在课题研究、研究生培养和本科生毕业设计指导中所取得的研究成果的基础上撰写而成的。本书包括 8 章内容。第 1 章绪论，主要介绍信息隐藏系统模型、图像信息隐藏主要算法和信息隐藏的应用领域。介绍数字水印的相关背景知识，内容包括数字水印的概念原理、图像数字水印的经典算法和常见的水印攻击方法，详细说明水印系统性能评估手段；介绍可逆信息隐藏的相关概念及技术难点、可逆信息隐藏算法的分类及发展。第 2 章基础理论，介绍信息隐藏与数字水印算法实现中常用的图像变换（如离散余弦变换、离散小波变换和轮廓波变换）；介绍数字水印算法实现中涉及的神经网络、混沌映射和高阶累积量与奇异值分解基础知识；介绍压缩感知基础知识；介绍数字水印和信息隐藏算法实现中经常讨论的人类视觉模型，主要讨论 Watson 感知模型和视觉显著性检测知识。第 3 章零水印算法及其应用，介绍基于三阶累积量和四阶累积量的高阶累积量的零水印算法；讨论各种零水印数字水印算法。第 4 章量化索引调制数字水印算法，介绍基于量化的数字水印算法，包括经典的量化索引调制（QIM）算法、QIM 扩展实现算法及其与视觉模型相结合的实现技术；针对 QIM 算法的不足，提出了若干改进的视觉模型；结合视觉模型提出改进的数字水印算法；研究基于扩展变换的对数水印算法，提出了基于视觉模型的多级混合分块 DCT 域水印算法；提出基于混合变换和子块相关的改进扩展变换抖动调制（STDM）算法；研究了基于视觉显著性和轮廓波变换的改进的对数量化索引调制水印算法，更好地均衡水印的不可感知性和鲁棒性。第 5 章基于压缩感知的数字水印算法，研究了基于分块压缩感知的数字水印算法，包括压缩感知理论和基于分块压缩感知的图像半脆弱零水印算法（基于压缩感知引入图像水印研究的经典论文）；研究了基于分块压缩感知的角度量化索引调制及其改进算法；研究了基于分块压缩感知的角度量化索引调制水印嵌入算法和提取算法；在 DWT 域和 DCT 域图像水印算法的基础上，研究了将压缩感知算法引入基于 DWT-DCT 变换的数字水印系统。第 6 章～第 8 章重点介绍和研究信息隐藏算法。第 6 章二值图像信息隐藏算法，首先概述二值图像信息隐藏的常见算法；接着，在重点讨论如何评价二值图像信息隐藏算法优劣的基础上，综合讨论了经典的分块二值图像信息隐藏算法仿真实现过程，对仿真实验结果进行详细分析。第 7 章和第 8 章讨论可逆信息隐藏算法。第 7 章可逆信息隐藏算法，在概述可逆信息隐藏发展背景及其应用的基础上，介绍了三种经典的可逆信息隐藏算法：差值扩展（difference expansion，DE）算法、直方图修改（histogram modification，HM）算法和预测误差扩展（prediction-error expansion，PEE）算法，这三种算法各有利弊，因为 HM 算法与其他两种算法相比具有较高的嵌入容量和峰值信噪比，目前已经成为比较主流的可逆信息隐藏算法。接着，重点介绍在 HM 算法基础上发展的其他几种改进算法：基于差值直方图平移、基于二维差值直方图平移和基于各种预测方案的误差扩展直方图平移等。第 8 章密文域可逆信息隐藏算法，从密文域可逆信息隐藏算法的基础框架出发，介绍其基本算法分类；从加密前预留空间（VRBE）算法、加密后预留空间（VRAE）算法、可分离与不可分离算法的分类角度对各个类别的一些经典算法进行介绍。

第 1 章～第 6 章由张毅锋撰写；第 7 章和第 8 章由宋畅撰写。第 4 章和第 5 章系统介绍和研究量化索引调制算法，第 7 章和第 8 章系统讨论可逆信息隐藏算法。上述算法内容在国内外相关专著和教材中是比较少见的。在本书的撰写过程中，得到了课题组许多学生的帮助，例如，历届研究生蒋燕玲、李莹莹、孙一博、蒋程、刘袁、夏添、张卓翼、李珂、孔令伟、杜天文、陈曦、肖宇华等结合他们的学位论文课题进行信息隐藏与数字水印专题研究；历届本科生贾成为、王宇鹏、王雪晨、傅新星、顾正洋、汪政扬、李柯、王文龙、陈同广等进行信息隐藏与数字水印毕业论文研究，他们所取得的创新成果也为本书内容提供了新颖题材。在此，向他们表示深切的感谢。

　　作者从 2010 年起指导研究生进行信息隐藏与数字水印课题的研究，相关研究工作历经十多年，本书的出版得到国家自然科学基金项目（61673108 和 61802058）和江苏省自然科学基金项目（BK20151102 和 BK20201267）的资助，并得到"十三五"江苏省高等学校重点教材立项建设的支持，在此一并表示感谢。

　　本书在完成过程中得到了东南大学信息科学与工程学院相关领导及老师的帮助，同时也得到了家人的鼓励和支持，在此衷心地向他们表示感谢。

　　信息隐藏和数字水印理论与应用仍在持续而迅速发展，不断出现新的研究成果，日臻丰硕。由于作者水平有限，时间仓促，在撰写过程中难免出现疏漏的地方，敬请读者批评指正。

作　者
2023 年元月

目　　录

第1章 绪 论

1.1 信息隐藏概述

信息隐藏（本书指的是灰度图像信息隐藏）是一种把有意义的秘密信息如软件序列号、密文或版权等信息通过某种嵌入算法隐藏到载体中从而得到含密载体的过程。信息经过隐藏之后，非法使用者单从载体上无法得知其是否含有隐藏的秘密信息，也难以提取、更改或去除所隐藏的秘密信息。而含密载体通过信道到达接收方后，接收方可以通过检测器利用与隐写算法相对应的逆隐写算法从中恢复或检测出隐藏的秘密信息。信息隐藏的系统模型图如图 1.1 所示，秘密信息经信息隐藏的编码器被嵌入宿主载体当中，含密载体通过传输信道传送至接收端的解码器，解码器将原始秘密信息从含密载体中提取出来。图 1.1 中，编码器和解码器分别指的是信息隐写算法、逆隐写算法等信息数据处理算法。根据信息隐藏在实际当中的应用，可将其分为信息隐形[1, 2]、匿名[3]、鲁棒性版权标识[4, 5]、易碎水印[6-8]和潜信道[9-14]五类。信息隐藏技术实际上是通信理论的一种应用，信息隐藏中的隐藏容量、秘密信息的不可见性以及隐写算法的鲁棒性可与通信理论中的信道容量、信噪比以及干扰边缘等相类比研究。

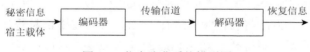

图 1.1 信息隐藏系统模型图

信息隐藏方法主要分为空间域的信息隐藏与变换域的信息隐藏。

空间域的信息隐藏方法有最低有效位（the least significant bit，LSB）算法、纹理映射编码方法、Patchwork 算法、文档结构微调法[15]以及基于空间域分块的算法等。LSB[16, 17]算法将秘密信息隐藏于载体最不重要的像素位，因而不可见性较好，但鲁棒性不强，经过几何变换、滤波、加噪、有损压缩等，秘密信息容易遭到破坏，且秘密信息的嵌入率不高。纹理映射编码方法[18, 19]的大体思路是将基于纹理的秘密信息嵌入载体图像具有相似纹理的部分当中。Patchwork 算法由 Bender 等[18]提出，利用载体图像的亮度来隐藏秘密信息，该算法随机地选取载体中的像素对，将像素对中的前一个像素的亮度值增加，后一个像素的亮度值减少相同的量，改变量以不影响载体的保真度为前提，这样载体的平均亮度不会发生变化，平均前后像素的差值即可提取出秘密信息。Patchwork 算法对 JPEG压缩、滤波及一些几何变化有一定的抵抗力，但嵌入量不大。为提高秘密信息的嵌入率，Langelaar 等[20, 21]提出了空间域分块的隐藏方法，即将图像分块后，再对各个图像块进行嵌入操作。

空间域的信息隐藏方法直接将秘密信息嵌入原始数据中，思路简洁易于实现，但鲁棒性较差，因此研究者开始尝试将原始信号进行某种变换，再将秘密信息嵌入载体的变换域中以提高算法的鲁棒性。常见的变换域隐藏算法有离散余弦变换（discrete cosine transform，DCT）域算法[22-24]、Wavelet 域算法[25, 26]、Fourier-Mellin 域算法[27]、Fourier 域算法[28]等。DCT 域算法首先将原始载体进行分块，再进行 DCT，选取一些频率的点进行信息嵌入，所选的频率范围比较重要，会影响算法对抗有损压缩等信号处理的鲁棒性。离散小波变换（discrete wavelet transform，DWT）域算法首先将载体进行 DWT，再将秘密信息嵌入载体的边缘或纹理复杂的部分，这样不易被察觉[29, 30]。小波域中 HH（水平和垂直方向均为高通子带）、HL（水平方向为高通子带，垂直方向为低通子带）和 LH（水平方向为低通子带，垂直方向为高通子带）细节子图中较大值的小波系数对应了载体适于隐藏信息的部位，只需修改这些系数即可嵌入水印。离散傅里叶变换（discrete Fourier transform，DFT）域算法可以把信号分解为幅值信息和相位信息，因而具有丰富的细节信息。DFT 域隐藏算法将秘密信息嵌入信号的相位信息中，相较于幅值中的信息嵌入而言对几何变换具有更强的鲁棒性，包括平移、比例缩放、旋转等，但是算法抵抗压缩的能力较弱。变换域算法使秘密信息的能量尽可能分布在所有的空间域像素上，有利于载体的保真度，对一些常见的信号处理如加噪、滤波、有损压缩等也具有较强的鲁棒性，并且易于与人类的视觉特性模型相结合，因而应用较为普遍[31-35]。

除了空间域和变换域的信息隐藏方法之外，还有扩频隐藏、分形隐藏以及基于特征的信息隐藏等方法。相关文献中首先发现通信中的扩展频谱技术可以应用于信息隐藏当中，随后研究者提出了很多基于扩展频谱原理的信息隐藏方法[16, 36-42]，其中以 Marvel 等[42]提出的方法最具代表性，该方法将载体图像进行 DCT，再将秘密信息叠加到变换域中幅值最大的一些系数上，直流分量除外，秘密信息的嵌入强度可以通过参数来调整。基于扩频通信的信息隐藏方法，将水印分布在多个载体数据的变换域系数中，在水印检测时能将许多微弱的信号集中起来形成较高信噪比的输出值。因此，基于扩展频谱原理的信息隐藏方法对几何形变等信号处理具有较强的鲁棒性。该方法将秘密信息主要隐藏于变换域的低频系数中，研究者提出了改进方案，即将秘密信息嵌于变换域的中频分量中，可以在算法的不可见性和鲁棒性之间取得更好的折中[43]。

基于分形压缩和分形编码的分形隐藏算法主要应用了分形中的自相似和迭代函数的概念，根据拼贴原理在图像的变换域中插入秘密信息[44]。该方法对 JPEG 压缩具有一定的抵抗力，但计算量比较大。基于特征的信息隐藏方法的主要思想是将秘密信息隐藏于图像感官上有意义的部分，如拐角、边缘、纹理复杂的区域等。可以首先提取出特征点，再将秘密信息隐藏于特征点组成的网络中；也可以在比较稳定的特征点周围的局部区域嵌入信息，并用特征点标识信息隐藏的位置。

目前，信息隐藏的研究主要分为隐藏和分析[45]两方面。隐藏的主要任务是在不引起可察觉的变化的前提下在载体中尽可能多地隐藏信息；分析的目的就是要在一批看似正常的载体中，通过各种分析方法，找出被怀疑隐藏有秘密信息的载体，然后拦截或破坏秘密信息的隐蔽传递。

主要从以下几个角度衡量某个具体的信息隐藏算法的优劣：不可感知性、鲁棒性及隐藏的信息量。不可感知性指嵌入秘密信息后的载体与原始载体的接近程度，人类的感官系统必须无法感知到原始载体发生了变化，并且从信息的统计特性上也无法得知载体中嵌入了秘密信息。鲁棒性指含密载体经受了一些数字信号处理的过程或一些人为的攻击后，恢复出秘密信息的能力。隐藏的信息量指信息隐藏算法在实际应用中需隐藏足够多的信息，如用于版权保护时，秘密信息量需足够表示该多媒体的版权。

目前信息隐藏的载体主要分为图像、视频、语音、文本等。本书将主要介绍灰度图像的信息隐藏方法，灰度图像信息隐藏方法主要分为空间域的信息隐藏与变换域的信息隐藏，除此之外还有分形隐藏、扩频隐藏以及基于特征的信息隐藏等方法。

1.2　信息隐藏的应用领域

信息隐藏研究涉及多个学科领域，如通信、密码学、数学、计算机科学、多媒体信息处理和模式识别等，是一门新兴的交叉学科。信息隐藏技术的特点决定了其可以被广泛应用于保密通信、数字版权保护、电子交易保护、票据防伪、资料完整性验证等方面。因此，信息隐藏技术在银行系统、商业系统、军事情报部门、政府部门发挥越来越重要的作用。有关信息隐藏技术的应用领域，这里对保密通信、数字版权保护、数字指纹、内容认证等作简单的概述。

1.2.1　保密通信

信息隐藏技术具有信息保护作用。保密通信主要用于信息的安全通信，通常把秘密信息隐藏在普通的多媒体信息中进行传输。最初的信息隐藏技术主要用来进行秘密的信息传递，即隐蔽通信，它隐蔽了通信工程的存在性，而隐蔽后的秘密信息可以通过公开信道进行传输，防止信息被截获和破译。隐蔽通信主要用于信息的安全通信，它所要保护的是嵌入媒体中的数据本身。采用隐蔽技术的网络通信就是把秘密信息隐藏在普通的多媒体信息中传输。当今信息技术的发展，网上存在数量巨大的多媒体资源，因而秘密信息难以被窃听者检测。

进行隐蔽通信所采用的主要技术就是数字隐写技术，即利用载体信号在多媒体信息的冗余空间具有的不可感知性，把需要传输的秘密信息嵌入载体信号当中，所得到的含密信号在视觉、听觉等感知方面与原始信号相比并没有太大的差异，非授权者无法确定其是否隐藏着秘密信息，也难以提取或去除所隐藏的秘密信息，从而达到了隐蔽通信的目的。

近年来互联网技术的发展使得信息隐藏技术发展到数字多媒体水印技术和数字指纹技术的研究，数字水印看作信息隐藏的一个重要研究分支。数字多媒体水印技术和数字指纹技术的研究是目前最为活跃的领域，主要用于版权保护、版权跟踪及真伪鉴定等，将会在 1.4 节中进行详细介绍。

1.2.2　数字版权保护

随着互联网和电子商务的飞速发展，网络上提供的数字服务越来越多，如数字图书馆和数字报纸等。这些以音视频等多媒体数字形式出现的作品，很容易得到大量复制，从而导致未授权的复制品产生，使得数字化产品的版权容易受到侵犯。因此，如何有效地保护数字产品的知识产权成为一个极其重要的问题。

1.2.3　数字指纹

鲁棒的数字水印技术可以应用于监视或追踪数字产品的非法传播和倒卖，这种应用通常称为数字指纹技术。与数字版权保护应用不同，数字指纹技术通过隐藏产品序列号来识别购买者，即数字水印技术用于提供版权证据来起诉盗版者，而数字指纹技术用于找到盗版者。

1.2.4　内容认证

内容认证的目的是检测对数据的修改，有时也称为真伪鉴别或完整性鉴别。通常可以利用脆弱水印技术来实现内容认证。为了便于检测，脆弱水印对某些变换如压缩具有较低的鲁棒性，从而侦测出数字产品是否被他人篡改。为了确保作品的完整性，可以有目的地在作品中藏入验证用的信息，以验证作品是否被篡改，甚至标示被篡改的区域，进一步地，还可以修复作品。

1.3　数字水印概述

互联网技术的发展产生了越来越多的数字化电子信息及其应用。作为信息隐藏的一个重要分支——数字水印应运而生。根据信息隐藏的应用可分为数字水印和数字隐写术（steganography）。数字水印技术是利用数字作品中普遍存在的冗余性和随机性，向数字作品中加入不易察觉但可以判断区分的秘密信息"水印"，从而起到保护数字作品版权或完整性的一种技术。20世纪90年代以来，通信网络技术快速发展，计算机与互联网快速发展与普及，第四次产业革命促使多媒体技术快速发展并得到广泛应用。计算机多媒体是一种集信息处理、信息传递与信息分享为一体的现代技术，近年来已成为现代技术应用中炙手可热的领域。多媒体技术被广泛应用于各类行业，为人们的生活、学习和工作带来了全新的体验，在社会生活中发挥着不容小觑的作用。

多媒体技术的出现使得数字媒体信息的制作、存储和使用更为便捷。而通信技术的进一步发展使通信设备成为信息交流的重要途径。多媒体技术与通信系统的结合实现了信息的数字化生产和网络化传输，可以方便地进行信息的使用与交换而不受地域和距离等因素的影响。多媒体作品借助网络被复制、处理与传播的过程中，副作用也随之产生，传输的作品文件可能未经允许就被恶意地复制、篡改或传播。因此采取适当的行动来打击盗版、防止非法复制并保护数字作品版权已势在必行。

　　传统的通信安全问题解决方法大多基于密码学。建立密钥系统，将易读的明文信息转换成不会被轻易破解的密文信息，进而控制用户访问数据，使得信息在网络传输时，不法攻击者无法轻易破解密文截获重要信息，进而实现信息安全与版权保护。但是密码技术具有一定的局限性，首先加密后的文件不易被理解，会阻碍数字信息的传播与使用；其次，只在信道传输过程中使用了加密手段，而传输后密文被解密，信息就变得透明化[46]。基于以上缺点，需要一种新的技术，该技术能够将一些重要的标志信息放到数字图像、视频等作品中用来证明数字作品的版权，而又不会影响数字产品的正常传播与正常使用。在此背景下，信息隐藏技术[47,48]得到了研究人员的关注，研究人员开始尝试将产品相关的版权信息或产品序列号等藏入数字作品中用于标记版权，而这种思想主要借用信息隐藏中的数字水印技术。

　　数字水印出现于 20 世纪 90 年代，它将一些具有标志意义的重要信息，即水印，利用一定的数字内嵌算法嵌入载体作品中。这些具有标志意义的重要信息可以用来证明创作者或购买者对数字作品拥有所有权或使用权，而且可以在判定或起诉侵权时将其作为证据提取出来[27]。可通过提取或检测的水印结果来判断数字信息完整性或可靠性，使得数字水印成为多媒体信息认证、知识版权保护的一种有效手段[49-51]。

　　相比于信息加密技术，数字水印技术更能满足如今时代信息发展的要求。其通过信息内嵌的方法，在不影响作品正常使用的前提下提供了一种有效的信息保护手段。尤其近年来，数字水印被更深入地研究，相关技术进步迅猛，并被实际应用到诸多领域。为了更好地发挥数字水印技术的优势，根据实际应用的需求将其与信号处理、密码学、图像遥感等众多学科结合，因此仍需继续更深入的研究。而且水印技术与水印攻击技术是博弈的存在，随着水印技术的发展，水印攻击技术也不断推陈出新，相应的水印技术需要不断地进行维护、更新和改进。因此，无论从学术价值还是从应用价值来看，仍有必要继续进行数字水印的相关研究。

　　随着多媒体信息安全与版权保护的应用需求日益增加，数字水印技术被学术界广泛关注。自 1993 年，数字水印一词在 *Electronic watermark* 论文中被正式提出后[52]，数字水印技术得到了突飞猛进的发展，水印技术的相关论文从 1992 年的 2 篇，到 1998 年的 100 多篇，再到 2001 年的 250 余篇，到 2010 年超过 500 篇，越来越多的科研工作者开始从事水印的相关研究。1996 年，第一届信息隐藏学术研讨会在英国成功召开[53]，标志着信息隐藏这一新兴学科的诞生。此后，一些信息处理、信息安全和密码学等相关领域的国际会议、国际期刊（如 *IEEE ICIP*、*IEEE ICASSP*、*ACM Multimedia*、*Signal Processing* 等）都增设了信息隐藏与数字水印方面的专题。

　　自 1993 年数字水印的概念被提出，因其在信息安全和经济上发挥了重要作用，得到了许多科研机构、院校和商业团体的关注重视，如美国海军研究实验室、美国空军研究实验室、美国陆军研究实验室、明尼苏达大学、普林斯顿大学、NEC 研究所和 IBM 公司等。除了基础理论研究，许多公司也投入研发数字水印相关的商业应用软件，而首个商用软件由美国 Digimarc 公司研发，之后该软件被集成到 Adobe 旗下的 Photoshop 产品和 Corel Draw 产品中。2007 年，汤姆逊公司发布 NEX Guard 数字水印产品并将其用于数字影院服务器，为影院系统提供相关的信息安全保障。

　　随着国外水印相关技术的迅速发展，国内学术界也有许多科研机构和高校加入到数字水印的相关研究中来，如北京邮电大学、北京大学等。1999 年，我国第一届信息隐藏技术研讨会在北京召开[54]。2000 年，中国科学院等机构在北京共同组织并召开了数字水印相关领域的学术讨论会，来自不同院校、单位和研究所的专家学者就数字水印技术进行讨论研究，并总结各自的研究成果作了相关报告。国家自然科学基金委员会、863 计划等也都设立了专门的项目基金来支持数字水印的相关研究。目前国内也兴起了一些从事数字水印应用软件开发的公司，如华旗资讯公司成立的上海爱国者数码研究院和北京华旗数码影像技术研究院，它们将数字水印技术应用到数码相机中，并研发出世界上第一台能实现版权认证的数字水印数码相机。这标志着国内的数字水印研究已开始从理论基础研究向应用商业化转变。

　　数字水印算法依据载体不同可划分为文本、图像、音频、视频水印。最早的图像水印算法是 Tirkel 等在 1993 年提出的，他们提出将水印添加到灰度图像空间像素的最低有效位上的水印方案[52]。Cox 等提出将水印嵌入到图像的 DCT 域，选取 DCT 域的前 1000 个交流系数嵌入水印[55]。Kundur 等提出在图像的 DWT 域进行水印嵌入，选择 DWT 后得到低频子图嵌入水印[56]。Ruanaidh 等提出 DFT 域的图像水印算法，通过修改幅度或相位信息实现水印隐藏[57]。Cox 等于 1997 年提出将扩频思想引入水印方案中来增强水印的鲁棒性[55]。Chen 等提出一种盲水印方案，通过量化器进行水印嵌入[58]。Cox 等提出将水印算法与视觉模型相结合，改善水印图像的不可感知性[59, 60]。之后，研究者提出了基于各种变换域的组合算法，如 DWT-DCT、DWT-DFT 等[61-63]，还加入一些新的算法模型、编码方法，如 SIFT、SVD 变换、QR 码等。近年来，一种可以恢复载体图像的可逆水印算法得到广泛研究[64, 65]。自出现以来，水印技术已取得了很多突破性的发展成果。

　　虽然数字水印领域已做了大量研究工作，也取得了突破性的研究进展，但是，数字水印技术仍有许多问题需要解决，需要我们继续深入研究下去。数字水印技术目前存在也是未来研究发展需要解决的问题有以下几点。

　　（1）基础理论研究：需要形成一套完善的数字水印理论体系，并建立标准化的基本框架模型和权威的性能评价标准等。

　　（2）现有水印算法分析：对现有算法的鲁棒性、安全性和不可察觉性等深入分析，寻找这些特性之间的相互关联，有助于实现更好的水印性能。

　　（3）水印系统的鲁棒性：水印技术与水印攻击方法是博弈发展的，水印技术不断地发展完善，水印的攻击方法也不断地推陈出新。为了应对各种或新或旧的水印攻击，需不断完善水印方法。

　　（4）水印技术的实际应用研究：将水印技术更广泛地应用于诸多领域，加快并完善水印系统的开发研究，使其能更好地与实际工作相结合，是未来研究发展的主要方向。

1.4　数字水印基本原理及应用

　　数字水印利用特定的数字嵌入方法将重要信息隐藏到要被保护的多媒体作品中，然后通过对应的检测分析算法将重要信息提取出来，这种重要信息称为水印。数字水印隐藏于多媒体作品中，载体在经过一些不破坏其使用价值的信号处理后，其中的水印信息仍然存在并可提取出来，这些水印信息可以用来证明创作者或所有者对该作品的持有权。通过检测或分析水印信息也可以实现动态追踪多媒体作品。水印算法设计要保证一个重要前提：水印信息的加入不会影响载体作品本身的正常使用与传播。

1.4.1　数字水印的基本原理

数字水印系统通常由以下几个部分组成：水印（生成）预处理、水印嵌入、水印传输（攻击）、水印提取或检测。水印算法实际上是一种优化设计问题，为实现不可感知性、稳健性和安全性等约束条件的平衡，通过分析载体数据、水印信息加密、选择水印嵌入位置、设计嵌入算法、调控嵌入强度等相关环节对系统进行优化设计[49]。水印系统基本实现框架如图 1.2 所示，载体信息和水印信息是最基本的系统输入量。

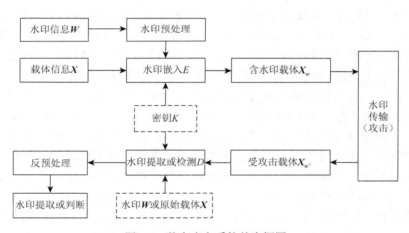

图 1.2　数字水印系统基本框图

设水印信息表示为 W，载体信息表示为 X，水印信号一般需要进行预处理但非必需。但无论处理与否，都应保证水印有效并且是唯一的。水印预处理函数 F 可表示如下：

$$F: X \times W \times K_1 \to W', \qquad W' = F(X, W, K_1) \tag{1-1}$$

其中，K_1 为密钥；W' 为处理后的水印信息。水印嵌入过程就是通过一定的嵌入算法将原始信号 $X(i, j)$ 与水印信号 $W'(i, j)$ 重叠，生成含水印的载体信息。嵌入函数 E 定义如下：

$$E: X \times W' \times L \times K_2 \to X_w, \qquad X_w = E(X, W', L, K_2) \tag{1-2}$$

其中，L 用来调控水印嵌入强度；K_2 为密钥；X_w 表示嵌入水印的载体数据。一个最基本的加性嵌入函数 E 可表述为

$$E: X_w(i, j) = X(i, j) + L(i, j) \cdot W(i, j) \tag{1-3}$$

其中，＋ 表示加性融合操作；$L(i, j)$ 表示像素位置（i, j）处的水印嵌入强度，其可以全局统一，也可以随像素信息的不同而自适应变换。选择较小的强度 L 可以改善水印的不可

感知性，但水印信息容易被破坏。因此，结合载体数据特征和人类感官模型，选取合适的 L 值，是水印系统的关键。

水印检测是数字水印设计中的一个重要环节，水印检测的结果可以将水印从图像中抽取出来或者直接返回一个水印存在与否的判断。检测过程中原始载体图像或水印图像可用可不用，检测函数 D 可定义为

$$D(\boldsymbol{X}_w, K_2, \boldsymbol{X}, \boldsymbol{W}) \quad \text{或者} \quad D(\boldsymbol{X}_w, K_2) = \begin{cases} w = 1 \\ w = 0 \end{cases} \tag{1-4}$$

通常，空间域算法直接在图像的空间像素点中进行水印嵌入，而变换域算法要先将载体信息变换到特定的变换域，然后在变换域中嵌入水印，最后进行反变换得到嵌入水印的载体作品。为了增加不法攻击者破坏或提取水印信息的难度，会在水印的嵌入与提取方案中加入密钥机制，只有拥有正确密钥的人才能获得水印信息。

1.4.2　数字水印的基本特性

水印系统可以通过许多属性来表征，而每个表征属性的相对重要性取决于具体应用需求和水印作用。实际上，对水印属性的解释也会随着应用需求的变化而变化。通常水印系统的特性之间存在着一定的制衡关系，即某一特性的优化可能会影响其他性能，因此寻求总体性能的平衡也是水印设计的一个重要目标。本节主要讨论水印的以下几个特性[66]。

（1）鲁棒性。鲁棒性是指在普通信号处理后检测水印的能力。常见的图像操作包括有损压缩、滤波和几何扭曲（如缩放、平移、旋转等）。水印信息是被嵌入载体数据中的，若对水印载体图像做处理也会影响其中的水印信息，因此要求数字水印能够抵抗一定的图像变换或处理。实际应用中，并不要求所有水印系统对所有信号处理操作都表现出鲁棒性，不同的系统对鲁棒性要求不同。根据水印鲁棒性的强弱，水印算法可分为脆弱性水印、半脆弱性水印和鲁棒性水印。

（2）隐蔽性。隐蔽性指水印是不易被察觉和感知的。在载体数据中隐藏的数字水印应该是人类感官（耳、眼等）无法识别的，也就是说对人类感官而言，嵌入水印的数据与原始数据是完全一样的，无法察觉出原始数据中因隐藏水印而发生的改变。隐蔽性还应包括统计学上的不可感知，即对大量载体图像用同样的方法嵌入相同的水印，就算采用统计方法也没有办法判断这些处理过的载体中是否存在水印或从中提取出水印信息。根据水印的隐蔽性，水印算法可分为可见性水印与不可见性水印。

（3）安全性。水印信息应该是唯一的，难以篡改、无法伪造的，并且不易被非法检测。水印信息只能用来标记对应的载体作品，而且任意第三方都无权对他人水印图像进行伪造。若没有授权，数字水印的嵌入与提取检测算法必须是保密的，并且不会被轻易破解。数字水印能抵抗一些恶意攻击、蓄意篡改。

（4）水印容量。水印容量包括两个方面：嵌入的水印容量和可嵌入的水印容量。嵌入的水印信息必须足够标记载体作品的版权信息，便于进行版权认证。而有的时候必须考虑到载体数据的可嵌入信息量，如在隐蔽通信系统中，由于系统的特殊性，会要求其能容纳较大的水印容量。因此水印嵌入方案需从水印与载体两方面考虑水印容量问题。

此外，一些其他的特性，如虚警率、计算效率以及通用性等，在实际应用中也可能会被考虑。数字水印系统的设计要根据实际需要，综合考虑这些特性，实际上是一种优化设计问题。

1.4.3　图像数字水印经典算法

一般来说，我们可以将水印嵌入两种类型的域中：空间域和变换域。而目前大多的水印算法研究都是在变换域中进行的。

（1）在空间域算法中，水印嵌入是直接修改载体图像的像素信息。一般来说，空间域算法较为简单，在水印提取时不需要原始图像，并且可以在鲁棒性、容量和不可感知性之间提供较好的折中。但是水印信息并没有遍布整幅载体图像，使得水印无法抵抗信息处理操作，这些处理可以轻易地破坏水印。空间域算法在图像的内容层嵌入秘密信息，根据嵌入方法，空间域算法可以分为两种：替换嵌入和加性嵌入。替换嵌入算法是预先选择好水印嵌入位置，然后直接将宿主图像对应位置上的像素信息或特定比特位上的信息替换成水印信息，如最低有效位（least significant bit，LSB）算法[67, 68]，而水印提取时也必须知道水印的嵌入位置。加性嵌入算法是直接将水印值加到图像的像素值上，并且可以通过一个比例因子调节嵌入强度，如 Patchwork 算法[69]。

（2）在变换域算法中，水印隐藏到图像的变换域系数中，最常用的变换域变换有离散小波变换（DWT）、离散余弦变换（DCT）和离散傅里叶变换（DFT）。因为变换域变换是对空间域像素的去相关，并将图像的大部分能量聚集到低频部分，当把水印嵌入中低频时，这些更改将分布至整幅图像，当对水印图像进行图像处理时，它们受影响较小。因此，与空间域算法相比，变换域算法更具鲁棒性。

傅里叶变换可以将信号分解成谐波相关复指数的线性加权和，这个加权和表示信号的频率分量，即频谱[49]。一幅图像可认为是一个空间变化函数，傅里叶变换将图像函数分解为一组正交函数，将空间强度图像变换到变换域。DFT 用于水印算法中，可以实现水印图像与载体图像的幅度调制和相位调制[70, 71]，由于相位调制的视觉效果较优，因此水印算法中常采用相位分量代替幅度分量来隐藏信息，而且基于相位分量的信息隐藏对噪声攻击更具鲁棒性。

离散余弦变换由傅里叶变换发展而来，傅里叶变换核是复数，而 DCT 只利用了傅里叶变换复核的实部，所以是一种实数正交变换[49]。许多视频和图像压缩算法是利用 DCT 将图像转换到变换域并进行数据压缩的量化，因此 DCT 域水印算法易于在压缩域中进行水印嵌入[72-74]。DCT 后，系数矩阵的左上角较好地集中了图像的能量，这部分用于水印嵌入，使得 DCT 水印算法能很好地抵抗常规图像处理攻击，如滤波、剪切和压缩等，而且这一部分对图像的视觉效果影响较大，水印攻击一般不会攻击它，故水印安全性高一些。

离散小波变换是一种简单快速的变换方法，将图像从空间域变换到变换域，不同于 DFT 和 DCT，它可以在空间域表示信号也可以在变换域表示信号，能提供图像的空间和频率特性，即良好的局部分析和时-频特性[75]。DWT 可以将图像分解成不同维度、不同频段的多幅子图像，实现多分辨率分析。DWT 具有良好的能量聚集效应，被用于 JPEG2000 压缩。因此，基于 DWT 的水印算法便于在压缩域中实现，并且对有损压缩有较强的鲁棒性，也可以与人眼视觉模型相结合用于改善水印性能[76, 77]。

其他变换域还包括 DWT-DCT 混合域、轮廓波变换域、奇异值分解域和压缩感知域等。在变换域中嵌入水印信号，可以将水印信号能量分布至整个载体图像，有利于提高水印的不可感知性；可以方便地将人类视觉特性引入水印算法；将图像的大部分能量集中到了低频部分，对滤波、噪声、压缩等攻击的鲁棒性要明显优于空间域算法。变换域中最典型的两种算法是基于扩频的水印算法和基于量化的水印算法。

Cox 等[55]首次将扩频思想引入水印算法中，选择载体图像的最重要的 n 个 DCT 系数，并通过加性嵌入将水印信息叠加在这些系数上，使得水印能量分摊给多个系数，从而有效地缓解了鲁棒性和不可感知性之间的矛盾。基于扩频的水印方法，可以将 DCT 系数替换为任意变换域的系数，也可以将加性嵌入替换为乘性嵌入等方法，但提取水印时都需要已知原始的载体信息或原始的水印信息，不能实现盲提取[49]。

量化索引调制（QIM）算法[58]是一种典型的基于量化的水印算法，也是第 4 章和第 5 章介绍的经典的水印算法。量化索引调制算法的主要思想是：根据嵌入的水印信息，调制一个或一系列索引，再通过量化器或量化器序列把原始载体数据量化到不同的索引区间，水印检测时再根据数据所属的量化区间，利用最小距离译码来识别水印信息。QIM 系统比较简单，易于实现，能实现盲检测，也能在水印的不可感知性和鲁棒性之间取得很好的折中，被广泛应用于各类鲁棒性水印算法中[43]。

（3）除了空间域、变换域算法，一种利用了人类视觉或听觉系统的生理模型算法[78, 79]也得到了广泛研究。图像生理模型算法思想是利用视觉模型计算出图像各个位置所能容忍的最小可察觉差值（just noticeable difference，JND）来调节水印的嵌入强度，使得水印的加入尽量不要影响载体图像的视觉质量，同时提高水印的鲁棒性。

1.4.4　常见数字水印攻击方法

近年来，基于各种应用已提出了许多数字水印方案，为了识别水印技术的弱点，提出改进方案，研究当前技术对水印的影响，我们需要了解水印图像攻击的种类。攻击操作通过破坏嵌入消息的正常运行来阻止用户水印发挥作用。针对水印图像的攻击包括无意的和有意的。无意攻击者可能不知道自己的操作会影响原始水印，如通过 JPEG 压缩缩小图像；而故意攻击者会因为一些特别的原因，一般是非法的或带有恶意的，去故意禁用水印的功能，如想要非法伪造图像，就试图去改变或摧毁隐藏的消息。基于各种各样的目的，有不同类型的攻击，本节将对其进行简单的分类讨论。现有的针对图像水印的攻击方法可以分为以下几类[80, 81]。

（1）鲁棒攻击。鲁棒攻击试图破坏或消除载体中的水印，使得水印失效，无法进行水印检测或提取。鲁棒攻击又可以分为简单攻击和删除攻击，常见的简单攻击方法有加噪、裁剪、滤波和压缩等，它们通过一定的方法处理整幅水印载体图像来削弱水印，使得水印提取出错；删除攻击试图将水印从载体图像中分离出来，如共谋攻击，通过收集分析带有不同水印版本的同一载体图像来逼近原始图像，而从逼近图像中很难或根本提取不出水印。应对鲁棒攻击，通常依赖于算法本身的鲁棒性。

（2）解释攻击。解释攻击也可称为假水印攻击、混淆攻击或者 IBM 攻击。这种攻击方法不是去破坏或去除已有的水印信息，而是伪造一幅假的原始载体图像或制作一幅假的含水印载体图像，以此来阻止或混淆版权所有者对作品所有权的断言，属于协议攻击。这是因为现有的水印方案中，若一幅载体图像中嵌入了两种水印，并没有可行的手段去判断哪个水印是最先嵌进去的，攻击者便会利用此漏洞来生成自己的水印去伪造原图并声称自己拥有载体图像的版权。为解决这一漏洞，可采用的方案有：利用时间戳作标记并得到认证机构认证；采取不可逆的水印方案。

（3）同步攻击。同步攻击通过破坏水印与载体图像的同步性而使水印提取失败。与鲁棒攻击不同的是，同步攻击后的水印载体图像中的水印信息依然存在也没有被削弱，但是水印嵌入的位置被改变，如果按照之前的水印嵌入位置进行水印提取，根本无法提取出有效的水印信息。典型的同步攻击有几何攻击、马赛克攻击等。针对此类攻击有两种对策：一是在水印嵌入时构造一个参照模板，然后在提取水印前根据参照模板作恢复预处理，再提取水印；二是根据图像变换域的某些不变特性来嵌入水印，使水印信息不受载体图像几何变换的影响。

1.4.5　数字水印的性能评价

目前，针对水印系统性能评价还没有建立完备的评价体系和统一的评价标准。因此，建立规范的水印系统性能评估准则仍是日后研究工作的重要任务。但对水印性能评价可以从主观和客观标准两个方面考虑，性能评估主要包括水印的鲁棒性评估和水印嵌入对载体图像引起的失真度评估两个方面。

1. 鲁棒性评估

水印的鲁棒性是水印系统性能评估的一个重要指标，它与水印的不可见性是相互制衡的关系。常用的评估鲁棒性的函数有误码率（bit error ratio，BER）、归一化相关系数（NC）等。误码率是指提取出水印数据中的错误信息量与嵌入水印的全部信息量之比，其值越小代表恢复出的水印信息越准确，水印鲁棒性越好。假设水印信息是一组二值序列，嵌入的水印信息和提取的水印信息均为 B_c 比特，则误码率计算公式为

$$\text{BER} = \frac{1}{B_c} \sum_{n=0}^{B_c-1} \begin{cases} 1, & W'(n) \neq W(n) \\ 0, & W'(n) = W(n) \end{cases} \tag{1-5}$$

其中，W 表示嵌入的水印信息。归一化相关系数常用来衡量提取出的水印信息和嵌入的水印信息的相似性，NC 的计算公式如下：

$$NC = \frac{\sum_x \sum_y W(i,j) \times W''(i,j)}{\sqrt{\sum_x \sum_y W(i,j)^2} \times \sqrt{\sum_x \sum_y W''(i,j)^2}} \tag{1-6}$$

其中，W'' 对应提取出来的水印。NC 值越大，代表水印提取的正确率越高。在水印检测判断中，会先设定一个阈值，如果计算出的 NC 值大于该阈值，就可认为水印存在。

2. 失真度评估

图像水印算法基于人眼对图像视觉感知的不敏感性，一个好的水印嵌入算法能够嵌入较多的水印信息而引起最小的视觉感知。衡量水印的不可感知性有两种方法：主观测试和客观度量。

主观质量评价是通过测试人员进行主观打分，首先将数据或图像集根据质量的好坏分为几个等级，然后测试者按照要求对测试集打分或描述图像质量。

测试者需要遵循统一的协议，目前常用的是由国际电信联盟无线电通信部门提供的"ITU-R Rec.500 协议的图像质量等级级别"标准[49]，如表 1.1 所示，该表将质量由好到差分为五个等级，然后由测试者给待测数据打分。然而，主观评价容易受到测试个体的影响，如测试者的职业，还有观测者的个人动机、心情和客观环境等其他因素。故主观评价具有随机性。

表 1.1　ITU-R Rec.500 协议的图像质量等级级别

等级级别	损害	质量
5	不可见	优
4	可见，不让人讨厌	良
3	轻微让人讨厌	中
2	让人讨厌	差
1	非常让人讨厌	极差

因此，需要建立一套客观评价标准，使用一套规范的图像失真度量准则来定量度量载体图像在水印嵌入前后的视觉质量差异。常用的方法有基于像素的度量方法和基于人类视觉系统的可见性质量度量方法。基于像素的度量方法中使用比较广泛的失真度量标准有：均方误差（mean square error，MSE）、峰值信噪比（peak signal to noise ratio，PSNR）。MSE 作为图像的客观质量评价指标，能直接反映待评价图像的变化，计算出一个反映图像质量变化的具体数值。

$$MSE = \frac{1}{MN} \cdot \sum_i \sum_j (X(i,j) - X_w(i,j))^2 \tag{1-7}$$

其中，X 为原始载体；X_w 为含水印载体；MN 代表图像尺度。工程中常用峰值信噪比测量噪声最大功率与信号功率之比，由于信号具有很大的动态范围，所以采用对数分贝标度来限制信号的变化，用于图像中可以衡量图像重建的质量。PSNR 的定义公式为

$$PSNR = 10 \cdot \lg \frac{D^2 \cdot M \cdot N}{\sum_i \sum_j (X(i,j) - X_w(i,j))^2} \qquad (1\text{-}8)$$

其中，D 代表信号的峰值，对于灰度图像来说，每个像素点的峰值均为 255。通常规定 PSNR 值在 30dB 以上时可以认为人类主观上是无法察觉的。

1.4.6　数字水印的应用

数字水印最初是用于保护多媒体信息版权的，即认证信息版权所有者及信息源的可靠性、提供信息版权的有关信息、跟踪篡改和侵权行为、标识版权购买者等。这些应用大概可以分为以下几个方面。

1. 所有者鉴别与所有权认证

在多媒体信息中嵌入版权信息的水印。在发生版权纠纷时，有效的水印用于所有权认证。

2. 操作跟踪与内容保护

在多媒体信息中嵌入可跟踪购买者行为的水印，当购买者对信息进行非法复制或非法篡改时，水印记录这类侵权行为，以便于日后检查信息内容的完整性以及用户是否有越权使用信息的行为。还有一些设备带有水印检测装置，控制设备拥有者对版权作品的非法播放及复制，及时阻止侵权行为的发生。

3. 广告跟踪与监控

广告主可以通过在音频或视频广告中嵌入水印，来记录广告的播放时间与频率，监督广告代理商或广告发布者的合同执行情况。

4. 设备控制

可以使用水印来控制设备。例如，可以将水印嵌入图像或视频中，当盗版者利用相机、录影机等复制设备拍摄到含有水印的内容后，设备将识别水印，并以某种方式通知版权所有者。

1.5　可逆信息隐藏概述

1.5.1　可逆信息隐藏的相关概念

传统的信息隐藏技术会给载体带来一定程度的失真，有些失真是不可恢复的。虽然这些失真是人类无法直观感知的，但是在一些特殊的应用场合，在提取机密信息后，需要完整地恢复载体。于是发展出了无失真的信息隐藏技术，将其称为可逆信息隐藏技术，即在数据嵌入的过程中，尽管可能对载体的感知性有一定的影响，但是只要在载体的传输过程中没有遭到损坏，接收方仍然可以根据一定的规则提取嵌入数据并且保证原始载体的完整性。在军事、法庭、医学领域都有可逆信息隐藏技术的具体应用。

　　早期的可逆数据隐藏大多是基于无损压缩（lossless compression）实现的，这类算法的中心思想是针对载体图像的一个或多个特征集进行无损压缩，利用冗余空间进行数据嵌入。例如，可以通过压缩具有最小冗余的位平面释放空间、压缩离散小波变换系数释放空间，但是由于位平面的相关性太弱，该方法无法提供高嵌入率，因此为了提高嵌入率，压缩更多的位平面的同时也产生了明显的嵌入失真。Celik 等[82]提出了 G-LSB 算法，通过无损压缩的方法利用量化差值进行信息嵌入，信息的嵌入数量得到了较大的改进。

　　后来，提出了更多基于直方图修改和扩展技术的算法。Ni 等[83]最早提出了基于直方图修改（histogram modification，HM）的可逆信息隐藏算法，利用了直方图的两个极值点进行信息嵌入，这种算法保证了载密图像的质量，控制了失真度。扩展技术（expansion technique）算法首先由 Tian[84]提出，通过对图像对的差值计算，向选定的图像对中嵌入隐藏信息。和早期的无损压缩算法相比，扩展技术算法能够在保证大容量数据嵌入的同时，图像具有低失真性。扩展技术算法通过不断地发展，衍生出了整数变换、预测误差扩展等算法。

　　如今，越来越多的可逆数据隐藏算法基于 Thodi 等[85]提出的预测误差扩展（prediction-error expansion）。在预测误差扩展算法中，不像扩展技术算法只考虑相邻两个像素值，而是将更多的像素值作为一个整体进行变换，进一步提高了数据嵌入性能。

1.5.2　可逆信息隐藏的关键问题

1. 高嵌入容量与无损恢复

　　目前的可逆信息隐藏算法大多对图像进行预处理后，把最不重要的载体信息位经过无损压缩（如算术编码等）后，腾出空间来嵌入待隐蔽信息。这样就存在如下问题：

　　（1）原始最不重要的载体信息位经过无损压缩后输出信息量越大，待嵌入的隐蔽信息的容量越小；

　　（2）嵌入容量与载体失真相互制约，当待隐蔽信息容量变化大时，不能自适应地选取低失真的嵌入区域进行嵌入；

　　（3）当前的可逆信息隐藏算法主要针对数字图像，而针对可逆信息隐藏需求高的医学影像、遥感影像等进行安全管理是迫切需要改进的方向。

　　因此，如何提高嵌入容量是可逆信息隐藏研究的一个关键问题。除了依靠无损压缩技术外，还可以考虑采用可逆变换等信号处理方法来进行研究。

　　无损恢复是可逆信息隐藏研究中的另外一个关键问题。目前大多数可逆信息隐藏算法是利用无损编解码算法来恢复原始载体信息的。这样存在的问题是数据信息的丢失或噪声的影响，会导致无法正确地恢复原始信息。针对这一问题，可考虑对图像进行分块处理。

2. 可逆信息隐藏的技术难点

可逆信息隐藏的主要技术难点如下。

（1）如何在数字多媒体中实现较大容量的可逆信息传输，需要研究出具有较大嵌入容量，既隐蔽又安全的可逆信息隐藏算法。

（2）如何在数字多媒体中实现较低失真的可逆信息隐藏算法，需要研究出实现信息嵌入后，数字多媒体具有较好的视觉质量或听觉质量的可逆信息隐藏算法。

（3）嵌入算法的复杂度和实时性问题。隐藏信息在嵌入和提取过程中，常要求能够实时完成，这里需要考虑算法的时间复杂性和空间复杂性。

（4）嵌入率、嵌入效率及嵌入算法的安全性问题。需要研究出具有较高嵌入率（嵌入率定义为单位载体可嵌入的数据量）、较高嵌入效率（嵌入效率定义为修改 1bit 载体对象时可嵌入的数据量）以及保证嵌入算法安全的可逆信息隐藏算法。

（5）嵌入算法的鲁棒性问题。需要研究出能克服出现信息丢失或噪声影响，隐蔽信息完全提取，以及原始数字多媒体精确恢复的可逆信息隐藏算法。

1.6　可逆信息隐藏算法分类及发展

图像密文域可逆信息隐藏算法结合了加密技术与图像明文域可逆信息隐藏算法的优点，在实现隐私保护的同时，无损实现嵌入信息和载体的恢复。在适应工业化、产业化需求的背景下，密文域可逆信息隐藏算法取得了很大的成果。

图像明文域可逆信息隐藏算法主要分为三类：无损压缩（lossless compression）算法[82, 86]、差值扩展（difference expansion，DE）算法[84]以及直方图平移算法[83]。无损压缩算法的中心思想是通过对传递载体的一个或某几个特征集进行无损压缩，利用过程中产生的冗余空间进行数据嵌入。差值扩展算法通过对图像对之间的差值进行计算，并且向选定的图像对中嵌入秘密信息，和无损压缩法相比，不仅保证了嵌入容量，还降低了图像失真度。在此基础上发展出了整数变换（integer transform）算法[87]、预测误差扩展（prediction error expansion，PEE）算法[85]等。直方图平移算法通过平移原始图像直方图中极大值点与极小值点之间的部分创造嵌入空间。在此基础上发展出了差值直方图平移（difference histogram modification，DHM）[88, 89]、多直方图平移（multiply histogram modification，MHM）[90, 91]以及与预测误差扩展算法相结合的预测误差扩展直方图平移（prediction error expansion histogram modification，PEE-HM）[92-96]算法。

图像密文域可逆信息隐藏（reversible data hiding in encrypted images，RDHEI）算法最早由上海大学的 Zhang 于 2011 年提出[97]，这是一种基于图像分块与图像相关性的加密域可逆信息隐藏算法。首先通过流密码发生器对原始图像进行异或加密处理，然后通过嵌入信息为"0"还是"1"翻转每个图像块中某一半像素值的三位最低有效位进行秘密信息的嵌入。在接收端，通过与加密操作中相同的流密码发生器进行图像解密，对图像块分别进行某一半像素值的三位最低有效位的翻转得到两个可能的图像，通过一个设计的区域平滑性计算函数判断每个图像块的嵌入信息为"0"还是"1"。由于该算法的可逆性受图像分块大小影响较为严重，Hong 等[98]对该算法进行了改进。通过边缘匹配（side match）的方案对平滑性计算函数进行改进，提高了嵌入信息的提取准确率。后来文献[99]、[100]的算法通过对信息嵌入方式与计算函数的改进进一步增大了嵌入容量与信息提取准确率。Zhou 等[101]通过使用二分类支持向量机的方式代替平滑性函数进行信息嵌入块的判断。上述算法都属于在图像加密后进行嵌入空间创造与利用。Ma 等[102]首次提出了将传统明文域可逆信息隐藏算法与加密技术相结合的方案，在加密前对图像进行冗余空间制造，首先利用传统可逆信息隐藏算法将某些特定像素值的最低有效位嵌入其他像素点中，然后对图像进行流密码异或加密。在秘密信息嵌入过程中，将信息隐藏到选定的腾出最低有效位的像素点中，在信息提取过程中同时满足了在明文域和密文域的秘密信息提取。这一过程实现了图像恢复和信息提取的可分离操作[103-109]，这是前述算法都无法满足的。此外，针对密文域可逆信息隐藏算法中的加密算法，流密码加密这一类对称密码体制加密方案得到改进，逐渐出现基于公钥密码体制的非对称加密方案。2014 年，Chen 等[110]首先提出了基于 Paillier 同态加密的可逆信息隐藏算法，通过将像素值分为最高有效位（most significant bit，MSB）和一位最低有效位两部分进行单独加密。通过像素对的选择基于同态加密特性进行信息嵌入。在接收端通过对像素对的关系分析可以实现信息提取与像素值恢复。虽然该算法的嵌入容量比较大，但该算法存在算法复杂度较高、数据扩展大等弊端，而且算法在接收端不能实现信息提取和图像恢复的分离操作。Shiu 等[111]通过传统差值扩展算法并对 Chen 的算法进行改进，降低了算法复杂度。Zhang 等提出基于湿纸编码[112]（wet paper code，WPC）的公钥加密体系可逆信息隐藏算法[113]，在接收端，先从含有秘密信息的嵌入载体中提取部分隐藏信息，再进行载体的无损恢复和剩余隐藏信息的无失真获取，可同时满足密文域和明文域的信息提取。此外还有一系列根据 Paillier 同态加密系统精心设计的密文域可逆信息隐藏算法[114-119]。除了 Paillier 同态加密之外，文献[120]～[122]的算法通过错误学习（learning with error，LWE）在加密过程中创造冗余空间进行信息嵌入操作。

总的来说，密文域可逆信息隐藏算法由于其结合了加密技术与明文域可逆信息隐藏算法，在算法设计上总体呈现出以明文域可逆信息隐藏技术为主线的趋势，尤其是预测误差扩展与直方图平移算法的合理利用，能够进一步提高算法的嵌入性能与安全性能。

1.7 本 章 小 结

本章主要介绍了信息隐藏系统模型、灰度图像信息隐藏主要算法和信息隐藏的应用领域。另外主要介绍了数字水印的相关背景知识，内容包括数字水印的概念原理、图像数字水印的经典算法和常见的水印攻击方法，还对水印系统性能评估手段做了详细的说明。最后主要介绍了可逆信息隐藏的相关概念及技术难点，介绍了可逆信息隐藏算法的分类及发展。

参 考 文 献

[1] Kahn D. The history of steganography[J]. Information Hiding, 1996, 1174: 1-5.

[2] Anderson R. Stretching the limits of steganography[C]. International Workshop on Information Hiding, Cambridge, 1996:

39-48.

[3]　王育民，刘建伟. 信息隐藏：理论与技术[M]. 北京：清华大学出版社，2006.

[4]　Cox I J，Miller M L. A review of watermarking and the importance of perceptual modeling[J]. Proceedings of Electronic Imaging，1997，97：92-99.

[5]　Zeng W，Liu B. On resolving rightful ownerships of digital images by invisible watermarks[C]. International Conference on Image Processing，Santa Barbara，1997：552-555.

[6]　Cox I J，Linnartz J P. Some general methods for tampering with watermarks[J]. Journal on Selected Areas in Communications，1998，16（4）：587-593.

[7]　Wolfgang R B，Delp E J. A watermark for digital images[C]. International Conference on Image Processing，Lausanne，1996：219-222.

[8]　Yeung M M，Mintzer F. An invisible watermarking technique for image Verification[C]. International Conference on Image Processing，Santa Barbara，1997：680-683.

[9]　Lampson B W. A note on the confinement problem[J]. Communications of the ACM，1973，16（10）：613-615.

[10]　Kemmerer R A. Shared resource matrix methodology：An approach to identifying storage and timing channels[J]. ACM Transactions on Computer Systems，1983，1（3）：256-257.

[11]　Proctor N E，Neumarm P G. Architectural implications of covert channels[C]. Proceedings of the Fifteenth National Computer Security Conference，Baltimore，1992：28-43.

[12]　Simmons G. Subliminal communication is easy using the DSA[C]. Proceedings of Eurocrypt'93，Lofthus，1994：218-232.

[13]　Moskowitz I S，Kang M H. Covert channels-here to say[C]. Proceedings of 9th Annual Conference，Gaithersburg，1994：235-243.

[14]　Kang M H，Moskowitz I S，Lee D C. A network pump[J]. IEEE Transactions on Software Engineering，1996，22（5）：329-338.

[15]　Brassil J，Low S，Maxemchuk N，et al. Electronic marking and identification techniques to discourage document copying[J]. IEEE Journal on Selected Areas in Communications，1995，13（8）：1495-1504.

[16]　Xia G G，Boncelet C G，Arce G R. A multiresolution watermark for digital images[C]. Proceedings of International Conference on Image Processing，Santa Barbara，1997：548-551.

[17]　Turner L F. Digital data security system[P]. PCT/GB1989/000293. WIPO 1989008915. 1989.

[18]　Bender W，Gruhl D，Morimoto N，et al. Technique for data hiding[J]. IBM System Journal，1996，35（3/4）：313-336.

[19]　赵学军，薛懋楠，杨勤璞. 数字水印技术研究综述[J]. 影像技术，2012，（6）：3-6.

[20]　Langelaar G C，van der Lubbe J C A，Lagendijk R L. Robust labeling methods for copy protection of images[C]. Proceedings of SPIE，1997：298-309.

[21]　Langelaar G C，van der Lubbe J C A，Biemond J. Copy protection for multimedia data based on labeling techniques [C]. Proceedings of 17th Symposium Information Theory，1996：33-40.

[22]　Lin S D，Chen C F. A robust DCT-based watermarking for copyright protection[J]. IEEE Transactions on Consumer Electronics，2000，46（3）：415-421.

[23]　Lie W N，Lin G S，Wu C L，et al. Robust image watermarking on the DCT domain[C]. 2000 IEEE International Symposium on Circuits and Systems（ISCAS），Geneva，2000：228-231.

[24]　Barni M，Bartolini F，Cappellini V，et al. A DCT-domain system for robust image watermarking[J]. Signal Processing，1998，66（3）：357-372.

[25]　Kundur D，Hatzinakos D. Digital watermarking using multiresolution wavelet decomposition[C]. Proceedings of the 1998 IEEE International Conference on Acoustics，Speech and Signal Processing，Seattle，1998：2969-2972.

[26]　Swanson M D，Zhu B，Tewfik A H. Multiresolution scene-based video watermarking using perceptual models[J]. IEEE Journal on Selected Areas in Communications，1998，16（4）：540-550.

[27]　Ruanaidh J Ò，Rotation P T. Scale and translation invariant spread spectrum digital image watermarking[J]. Signal Processing，1998，66（3）：303-317.

[28]　Solachidis V，Nikolaidis N，PitasI I. Watermarking polygonal lines using Fourier descriptors[C]. 2000 IEEE International Conference on Acoustics，Speech，and Signal Processing，Istanbul，2000：1955-1958.

[29]　Hsu C T，Wu J L. Multiresolution watermarking for digital images[J]. IEEE Transactions on Circuits and Systems II：Analog and Digital Signal Processing，1998，45（8）：1097-1101.

[30]　Berbecel G，Cooklev T，Venetsanopoulos A N. Multiresolution technique for watermarking digital images[C]. International Conference on Consumer Electronics，Rosemont，1997：354-355.

[31]　Christain J，van den B L，Farrell J E. Perceptual quality metric for digitally coded color images[C]. Proceedings of the European Signal Processing Conference，Trieste，1996：1175-1178.

[32]　Westen S J P，Lagendijk R L，Biemond J. Perceptual image quality based on a multiple channel HVS model[C]. International Conference on Acoustics，Speech，and Signal Processing，Detroit，1995：2351-2354.

[33]　Winkler S. Perceptual distortion metric for digital color video[C]. Proceedings of SPIE，San Jose，1999：175-184.

[34]　Hartung F，Girod B. Fast public-key watermarking of compressed video[C]. ICIP'97，Santa Barbara，1997：528-531.

[35]　Delaigle J F，Vleeschouwer C D，Macq B. Watermarking algorithm based on a human visual model[J]. Signal Processing，1998，66（3）：319-335.

[36]　Dixon R C. Spread Spectrum Systems：With Commercial Applications[M]. Hoboken：John Wiley &Sons，Inc.，1994.

[37]　Scholtz R A. The origins of spread-spectrum communications[J]. IEEE Transactions on Communications，1982，30（5）：822-853.

[38]　Pickholtz R L，Schilling D L，Milsteinl B. Theory of spread spectrum communications-A tutorial[J]. IEEE Transactions on Communications，1982，30（5）：855-884.

[39]　Smith J R，Comiskey B O. Modulation and information hiding in images[C]. International Workshop on Information Hiding，Cambridge，1996：207-226.

[40]　Boney L，Tewfik A H，Hamdn Y K. Digital watermarks for audio signals[C]. IEEE International Conference on Multimedia Computing and Systems，Hiroshima，1996：473-480.

[41]　Hartung F，Girod B. Watermarking of MPEG-2 encoded video without decoding and re-encoding[C]. Multimedia Computing and Networking，Munich，1997：264-273.

[42]　Marvel L M，Boncelet C G，Retter C T. Spread spectrum image steganography[J]. IEEE Transactions on Image Processing，1999，8（8）：1075-1083.

[43]　Hsu C T，Wu J L. Hidden signatures in image[C]. International Conference on Image Processing，Lausanne，1996：2-14.

[44]　Lin C Y，Wu M，Bloom J A，et al. Rotation，scale，and translation resilient watermarking for images[J]. IEEE Transactions on Image Processing，2001，10（5）：767-782.

[45]　Ruanaidh J Ó，Dowling W J，Boland F M. Watermarking digital images for copyright protection[J]. IEEE Proceedings on Vision，Image and Signal Processing，1996，143（4）：250-256.

[46]　Biehl I，Meyer B. Cryptographic methods for collusion-secure fingerprinting of digital data [J]. Computers & Electrical Engineering，2002，28（1）：59-75.

[47]　Bandyopadhyay S K，Malik S，Mitra W. Hiding information-a survey[J]. Journal of Information Sciences and Computing Technologies，2015，3（3）：232-240.

[48]　钮心忻. 信息隐藏与数字水印[M]. 北京：北京邮电大学出版社，2004.

[49]　王颖，肖俊，王蕴红. 数字水印原理与技术[M]. 北京：科学出版社，2007.

[50]　Pérezfreire L，Comesaña P，Troncosopastoriza J R，et al. Watermarking security：A survey [J]. Transaction on Data Hiding & Multimedia Security，2006，4300：41-72.

[51]　van Schyndel R G，Tirkel A Z，Osborne C F. A digital watermark[C]. Proceedings of IEEE International Conference on Image Processing，Austin，1994：86-90.

[52]　Tirkel A，Rankin G A. Electronic watermark [J]. Electronic Watermark Research Gate，1993，40（4）：222-223.

[53]　Cox I J，Kilian J，Leighton F T，et al. A secure robust watermark for multimedia[C]//Proceedings of Information Hiding First

International Workshop. Berlin：Springer，1996：185-206.

[54] 牛少彰，伍宏涛，谢正程，等. 抗打印扫描数字水印算法的鲁棒性[C]. 全国信息隐藏学术研讨会，广州，2004.

[55] Cox I J，Kilian J，Leighton F T，et al. Secure spread spectrum watermarking for multimedia[J]. IEEE Transactions on Image Processing，1997，6（12）：1673-1687.

[56] Kundur D，Hatzinakos D. A robust digital image watermarking method using wavelet-based fusion[C]. Proceedings of IEEE International Conference on Image Processing，Santa Barbara，1997：544-547.

[57] Ruanaidh J Ò，Dowling W J，Boland F M. Phase watermarking of digital images[C]. Proceedings of International Conference on Image Processing，Lausanne，1996：239-242.

[58] Chen B，Wornell G W. Quantization index modulation：A class of provably good methods for digital watermarking and information embedding[J]. IEEE Transactions on Information Theory，2001，47（4）：1423-1443.

[59] Li Q，Cox I J. Improved spread transform dither modulation using a perceptual model：Robustness to amplitude scaling and JPEG compressing[C]. Proceedings of IEEE International Conference on Acoustics，Honolulu，2007：185-188.

[60] Li Q，Cox I J. Using perceptual models to improve fidelity and provide resistance to volumetric scaling for quantization index modulation watermarking [J]. IEEE Transactions on Information Forensics and Security，2007，2（2）：127-139.

[61] Saini L K，Shrivastava V. Analysis of attacks on hybrid DWT-DCT algorithm for digital image watermarking with MATLAB[J]. International Journal of Computer Science Trends and Technology，2014，2（3）：123-125.

[62] Kang X，Huang J，Shi Y Q，et al. A DWT-DFT composite watermarking scheme robust to both affine transform and JPEG compression [J]. IEEE Transactions on Circuits & Systems for Video Technology，2003，13（8）：776-786.

[63] Hu Y，Wang Z，Liu H，et al. A geometric distortion resilient image watermark algorithm based on DWT-DFT [J]. Journal of Software，2011，6（9）：1805-1812.

[64] Zhang W，Wang H，Hou D，et al. Reversible data hiding in encrypted images by reversible image transformation [J]. IEEE Transactions on Multimedia，2016，18（8）：1469-1479.

[65] Coatrieux G，Pan W，Cuppens-Boulahia N，et al. Reversible watermarking based on invariant image classification and dynamic histogram shifting[J]. IEEE Transactions on Information Forensics & Security，2013，8（1）：111-120.

[66] Panah A S，Schyndel R V，Sellis T，et al. On the properties of non-media digital watermarking：A review of state of the art techniques [J]. IEEE Access，2016，4：2670-2704.

[67] Luo W，Huang F，Huang J. Edge adaptive image steganography based on LSB matching revisited [J]. IEEE Transactions on Information Forensics & Security，2010，5（2）：201-214.

[68] Dabeer O，Sullivan K，Madhow U，et al. Detection of hiding in the least significant bit [J]. IEEE Transactions on Signal Processing，2004，52（10）：3046-3058.

[69] Yeo I K，Kim H J. Modified patchwork algorithm：A novel audio watermarking scheme [J]. IEEE Transactions on Speech & Audio Processing，2003，11（4）：381-386.

[70] 王志伟，朱长青，殷硕文，等. 一种基于 DFT 的 DEM 自适应数字水印算法[J]. 中国图象图形学报，2010，15（5）：796-801.

[71] Li J，Du W，Du F，et al. 3D-DFT based robust multiple watermarks of medical volume data[C]. Proceedings of IEEE International Conference on Multimedia Information NETWORKING & Security，Shanghai，2011：484-488.

[72] Ali M，Chang W A，Pant M. A robust image watermarking technique using SVD and differential evolution in DCT domain [J]. Optik-International Journal for Light and Electron Optics，2014，125（1）：428-434.

[73] 肖俊，王颖. 基于多级离散余弦变换的鲁棒数字水印算法[J]. 计算机学报，2009，32（5）：1055-1061.

[74] Hsu C T，Wu J L. Hidden digital watermarks in images [J]. IEEE Transactions on Image Processing，2002，8（1）：58-68.

[75] 倪林. 小波变换与图像处理[M]. 合肥：中国科学技术大学出版社，2010：15-24.

[76] Faragallah O S. Efficient video watermarking based on singular value decomposition in the discrete wavelet transform domain[J]. AEU-International Journal of Electronics and Communications，2013，67（3）：189-196.

[77] 叶闯，沈益青，李豪，等. 基于人类视觉特性（HVS）的离散小波变换（DWT）数字水印算法[J]. 浙江大学学报（理

学版），2013，40（2）：152-155.

[78]　Jiang Y，Zhang Y，Pei W J，et al. Adaptive image watermarking algorithm based on improved perceptual models[J]. AEU-International Journal of Electronics and Communications，2013，67（8）：690-696.

[79]　Podilchuk C I，Zeng W. Image-adaptive watermarking using visual models[J]. IEEE Journal on Selected Areas in Communications，2000，（2）：525-539.

[80]　龚岩. 图像数字水印技术研究与实现[D]. 西安：西安电子科技大学，2007.

[81]　孙圣和，陆哲明，牛夏牧. 数字水印技术及应用[M]. 北京：科学出版社，2004.

[82]　Celik M U，Sharma G，Tekalp A M，et al. Lossless generalized-LSB data embedding[J]. IEEE Transactions on Image Processing，2005，14（2）：253-266.

[83]　Ni Z，Shi Y Q，Ansari N，et al. Reversible data hiding[J]. IEEE Transactions on Circuits & Systems for Video Technology，2006，16（3）：354-362.

[84]　Tian J. Reversible data embedding using a difference expansion[J]. IEEE Transactions on Circuits & Systems for Video Technology，2003，13（8）：890-896.

[85]　Thodi D M，Rodriguez J J. Reversible watermarking by prediction-error expansion[C]. IEEE Southwest Symposium on Image Analysis and Interpretation，Lake Tahoe，2004：21-25.

[86]　Fridrich J，Goljan M，Du R. Lossless data embedding for all image formats[J]. Proceedings of SPIE-The International Society for Optical Engineering，2002，4675：572-583.

[87]　Weng S，Zhao Y，Pan J S，et al. Reversible watermarking based on invariability and adjustment on pixel pairs[J]. IEEE Signal Processing Letters，2008，15：721-724.

[88]　Tai W L，Yeh C M，Chang C C. Reversible data hiding based on histogram modification of pixel differences[J]. IEEE Transactions on Circuits and Systems for Video Technology，2009，19（6）：906-910.

[89]　Li X，Zhang W，Gui X，et al. A novel reversible data hiding scheme based on two-dimensional difference-histogram modification[J]. IEEE Transactions on Information Forensics & Security，2013，8（7）：1091-1100.

[90]　Li X，Zhang W，Gui X，et al. Efficient reversible data hiding based on multiple histograms modification[J]. IEEE Transactions on Information Forensics & Security，2015，10（9）：2016-2027.

[91]　Wang J，Ni J，Zhang X，et al. Rate and distortion optimization for reversible data hiding using multiple histogram shifting[J]. IEEE Transactions on Cybernetics，2016，47（2）：1-12.

[92]　Li X，Yang B，Zeng T. Efficient reversible watermarking based on adaptive prediction-error expansion and pixel selection[J]. IEEE Transactions on Image Process，2011，20（12）：3524-3533.

[93]　Chen X，Sun X，Sun H，et al. Reversible watermarking method based on asymmetric-histogram shifting of prediction errors[J]. Journal of Systems and Software，2013，86（10）：2620-2626.

[94]　Wang C，Li X，Yang B. Efficient reversible image watermarking by using dynamical prediction-error expansion[C]. Proceedings of the International Conference on Image Processing，Hong Kong，2010.

[95]　Ou B，Li X，Zhao Y，et al. Pairwise prediction-error expansion for efficient reversible data hiding[J]. IEEE Transactions on Image Processing，2013，22（12）：5010-5021.

[96]　Li X，Li J，Li B，et al. High-fidelity reversible data hiding scheme based on pixel-value-ordering and prediction-error expansion[J]. Signal Processing，2013，93（1）：198-205.

[97]　Zhang X. Reversible data hiding in encrypted image[J]. IEEE Signal Processing Letters，2011，18（4）：255-258.

[98]　Hong W，Chen T S，Wu H Y. An improved reversible data hiding in encrypted images using side match[J]. Signal Processing Letters，2012，19（4）：199-202.

[99]　Yu J，Zhu G，Li X，et al. An Improved Algorithm for Reversible Data Hiding in Encrypted Image[M]. Berlin：Springer，2013.

[100]　Liao X，Shu C. Reversible data hiding in encrypted images based on absolute mean difference of multiple neighboring pixels[J]. Journal of Visual Communication & Image Representation，2015，28：21-27.

[101] Zhou J，Sun W，Dong L，et al. Secure reversible image data hiding over encrypted domain via key modulation[J]. IEEE Transactions on Circuits and Systems for Video Technology，2016，26（3）：441-452.

[102] Ma K，Zhang W，Zhao X，et al. Reversible data hiding in encrypted images by reserving room before encryption[J]. IEEE Transactions on Information Forensics and Security，2013，8（3）：553-562.

[103] Zhang W，Ma K，Yu N. Reversibility improved data hiding in encrypted images[J]. Signal Processing，2014，94（1）：118-127.

[104] Cao X，Du L，Wei X，et al. High capacity reversible data hiding in encrypted images by patch-level sparse representation[J]. IEEE Transactions on Cybernetics，2016，46（5）：1132-1143.

[105] Zhang X. Separable reversible data hiding in encrypted image[J]. IEEE Transactions on Information Forensics and Security，2012，7（2）：826-832.

[106] Yin Z，Wang H，Luo B，et al. Complete Separable Reversible Data Hiding in Encrypted Image[M]. Cham：Springer，2015.

[107] Xu D，Wang R. Separable and error-free reversible data hiding in encrypted images[J]. Signal Processing，2016，123：9-21.

[108] Yamac M，Dikici C，Sanku R B. Hiding data in compressive sensed measurements：A conditionally reversible data hiding scheme for compressively sensed measurements[J]. Digital Signal Processing，2016，48：188-200.

[109] Xiao D，Chen S K. Separable data hiding in encrypted image based on compressive sensing[J]. Electronics Letters，2014，50（8）：598-600.

[110] Chen Y C，Shiu C W，Horng G. Encrypted signal-based reversible data hiding with public key cryptosystem[J]. Journal of Visual Communication and Image Representation，2014，25（5）：1164-1170.

[111] Shiu C W，Chen Y C，Hong W. Encrypted image-based reversible data hiding with public key cryptography from difference expansion[J]. Signal Processing：Image Communication，2015，39：226-233.

[112] Fridrich J，Goljian M，Soukal D. Efficient wet paper codes[C]. Proceedings of the 7th International Workshop on Information Hiding，Berlin，2005：204-218.

[113] Zhang X，Long J，Wang Z，et al. Lossless and reversible data hiding in encrypted images with public-key cryptography[J]. IEEE Transactions on Circuits and Systems for Video Technology，2016，26（9）：1622-1631.

[114] Xiang S，Luo X. Reversible data hiding in homomorphic encrypted domain by mirroring ciphertext group[J]. IEEE Transactions on Circuits and Systems for Video Technology，2017：3099-3110.

[115] 项世军，罗欣荣. 同态公钥加密系统的图像可逆信息隐藏算法[J]. 软件学报，2016，27（6）：1592-1601.

[116] 张敏情，李天雪，狄富强，等. 基于 Paillier 同态公钥加密系统的可逆信息隐藏算法[J]. 郑州大学学报（理学版），2018，50（1）：8-14.

[117] 陈晨，周宇杰，龚飞洋，等. 基于同态加密的密文图像可逆信息隐藏的实现[J]. 网络安全技术与应用，2017，（11）：2.

[118] Xiang S，Luo X. Efficient reversible data hiding in encrypted image with public key cryptosystem[J]. Journal on Advances in Signal Processing，2017，（1）：59.

[119] Wu H T，Cheung Y M，Huang J. Reversible data hiding in paillier cryptosystem[J]. Journal of Visual Communication and Image Representation，2016，40（13）：765-771.

[120] Ke Y，Zhang M Q，Liu J，et al. A multilevel reversible data hiding scheme in encrypted domain based on LWE[J]. Journal of Visual Communication and Image Representation，2018，54：133-144.

[121] 张敏情，柯彦，苏婷婷. 基于 LWE 的密文域可逆信息隐藏[J]. 电子与信息学报，2016，38（2）：354-360.

[122] 柯彦，张敏情，苏婷婷. 基于 R-LWE 的密文域多比特可逆信息隐藏算法[J]. 计算机研究与发展，2016，53（10）：2307-2322.

第2章 基 础 理 论

图形变换编码在数字图像处理中被广泛应用，如数据压缩、图像增强、图像重建和视频编解码等。在基于变换域的数字水印算法中被广泛应用。为此，本章首先介绍信息隐藏与数字水印算法实现中常用的图像变换，如离散余弦变换、离散小波变换和轮廓波变换。接着，介绍第 3 章中涉及的神经网络、混沌映射和高阶累积量与奇异值分解基础知识。压缩感知是在小波分析稀疏表示基础上诞生的，是信号处理最新发展起来的理论，本章将介绍压缩感知基础知识。最后，介绍数字水印和信息隐藏算法实现中经常讨论的人类视觉模型，主要讨论的是 Watson 感知模型和视觉显著性检测知识。

2.1 图像处理中的变换

2.1.1 离散余弦变换

图像离散余弦变换（discrete cosine transform，DCT）都是基于二维 DCT，对于 $N \times N$ 的二维图像，其 DCT 方式如下：

$$F(u,v) = c(u) \cdot c(v) \cdot \left(\sum_{i=0}^{N-1} \sum_{j=0}^{N-1} f(i,j) \cdot \cos\left(\frac{(i+0.5)\pi}{N}u\right) \cdot \cos\left(\frac{(j+0.5)\pi}{N}v\right) \right) \tag{2-1}$$

其中，$i, j, u, v = 0, 1, \cdots, N-1$，$c(u) = c(v) = \begin{cases} \dfrac{1}{\sqrt{N}}, & u=0, v=0 \\ \sqrt{\dfrac{2}{N}}, & \text{其他} \end{cases}$。

二维 DCT 逆变换公式为

$$f(i,j) = \sum_{u=0}^{N-1} \sum_{v=0}^{N-1} c(u) \cdot c(v) \cdot F(u,v) \cdot \cos\left(\frac{(i+0.5)\pi}{N}u\right) \cdot \cos\left(\frac{(j+0.5)\pi}{N}v\right) \tag{2-2}$$

其中，$i, j, u, v = 0, 1, \cdots, N-1$，$c(u) = c(v) = \begin{cases} \dfrac{1}{\sqrt{N}}, & u=0, v=0 \\ \sqrt{\dfrac{2}{N}}, & \text{其他} \end{cases}$。

由于图像尺寸通常都比较大，所以实际进行图像 DCT 时会有较高的计算复杂度。因此 DCT 水印算法中，会先将图像分成多个小块，然后对每一图像块进行 DCT。水印算法中最常用的 DCT 是基于 8×8 分块的，除此之外还有 4×4 分块。

2.1.2 离散小波变换

离散小波变换（discrete wavelet transform，DWT）建立在傅里叶分析的基础上，离散傅里叶变换（discrete Fourier transform，DFT）是一种全局变换，可以通过信号的幅度、相位信息分析数据，但是其局部分析能力较差。对于平稳信号，不需细节分析时，完全可以利用 DFT，但是若信号是非平稳的，DFT 只能从总体上分析信号的频率分量，而无法提供频率分布的细节信息。由此产生了小波变换。小波变换在信号分析时，信号观察窗口的面积固定，但其形状可变，因此可以根据实际需要改变时间窗或频率窗的形状，这样使得小波变换能在不同频段自适应地调节频率、时间分辨率。

小波变换通过平移、伸缩基本小波函数 $\psi(t)$ 构造出一个小波函数系去近似表示某一个函数。理论上，小波函数 $\psi(t)$ 应满足

$$C_\psi = \int_{-\infty}^{+\infty} \psi(t)\mathrm{d}t = 0 \tag{2-3}$$

由小波函数平移伸缩构成的函数族 $\psi_{a,b}(t)$ 表示为

$$\psi_{a,b}(t) = a^{-\frac{1}{2}}\psi\left(\frac{t-b}{a}\right), \quad a,b \in \mathbf{R}; a > 0 \tag{2-4}$$

其中，a 为伸缩因子，对基本小波 $\psi(t)$ 进行伸缩变换时，a 越大，$\psi(t/a)$ 越宽，分析时段就越宽；b 为平移因子。进行离散小波变换时，a，b 为离散变化的值，即

$$a = 2^j, \quad b = 2^j kT_s \tag{2-5}$$

函数族 $\psi_{a,b}(t)$ 可表示为

$$\psi_{j,k}(t) = \frac{1}{\sqrt{2^j}}\psi\left(\frac{t-2^j kT_s}{2^j}\right) = \frac{1}{\sqrt{2^j}}\psi\left(\frac{t}{2^j} - kT_s\right), \quad j,k \in \mathbf{Z} \tag{2-6}$$

对连续函数 $f(t)$ 进行离散小波变换的公式为

$$\mathrm{WT}_f(j,k) = \langle f, \psi_{j,k}\rangle = \int_R f(t)\psi_{j,k}(t)\mathrm{d}t, \quad j,k \in \mathbf{Z} \tag{2-7}$$

根据函数重建的最稳定条件，离散小波逆变换（IDWT）则表示为

$$f(t) = \sum_{j,k} \mathrm{WT}_f(j,k)\psi_{j,k}(t) \tag{2-8}$$

对于二维信号，可以使用一维小波变换的组合来分解。小波变换图像处理中，常利用小波变换把数字图像分解成多个空间内不同频率的子图像，然后根据子图像的特点有针对性地进行处理。用于图像的二维小波分解公式为

$$a_{i,j}^i = \sum_{k,m} g(k-2i)h(m-2l)s_{k,m}^{j-1} \tag{2-9}$$

$$\beta_{i,j}^i = \sum_{k,m} h(k-2i)g(m-2l)s_{k,m}^{j-1} \tag{2-10}$$

$$\gamma_{i,j}^i = \sum_{k,m} g(k-2i)g(m-2l)s_{k,m}^{j-1} \tag{2-11}$$

$$s_{i,j}^i = \sum_{k,m} h(k-2i)h(m-2l)s_{k,m}^{j-1} \tag{2-12}$$

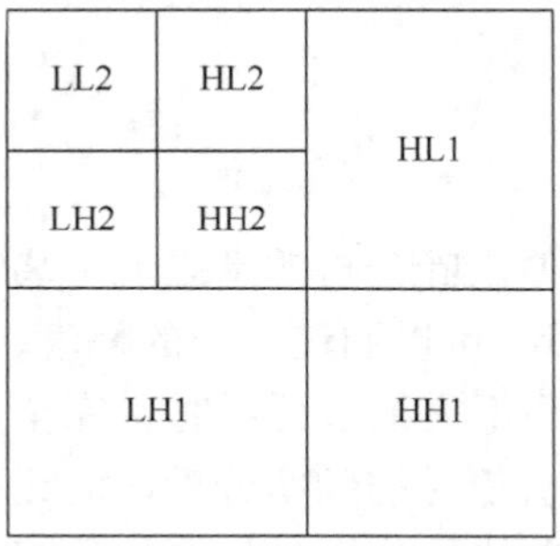

LL2	HL2	HL1
LH2	HH2	
LH1		HH1

图 2.1　小波分解图像

其中，i、j 表示 x、y 方向上的位移；g 为高通滤波；h 为低通滤波。图像在作一级小波分解后会得到 4 幅子图像，如图 2.1 所示，分别为低频子图 LL（$s_{i,j}^i$）和高频子图 HH（$a_{i,j}^j$）、LH（$\beta_{i,j}^j$）和 HL（$\gamma_{i,j}^i$）。低频子图中保留了原始图像的大部分基本特征，是对图像的主体特征的描绘，人眼对其变化会更加敏感；其他 3 个高频子图保留了图像的细节信息，是对图像边缘信息的描绘，人眼对这部分的敏感度略低。上述也说明了小波变换的多分辨率分析特性，即可以将图像分解成不同空间内不同频率的子图像。

小波重构公式为

$$s_{k,m}^{j-1} = \sum_{k,m} s_{i,j}^j h(k-2i)h(m-2l) + \sum_{k,m} a_{i,j}^j g(k-2i)h(m-2l)$$
$$+ \sum_{k,m} \beta_{i,j}^j h(k-2i)g(m-2l) + \sum_{k,m} \gamma_{i,j}^j g(k-2i)g(k-2l) \tag{2-13}$$

2.1.3　轮廓波变换

对于一维分段光滑的信号，如图像的扫描线，小波变换在某种意义上提供了最佳表示方法。然而，自然图像并不是由这些扫描线简单堆叠组成的，还存在着沿光滑曲线（即轮廓）的不连续点（即边缘）。因为二维小波是通过一维小波张量积的方式构建的，方向数较少，只有水平、垂直和对角三个方向，所以，二维小波不能很好地表示奇异性曲线和捕捉图像轮廓细节。为了更优地表示图像中的信息，Do 等[1]提出了一种新型的变换方式——轮廓波变换。

轮廓波可构成多分辨率方向紧框架，能够有效地近似由光滑边界分隔的光滑区域构成的图像。轮廓波变换的基本思想是从多尺度上提取方向信息[2]，可以实现任意尺度上任意方向的分解，是一种"真正"意义上的图像二维表示方法，具有多分辨率、多方向性、局部定位等优良特性。

图 2.2 展示了小波和轮廓波曲线表示方式的差异[1]。由于小波基缺乏方向性，只能限于用正方形支撑区间来描绘轮廓。正方形不同的大小对应着小波的多分辨率结构。可以

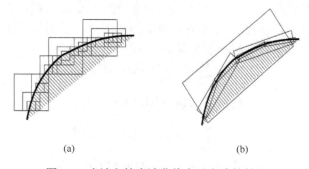

(a)　　　　　　　　　　　　　(b)

图 2.2　小波和轮廓波曲线表示方式的差异

（a）小波曲线表示方式；（b）轮廓波曲线表示方式

看出，需要使用非常多的正方形支撑区间来捕获轮廓。而轮廓波基的支撑区间是随尺度变化长宽比的"长条形"结构，具有方向性和各向异性，能够更有效地捕捉光滑轮廓。

轮廓波变换通过使用双层滤波器组结构，即拉普拉斯金字塔滤波器结构（LP）和方向滤波器组（DFB），来捕获图像的光滑轮廓。轮廓波变换的结构图[1]如图 2.3 所示，首先使用拉普拉斯金字塔滤波器结构对原始图像进行子带分解，得到低通图像以及原始图像和低通预测图像的差值图像，对低通图像下采样后继续分解，得到下一层的低通图像和差值图像，从而得到图像的多分辨率分解以捕获奇异点；对 LP 分解得到的每一层差值图像（带通图像）使用方向滤波器组进行方向变换，在任意尺度上可获得 2^n 个方向子带，实现对奇异点的收集，即将方向基本相同的奇异点收集到一个基函数上进行更集中的描述。

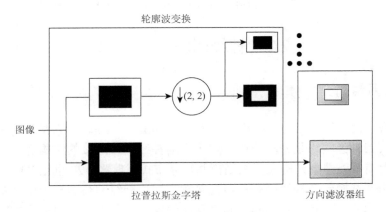

图 2.3　轮廓波变换结构图

为了方便理解，假设对输入原始图像为 $\boldsymbol{X}_0$ 进行 J 层轮廓波变换，经 LP 之后，得到了一个低通图像 $\boldsymbol{X}_J$ 和 J 个从细致到粗糙的带通图像 $\boldsymbol{Y}_j, j = 1, 2, \cdots, J$，即第 j 层 LP 将 $\boldsymbol{X}_{j-1}$ 分解为一个低通图像 $\boldsymbol{X}_j$ 和一个带通图像 $\boldsymbol{Y}_j$，每一个带通图像 $\boldsymbol{Y}_j$ 又进一步被 l_j 层的 DFB 分解为 2^{l_j} 个带通方向子带 $\boldsymbol{Z}_j^k, k = 0, 1, \cdots, 2^{l_j} - 1$。

非下采样轮廓波变换[3]（NSCT）结合了非下采样拉普拉斯金字塔滤波器结构以及非下采样方向滤波器组，可以实现非移变，具有易于设计和实现的优点，本书后续章节所研究的算法即以 NSCT 为基础。图 2.4（a）是 Lena 原始灰度图像，对其进行 4 层非下采样轮廓波变换，分别取 2 方向，4 方向，8 方向以及 16 方向。图 2.4（b）为分解示意图，非下采样轮廓波变换将原图像分解为多尺度多方向的子带图像。

由于轮廓波变换具有优良的特性，基于轮廓波变换的数字水印算法已成为一个新的研究方向[4-8]。文献[4]提出了一种乘性图像水印系统，并将水印信息嵌入能量最强的轮廓波域方向子带中；文献[5]和文献[6]将水印信息利用量化索引调制算法嵌入轮廓波变换域的低通子带块中；为了抵抗多种攻击，Ghannam 等[7]将水印信息嵌入多个轮廓波变换域方向子带中；Fazlali 等[8]提出了一种自适应盲水印方法，将水印信息位冗余地嵌入轮廓波变换的 DCT 系数中。

 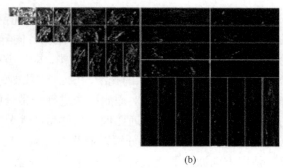

(a)   (b)

图 2.4   图像轮廓波变换分解示意图

（a）Lena 灰度图；（b）轮廓波变换分解示意图

2.2   神经网络基础知识

2.2.1   神经网络简介

神经网络一词系指人工神经网络（artificial neural network），它是相对于生物神经网络而言的。人工神经网络是一种应用类似于大脑神经突触连接的结构进行信息处理的数学模型，即由简单处理单元构成的大规模并行分布式处理器。20 世纪 80 年代中期以来，世界上许多国家都掀起了神经网络的研究热潮。这里神经网络是一个由简单处理单元构成的规模巨大的并行分布式处理器，具有存储经验知识并加以使用的天然特性。神经网络在如下两个方面与人脑相似：

（1）神经网络从外部环境中学习获取知识；

（2）互连神经元间的连接强度，即突触权值，用于存储获取的知识。

用于完成学习过程的程序称为学习算法，其功能是以有序的方式改变网络的突触权值以获得所需的设计目标。

神经网络的优点主要表现在：①神经网络的大规模并行分布式结构；②神经网络具有鲁棒性，即信息分别位于整个网络各个权重之中，某些单元的故障不会影响网络的整体信息处理功能；③神经网络具有较好的容错性，即在只有部分输入条件的情况下，网络也能给出正确的解；④神经网络的学习能力以及由此而来的泛化（generalization）能力。泛化是指神经网络对未在训练（学习）过程中遇到的数据也能够得到合理的输出。

2.2.2   神经网络基本模型

1. 神经元模型

神经元是神经网络的基本组成信息处理单元，对于一种多输入、单输出的神经元，人们构造了各种形式的数学模型。其中最经典的是 1943 年由 McCulloch 和 Pitts 提出的 MP 模型[9]，此模型是神经网络领域最重要的模型之一。图 2.5 即为一个典型的人工神经元模型，一般有多个输入信号和一个输出信号，可以看到，MP 模型的基本要素包括连接权重、加法器、偏置值、激活函数。

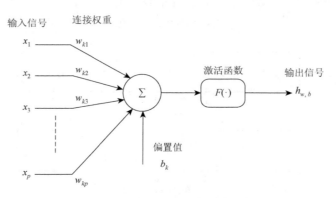

图 2.5 人工神经元模型图示

连接权重代表了此神经元对各个不同输入信号的重视程度，数学上以权重值代表其强度。权重为正时，绝对值越大代表此信号越重要；权重为负时，绝对值越大代表越受抑制。不同的输入被赋予不同的权重，取其加权和后进行下一步处理。这些权重是深度神经网络得以学习抽象特征的源头，在深度神经网络初始化时被随机初始化，在网络训练的过程中被学习调整。此外，还有一个偏置值被用来改变输入信号加权和的范围。

激活函数在直观意义上表明神经元在某个输入条件下的兴奋程度。由于输入信号的加权和本质上是一个线性组合，正是激活函数使得网络保持了非线性特性，从而可以拟合各种复杂的模型。

记此神经元为 x_k，其输入向量为

$$x_k = (x_1, x_2, \cdots, x_j, \cdots, x_p)^{\mathrm{T}} \tag{2-14}$$

其中，$x_j (j = 1, 2, \cdots, p)$ 表示第 j 个神经元的输入；p 表示输入信号的个数。

记输入信号向量被赋予权重的加权向量为

$$W_k = (w_{k1}, w_{k2}, \cdots, w_{kp})^{\mathrm{T}} \tag{2-15}$$

这里的激活函数完成了输入信号向输出信号的最后一个映射，反映了该神经元如何对当前输入的结果进行响应，也是使得网络能保持非线性特性以拟合复杂样本的保证。

激活函数一般可分为线性函数与非线性函数。目前，应用较为普遍的非线性函数为 tanh 函数与 Sigmoid 函数，如图 2.6 所示。

Sigmoid 函数定义为

$$\mathrm{Sigmoid}(z) = \frac{1}{1 + \mathrm{e}^{-z}} \tag{2-16}$$

Sigmoid 函数完成了将 $(-\infty, +\infty)$ 范围内的输入信号向 $(0, 1)$ 范围内的映射，是一种典型的非线性映射。tanh 函数则将 Sigmiod 函数的映射范围由 $(0, 1)$ 延伸至 $(-1, 1)$，其数学定义为

$$\tanh(z) = \frac{e^z - e^{-z}}{e^z + e^{-z}} \qquad (2\text{-}17)$$

选定了激活函数后，可以计算此神经元的输出为

$$h_{w,b} = F(\boldsymbol{W}_k^{\mathrm{T}} \boldsymbol{x}_k + \boldsymbol{b}_k) \qquad (2\text{-}18)$$

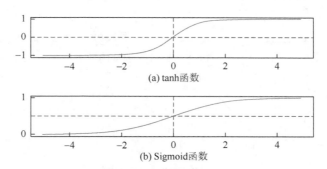

(a) tanh函数

(b) Sigmoid函数

图 2.6　Sigmoid 函数与 tanh 函数

2. 多层感知机

20 世纪 50 年代末，Rosenblatt 提出了感知器（perceptron）模型[10]，它是建立在一个非线性神经元上，即前述的 MP 模型，它是一种多层的前馈网络。多层感知机通常由输入层、隐藏层和输出层组成，每个神经元的输入和输出有以下关系：

$$O_i = f\left(\sum_j w_{ij}O_j + \theta_i\right) \qquad (2\text{-}19)$$

其中，O_j 为前一层第 j 个神经元输出；O_i 为当前层第 i 个神经元输出；w_{ij} 为神经元 O_j 到神经元 O_i 之间的连接权重系数；θ_i 为神经元 i 的阈值（或偏置值）；f 为神经元的激活函数，通常取为 Sigmoid 函数。

多层前馈神经网络也称 BP（back propagation）神经网络，该网络的主要特点是信号前向传递，误差反向传播[11]。在前向传递的过程中，输入信号从输入层经过隐藏层逐层处理，直至输出层。每一层的神经元状态只影响下一层神经元的状态。如果输出层得不到期望的输出，则转入反向传播，根据预测误差来调整网络权重和阈值，从而使 BP 神经网络预测输出值不断逼近期望输出值[11]。其拓扑结构如图 2.7 所示。

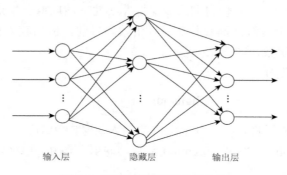

输入层　　　　　隐藏层　　　　　输出层

图 2.7　BP 神经网络拓扑结构图

多层感知机有以下三点基本特征：

（1）网络中每个神经元模型包含一个可微的非线性激活函数；

（2）网络中包含一个或多个隐藏在输入和输出神经元之间的层，简称为隐藏层；

（3）网络表现高度的连接性，其强度由网络的突触权值决定。

隐藏层的存在使得学习过程变得很困难，因为学习过程必须确定输入模式的哪些特征应该由隐藏层神经元表示出来。1986 年，Rumelhart 等提出了多层前馈神经网络的反向传播算法，这是训练多层感知机的一个流行算法，简称 BP 算法[11]。BP 算法把一组样本的输入输出问题变成一个非线性优化问题，应用了最优化中最普遍的梯度下降算法，用迭代运算求解权相应于学习问题，加入隐节点使得优化问题的可调参数增加，从而得到精确的解。BP 算法是一个很有效的算法，可以解决如 XOR 等许多问题；通过 BP 算法，前馈神经网络可以以任意精度逼近任何函数。

20 世纪 80 年代，BP 算法的提出是神经网络发展史上的一个里程碑事件，因为它为训练多层感知机提供了一个高效的学习方法，它使多层感知机的学习不再像 Minsky 和 Papert 在 1969 年合著的书中所表露出的那种悲观[12]。

3. 反向传播算法

将当前网络的输出与真实输出的差异建模为损失函数，反向传播算法则根据损失函数不断地向前调整网络的参数，从而使网络更好地拟合现有的训练数据。

假设一个神经网络的结构如图 2.8 所示，其中共有 9 个神经元，x_1、x_2、x_3 为输入信号，y_1、y_2 为输出信号，w_{ji} 代表编号为 i 的神经元与编号为 j 的神经元之间的权重，δ_i 为反向传播中的误差项。这里的激活函数假设为 Sigmoid 函数，损失函数以均方误差函数为例：

$$C = \frac{1}{2} \sum_{i \in \text{outputs}} (t_i - y_i)^2 \tag{2-20}$$

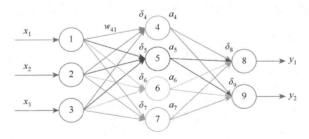

图 2.8　神经网络反向传播算法图示

当目前的输出存在误差时，需要将当前的参数向着导数的反方向调整。假设调整的参数即学习率为 η，则权重 w_{ji} 被更新为

$$w'_{ji} = w_{ji} - \eta \frac{\partial C}{\partial w_{ji}} \tag{2-21}$$

权重 w_{ji} 通过控制节点 j 的输入影响网络参数的调整，记节点 j 处的加权输入为 net_j，可以计算：

$$\text{net}_j = \sum_i w_{ji} x_{ji} \tag{2-22}$$

进一步地，记节点 j 接收到节点 i 传递的数值为 x_{ji}，则可以计算 $\dfrac{\partial C}{\partial w_{ji}}$ 的值为

$$
\begin{aligned}
\frac{\partial C}{\partial w_{ji}} &= \frac{\partial C}{\partial \text{net}_j} \cdot \frac{\partial \text{net}_j}{\partial w_{ji}} \\
&= \frac{\partial C}{\partial \text{net}_j} \cdot \frac{\partial \sum_i w_{ji} x_{ji}}{\partial w_{ji}} \\
&= \frac{\partial C}{\partial \text{net}_j} \cdot x_{ji}
\end{aligned} \tag{2-23}
$$

$\dfrac{\partial C}{\partial \text{net}_j}$ 的计算需要考虑隐藏层节点、输出层节点对损失函数 C 的不同影响。

（1）对于输出层节点，由于输出 $y_i = \text{Sigmoid}(\text{net}_j)$，首先计算输出层的梯度为

$$
\begin{aligned}
\frac{\partial C}{\partial \text{net}_j} &= \frac{\partial C}{\partial y_j} \cdot \frac{\partial y_j}{\partial \text{net}_j} \\
&= \frac{\partial C}{\partial y_j} \cdot \frac{1}{2}(t_i - y_i)^2 \cdot \frac{\partial \text{Sigmoid}(\text{net}_j)}{\partial \text{net}_j} \\
&= -(t_j - y_j) y_j (1 - y_j)
\end{aligned} \tag{2-24}
$$

再将 $\delta_j = (t_j - y_j) y_j (1 - y_j) = -\dfrac{\partial C}{\partial \text{net}_j}$ 代入权重 w_{ji} 的更新公式，得到

$$w'_{ji} = w_{ji} - \eta \frac{\partial C}{\partial w_{ji}} = w_{ji} + \eta \delta_j x_{ji} \tag{2-25}$$

（2）对于隐藏层节点，由于输出 y_i 会影响下一层与其相连的所有节点，记其集合为 outputs，则隐藏层梯度为

$$
\begin{aligned}
\frac{\partial C}{\partial \text{net}_j} &= \sum_{k \in \text{outputs}} \frac{\partial C}{\partial \text{net}_k} \cdot \frac{\partial \text{net}_k}{\partial \text{net}_j} \\
&= \sum_{k \in \text{outputs}} \left(-\delta_k \cdot \frac{\partial \text{net}_k}{\partial \text{net}_j} \right) \\
&= \sum_{k \in \text{outputs}} \left(-\frac{\partial \text{net}_k}{\delta_k \partial a_j} \cdot \frac{\partial a_j}{\partial \text{net}_j} \right) \\
&= \sum_{k \in \text{outputs}} \left(-\delta_k w_{kj} \cdot \frac{\partial a_j}{\partial \text{net}_j} \right) \\
&= \sum_{k \in \text{outputs}} \left(-\delta_k w_{kj} a_j (1 - a_j) \right) \\
&= -a_j (1 - a_j) \sum_{k \in \text{outputs}} \delta_k w_{kj}
\end{aligned} \tag{2-26}
$$

同样，再将 $\delta_j = -\dfrac{\partial C}{\partial \mathrm{net}_j}$ 代入权重更新公式，即可更新隐藏层的权重。

2.3　混沌映射基础知识

2.3.1　混沌的定义

在现实世界中，非线性现象远比线性现象广泛。混沌现象就是一种典型的非线性现象，具体是指在确定性系统中出现的一种看似无规则并类随机的现象，是自然界中普遍存在的一种复杂的运动。混沌系统是非线性动力系统中的重要组成部分。

混沌至今还没有一个统一的定义，这主要是由于人们尚未完全理解混沌现象的复杂性。目前大多数人所接受的数学上的定义分别是运动轨迹的非周期性和初始条件敏感性两种。

1975 年 Li 等首先给出了一个混沌的定义[13]（这里记为 Li-Yorke 混沌定义），通过描述区间上的连续映射，其具有的复杂动力学行为满足如下定理中所具有的性质，则被称为混沌映射。

定理 2.1　若 $f(x)$ 是 $[a, b]$ 上的连续自然映射，且 $f(x)$ 有 3 周期点，则对于任何正整数 n，$f(x)$ 有 n 周期点。

Li-Yorke 混沌定义：对于区间 I 上的连续自映射 $f(x)$，如果满足以下性质，则被称为混沌映射：

（1）对于任意自然数 $k = 1, 2, \cdots$，区间 I 上具有 f 的周期为 k 的周期点；

（2）闭区间 I 上存在一个不包含 f 周期点的不可数集合 S，满足对任意的 p，$q \in S$，$p \neq q$，有

① $\limsup\limits_{n \to \infty} |f^n(p) - f^n(q)| > 0$；

② $\liminf\limits_{n \to \infty} |f^n(p) - f^n(q)| = 0$；

（3）对于任意 $p \in S$ 和 f 的周期点 q，有

$$\limsup\limits_{n \to \infty} |f^n(p) - f^n(q)| > 0$$

Li 等提出的混沌定义[13]刻画了混沌运动的以下几个特征：

（1）存在可数无穷多个稳定的周期轨道；

（2）存在不可数无穷多个稳定的非周期轨道；

（3）至少存在一个不稳定的非周期轨道。

2.3.2　混沌的特征及其判别准则

混沌是不稳定有限定常的一种运动现象，与其他的非线性系统相比，混沌有自己的特征，主要包括以下几个方面。

（1）对初值的极端敏感性。

"差之毫厘，谬以千里"很形象地反映了混沌的这一特征。即使初值只产生极其微小的变化，经过混沌系统迭代数次后都能产生非常大的差异。这种对初始条件的敏感特性就像是美国气象专家 Lorenz 提到的"蝴蝶效应"。正是因为混沌的这一特征，才使得混沌映射被广泛地用于数字水印技术中以提高其安全性。

（2）长期不可预测性。

长期不可预测性是以初值敏感性为前提的。由于初值仅局限于某个有限的精度，在这个有限精度内初值会产生微小的差异，但是混沌系统对初始条件极度敏感，会导致最终结果差异巨大。

（3）内随机性。

随机性是系统的某个状态是否出现的情况不确定。而所谓的内随机性则是一个原本完全确定的系统中，由于系统自身的原因而非受到外界干扰，在系统内产生了上述随机性。也就是说这种随机性完全取决于系统自身的特性。混沌系统这种在不受外界干扰的情况下出现的随机性就是混沌系统的内随机性。

（4）连续功率谱。

功率谱通常是人们分析时间序列信号的方法。一般功率谱用于描述傅里叶变换之后振幅的分布情况，混沌信号有类似于随机信号的功率谱。

（5）有界性。

有界性指混沌吸引域。虽然混沌运动在整个空间扩展，但它的运动轨迹始终局限于一个确定的区域，即混沌吸引域。因此，混沌是有界的。也就是说，无论混沌系统内部多么杂乱无章，它的运动轨迹都不会超出混沌吸引域的范围。有界性在某种程度上反映了混沌系统的稳定性。

（6）普适性。

普适性指不同的动力学系统在趋近于混沌状态时，会表现出一些共同特征。这些特征并不会随着具体的系统方程或者参数的改变而改变。普适性在某种意义上体现了混沌系统内在的规律性。

（7）遍历性。

遍历性说明混沌轨道会经过混沌吸引域内的每一个状态点，然而又绝不会停留在某一状态点上，经过在此迭代后必定会位于另一个状态点。因此称混沌运动是各态历经的，也就是遍历的。

（8）分维性。

所谓分维性是指混沌系统在某个有限区域内，相空间中的运动轨迹经过无限次的迭代所形成的曲线的维数并不是整数而是分数。分维性说明混沌运动具有一定规律，具有无限次的层次自相似结构。通过分维性，可以区别混沌运动与随机运动。

总的来说，混沌现象是一种既确定，又类随机的过程，存在于非线性系统中。混沌运动轨迹非周期、不收敛但有界。利用其初值敏感性，可提供数量众多、非相关、类随机而又确定、易于产生的信号。

混沌是非线性动力系统所固有的特性，但并不是所有非线性系统都具有混沌特性。

那么究竟如何判断一个系统是否混沌？方法有很多，这里我们主要介绍其中两种：Lyapunov 指数和相图法。

1. 李雅普诺夫指数（Lyapunov 指数）

混沌运动对初值极其敏感。利用这一特性，对于由两个极其靠近的初值所产生的轨道而言，可以采用 Lyapunov 指数来描述它们随着时间的推移相互分离的程度，即定量地判断两条轨道经过数次迭代后是分离还是重合。Lyapunov 指数是人们目前使用最为广泛的一种混沌分析方法。

对一维映射的一条轨道 $x_0, x_1 = f(x_0), \cdots, x_n = f(x_{n-1}), \cdots$，如果我们对初值 x_0 加一个微扰 δx_0，那么，经过 n 步之后，有

$$\delta x_n = f'(x_{n-1})f'(x_{n-2})\cdots f'(x_0)\delta x_0 \tag{2-27}$$

我们就可以计算得到如下指数：

$$\lambda = \lim_{\delta x_0 \to 0} \lim_{n \to \infty} \frac{1}{n} \ln \left| \frac{\delta x_n}{\delta x_0} \right| = \lim_{n \to \infty} \frac{1}{n} \sum_{i=0}^{n-1} \ln |f'(x_i)| \tag{2-28}$$

λ 被称为 Lyapunov 指数。通常由 Lyapunov 指数是否大于零作为判断系统是否存在混沌运动的重要依据。即当 $\lambda > 0$ 时，说明相邻两点最后会互相远离，此时该运动即为混沌运动；当 $\lambda < 0$ 时，说明相邻两点最终会接近并合并成同一个点，系统中并不存在混沌运动，此时可能是定点或周期运动。本书采用的 Logistic 映射就是一个典型的混沌映射，其 Lyapunov 指数计算分析详见 2.3.4 节。

2. 相图法

相图法是一种非常经典的图解分析方法，相图法适用于一阶系统和二阶系统的相轨迹绘制以及分析。而三阶系统的相轨迹处于三维空间中，因此不适合使用相图法进行分析，而是适合使用 Lyapunov 指数等方法进行分析。混沌运动的相图是指在非线性动力系统中，系统的解曲线在相空间中的投影。在 MATLAB 中能够快速准确地获得相轨迹图形，便于系统的分析设计。

2.3.3 Baker 映射

为了对水印信息的嵌入位置进行加密，第 3 章用到了 Baker 映射。Baker 变换[14]是 Bernoulli 变换的推广，又称为面包师变换。就好比在一块白色的面团中加入一块红色颜料，经过反复拉伸和折叠，红色便会均匀地混合在面团中。Baker 变换就是一个通过拉伸和折叠对连续的平面区域进行重组的过程，它建立了平面正方形到自身的映射[15]。Fridrich[16]将该映射定义如下：

$$\begin{cases} B(x, y) = \left(2x, \dfrac{y}{2}\right), & 0 \leqslant x < \dfrac{1}{2} \\ B(x, y) = \left(2x-1, \dfrac{y}{2}+\dfrac{1}{2}\right), & \dfrac{1}{2} \leqslant x \leqslant 1 \end{cases} \tag{2-29}$$

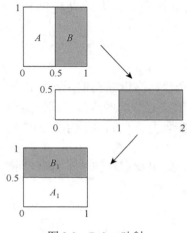

图 2.9　Baker 映射

具体过程如图 2.9 所示。首先将单位正方形分为左右两个竖直的长方形，将左竖列$[0, 1/2] \times [0, 1)$（即图中区域 A）水平方向拉伸两倍，竖直方向压缩 1/2 得到长方形$[0, 1] \times [0, 1/2]$（区域 A_1），右竖列以同样的方式映射到长方形$[0, 1] \times [1/2, 1]$（区域 B_1）。

单位正方形先在水平方向上拉伸，再在竖直方向上折叠，Baker 映射是变换到自身单位正方形的双射，最终变换结果仍为单位正方形。由此可见，Baker 映射是一个保面积映射。我们知道该映射是混沌的，单位矩阵中的每一个点与 Baker 映射后的位置之间是一一对应的关系，即每个点有且仅有一个映射位置与之对应。

上述 Baker 映射可以进行如下扩展：并不是简单地将单位正方形等分成左右两个矩形，而是将正方形分成 k 个竖直矩形 $[F_{i-1}, F_i] \times [0, 1), i = 1, 2, \cdots, k, F_i = p_1 + p_2 + \cdots + p_i, F_0 = 0$，且 $p_1 + p_2 + \cdots + p_k = 1$。这样 Baker 映射可以扩展到广义 Baker 映射。具体定义可参考文献[16]。

2.3.4　Logistic 映射

为了确定水印比特嵌入的像素位，本章中用到了另一个混沌映射：Logistic 映射。Logistic 映射又被称为虫口模型，它是一个简单而又非常重要的非线性迭代方程，同时也是研究最为广泛的动力系统。Logistic 映射方程如下：

$$z_{n+1} = \mu z_n (1 - z_n) \tag{2-30}$$

其中，$z_n \in (0, 1)$；$\mu \in (0, 4]$。研究表明，当 $3.5699456 < \mu \leqslant 4$ 时，Logistic 映射处于混沌状态，此时由初值 z_0 迭代产生的序列是混沌的。文献[14]中图 7.5 显示了 Logistic 映射的分岔图，根据参数 μ 取值的不同，Logistic 映射由倍分岔进入混沌过程，$\mu = 4$ 时，产生的混沌序列在区间$(0, 1)$能取到所有值，即具有遍历性。

由于 Logistic 映射对初值的极端敏感性，初值 z_0 微小的变化会导致产生完全不同的逻辑序列。理论研究表明，不同的初值 x_0，y_0 迭代产生的两个混沌序列互相关为零。

判断 Logistic 映射是否具有混沌特性除了使用分岔图以外，还可以通过 Lyapunov 指数来判别：当 Lyapunov 指数 λ 大于 0 时，系统是混沌的，反之则不具有混沌特性。Lyapunov 指数的相关知识见 2.3.2 节。通过 MATLAB 仿真得到 Logistic 映射的 Lyapunov 指数 λ 与参数 μ 的分岔图关系如参考文献[14]中图 7.5 所示。由该图可以看出，当参数 $\mu > 3.5699456$ 时，Logistic 映射的 Lyapunov 指数大于 0，因此在 $\mu > 3.5699456$ 时，系统是混沌的。

2.3.5　Arnold 映射

Arnold 映射来对水印信息的嵌入位置进行加密。该映射定义如下：

$$x_{n+1} = (x_n + y_n) \qquad \mathrm{mod}\, 1$$
$$y_{n+1} = (x_n + 2y_n) \qquad \mathrm{mod}\, 1 \tag{2-31}$$

因此，(x_n, y_n) 定义在一个 $[0,1] \times [0,1]$ 单位正方形中，将式（2-31）写成矩阵形式，得到

$$\begin{bmatrix} x_{n+1} \\ y_{n+1} \end{bmatrix} = \begin{bmatrix} 1 & 1 \\ 1 & 2 \end{bmatrix} \begin{bmatrix} x_n \\ y_n \end{bmatrix} = A \begin{bmatrix} x_n \\ y_n \end{bmatrix} \quad \mathrm{mod}\, 1 \tag{2-32}$$

单位正方形首先经线性变换进行延伸，然后通过模运算折叠，因此该 Arnold 映射的面积不变（等积映射），其线性变换矩阵的行列式 $|A|$ 等于 1。我们知道该映射是混沌的，它是一个一对一映射，单位矩阵中的每一个点唯一地映射到该单位矩阵中的另一个点。

将上述 Arnold 映射进行如下扩展：首先，将相空间推广到 $[0, 1, 2, \cdots, N-1] \times [0, 1, 2, \cdots, N-1]$，然后，式（2-32）就可以推广到二维可逆混沌映射：

$$\begin{bmatrix} x_{n+1} \\ y_{n+1} \end{bmatrix} = \begin{bmatrix} a & b \\ c & d \end{bmatrix} \begin{bmatrix} x_n \\ y_n \end{bmatrix} = A \begin{bmatrix} x_n \\ y_n \end{bmatrix} \quad \mathrm{mod}\, N \tag{2-33}$$

其中，a, b, c, d 是正整数；$|A| = ad - bc = 1$，因此，在这个条件下 a, b, c, d 四个参数中只有三个独立。

为了更清晰地了解 Arnold 映射的映射方式，Arnold 映射的具体过程如图 2.10 所示：首先，通过 $\begin{bmatrix} a & b \\ c & d \end{bmatrix} \begin{bmatrix} x_n \\ y_n \end{bmatrix}$ 对 Lena 图像进行线性变换延伸，得到图 2.10（b）；然后，通过取模运算 $\mathrm{mod}\, N$ 进行折叠，即剪切重组的过程，得到 10 次 Arnold 变换后的图像如图 2.10（c）所示。

2.3.6　Baker 映射与 Arnold 映射对比

从上述理论可以看出，Arnold 映射完全能实现 Baker 映射所起的作用。那么，实验中为什么最终用的是 Baker 映射而非 Arnold 映射呢？具体原因如下所述。

首先，是功能方面，以 Lena 图像为例，对其分别进行 1 次和 10 次的 Baker 变换和 Arnold 变换，结果如图 2.10 所示。可以看出，经过同样次数的置乱后，Baker 变换的置乱效果明显比 Arnold 变换更好，虽然 Arnold 变换在经过更多次的迭代后同样能达到这个效果，但基于程序运行效率的考虑最终还是选择了 Baker 变换。

(a) 原始Lena图像

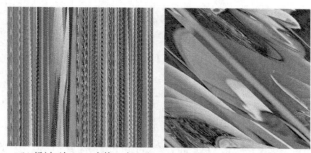

(b) 经过1次Baker变换（左）和Arnold变换（右）后的Lena图像

(c) 经过10次Baker变换（左）和Arnold变换（右）后的Lena图像

图 2.10　Baker 变换与 Arnold 变换对比

其次，在式（2-33）中，$\begin{bmatrix} a & b \\ c & d \end{bmatrix}\begin{bmatrix} x_n \\ y_n \end{bmatrix}$ 使得点 (x_n, y_n) 向整个空间混乱地扩展，此时，Arnold 变换具有混沌特性，点与点之间不会出现靠近或重合的情况。而 mod N 的操作使得向整个空间扩展的点折回 $N \times N$ 的正方形区域中，经实验仿真可知，此时 Arnold 变换具有周期性，其周期大小取决于 N 的值。如上述 256×256 的 Lena 图像，其置乱周期为 192，即在经过 192 次 Arnold 变换后，能够恢复到原图像，正是由于这一点，Arnold 变换被广泛地用于图像加密。而众所周知，混沌一个很重要的特点就是非周期，这并不是说广义 Arnold 变换不具有混沌特性，但是相较而言 Baker 映射更适合本书的算法。

最后，定性来看，Baker 映射的安全性优于 Arnold 映射。具体来说，Arnold 变换的密钥是一个二维矩阵 $\begin{bmatrix} a & b \\ c & d \end{bmatrix}$，满足 $ad-bc = 1$，而 Baker 变换的密钥是一个正方形的分块方法 $(n_1, n_2, \cdots, n_k)$，其中 n_i 的个数和数值都是由设计者自己决定的。因此，得出 Baker 映射的安全性优于 Arnold 映射这样的结论。当然，准确地对比判断还有待后续的研究。

为了对 Baker 映射的安全性进行分析，我们借助了文献[16]中的论证方法，即对解密密钥进行微小改变后不能从加密图像中恢复出原始图像。本实验中采用密钥（8, 16, 32, 64, 8, 16, 32, 16, 32, 32），用该密钥对 256×256 的 Lena 图像进行加密，加密后的图像如

图 2.11（b）所示。在对加密图像进行解密时，分别使用正确密钥（8, 16, 32, 64, 8, 16, 32, 16, 32, 32）和与正确密钥略有不同的错误密钥（8, 16, 32, 32, 8, 32, 16, 32, 32）进行解密，结果如图 2.11（c）和图 2.11（d）所示。

(a) 原始Lena图像

(b) 加密后的图像

(c) 正确密钥解密后的图像
密钥(8, 16, 32, 64, 8, 16, 32, 16, 32, 32)

(d) 错误密钥解密后的图像
密钥(8, 16, 32, 32, 8, 32, 16, 32, 32)

图 2.11 正确密钥解密后图像和略有不同的错误密钥解密后图像对比

由图 2.11 可以看出，在 Baker 变换中，只要密钥有些微改变就无法正确恢复原始图像。定量看，错误密钥解密后的图像与原始图像的相关系数 corr = 0.0142，表明两幅图像几乎不相关。因此，Baker 变换具有良好的安全性，能够用于数字水印算法中对水印嵌入位置进行加密。

2.4 高阶累积量与奇异值分解

2.4.1 高阶累积量

累积量是指随机变量的第二特征函数的泰勒级数展开式的系数，高阶指的是三阶及三阶以上的累积量。高阶累积量作为分析随机信号的数学工具，具有相关函数和功率谱等传统的二阶统计分析工具无可替代的地位，它能为人们提供随机信号中更多的信息。

假定 $\{x(n)\}$ 为平稳随机信号，$n = 0, 1, \cdots, N-1$，并且对于图像信号而言 $x(n)$ 是实数值，其三阶累积量估计为

$$C_{3x}(\tau_1, \tau_2) = \frac{1}{N_3} \sum_{n=N_1}^{N_2} x(n)x(n+\tau_1)x(n+\tau_2) \tag{2-34}$$

其中，N_1、N_2 的选取要求使 $x(n)$ 的八个观察值都在累加的范围内。

对于图片而言，高斯噪声的三阶累积量矩阵为零矩阵，一个叠加有高斯噪声的二维信号三阶累积量矩阵与原始图片的三阶累积量相同，这样为后续的图像处理消除了高斯噪声的影响，达到了静态图片对高斯噪声较好的鲁棒性。

2.4.2　奇异值分解

数字图像的奇异值分解：从线性代数角度来看，一幅图像可看成一个非负矩阵。如果将一幅图像表示为矩阵 $\boldsymbol{A}$，且 $\boldsymbol{A} \in \mathbf{R}^{n \times n}$，其中 $\mathbf{R}$ 表示实数集。则对矩阵 $\boldsymbol{A}$ 进行奇异值分解为

$$\boldsymbol{A} = \boldsymbol{U} \boldsymbol{S} \boldsymbol{V}^{\mathrm{T}} = [u_1, u_2, \cdots, u_n] \tag{2-35}$$

其中，$\boldsymbol{U} \in \mathbf{R}^{n \times n}$ 和 $\boldsymbol{V} \in \mathbf{R}^{n \times n}$ 均为酉矩阵；上标 T 表示矩阵转置；$\boldsymbol{S} \in \mathbf{R}^{n \times n}$ 为对角阵。若矩阵 $\boldsymbol{A}$ 的秩为 r，则对角阵 $\boldsymbol{S}$ 对角线上的元素 $\sigma_1 \geqslant \sigma_2 \geqslant \cdots \geqslant \sigma_r \geqslant \sigma_{r+1} = \sigma_{r+2} = \cdots = \sigma_n = 0$，其中 σ_1 为奇异值，同时也是矩阵 $\boldsymbol{A}\boldsymbol{A}^{\mathrm{T}}$ 的特征值的非负平方根，所以它会被唯一确定。矩阵的奇异值分解的核心则是在不改变信号矩阵的有关度量的前提下，得出矩阵的有效秩，并且在某种意义下给出矩阵降秩的最佳逼近结果。

奇异值分解算法：图像矩阵奇异值分解的计算比较复杂，尤其是当图像较大时，会耗费大量的时间。针对这个问题，可先将图像分块，然后对各块进行奇异值分解，从而有效地提高了效率。如果原图像大小为 $M \times M$，待隐藏的版权信息大小为 $N \times N$，则被分解的方块大小为 $\lfloor M/N \rfloor \times \lfloor M/N \rfloor$，其中 $\lfloor \ \rfloor$ 表示向下取整。

假定待隐藏的版权信息为一个二值图像 $I_{N \times N}$。可设方块的个数为 $n \times n$，然后对每个方块进行奇异值分解操作，取每个方块的第一个奇异值 σ_1，组成矩阵 $\boldsymbol{A}_{1n \times n}$，之后对该矩阵的所有元素进行归一化处理：

$$M_1 = \left(\sum_{i,j=1}^{n} \sigma_1(i,j) \right) / (n \times n) \tag{2-36}$$

$$\delta_1(i,j) = \begin{cases} 0, & \sigma_1(i,j) < M_1 \\ 1, & \sigma_1(i,j) > M_1 \end{cases} \tag{2-37}$$

再由 $\delta_1(i,j)$ 组成一个二值矩阵 $\boldsymbol{B}_{1n \times n}$。最后，得到的零水印即注册信息为

$$W_1 = B_{1n \times n} \oplus I \qquad (2\text{-}38)$$

奇异值与矩阵之间存在一对多的关系，所以在归一化时可能会造成一定误差。为了提高水印的准确度（同时也可以通过增加水印的容量来提高水印检测的准确性），可按如上相同的方法取每个分块的另两个稳健性相对较好的奇异值 σ_2、σ_3，得到水印检测信息 W_2、W_3，由三个奇异值共同进行联合检测。

矩阵的奇异值分解是一种将矩阵对角化的正交变换方法，它具有转置不变性、位移不变性和旋转不变性等优良特性，非常符合图像水印算法的要求，是一种极为有效的模式变换特征，因而基于奇异值分解的图像水印算法具有很强的鲁棒性。

矩阵的奇异值分解作为一种行之有效的信号处理方法，可以得到更广意义下的谱分解结果，它在线性动态系统的识别、实验数据的处理以及在正交变换保持不变的范数意义下所处理的最佳逼近中，都有直接的应用。

2.5 粒子群优化算法

粒子群优化（PSO）算法是一种全局优化算法，算法是依据鸟群觅食时的群体相互协作行为而设计的一种优化方法。PSO 算法用于水印算法中，常用来寻找最优水印嵌入位置或调节水印嵌入强度[17, 18]。在 PSO 算法中，每个潜在解都是搜索空间内的一个粒子，每个粒子包含两个属性：位置表示移动方向，速度表示移动快慢。PSO 算法根据实际问题确定优化函数来决定每个粒子的适应度值（fitness value），然后根据适应度值寻找最优粒子。算法会记录每个粒子的当前最优位置和全局的最优位置，每个粒子通过跟踪局部和全局最优位置进行位置和速度的更新，然后进行迭代直至找到最优解[19]。

PSO 算法中，假设第 i 个粒子在 N 维空间内的位置矢量为 $\boldsymbol{p}_i = (p_1, p_2, \cdots, p_N)$，速度矢量为 $\boldsymbol{s}_i = (s_1, s_2, \cdots, s_N)$。优化过程中，根据目标函数计算粒子的适应度，并根据适应度记录单个粒子到目前为止所发现的个体最好位置（$\boldsymbol{p}_{\text{best}}$）；比较所有粒子的最优位置，找到并记录群体粒子的当前全局最优位置（$\boldsymbol{g}_{\text{best}}$）。粒子通过与个体和群体的最优记录比较来决定下一步的更新。

PSO 算法的优化过程如图 2.12 所示。

PSO 算法是一种迭代算法，在算法开始时，需要先产生一组随机解作为初始化粒子群，然后进行迭代优化。每次迭代中，粒子速度和位置的更新公式如下：

$$s_i = s_i + c_1 \cdot \text{rand}(\cdot) \cdot (p_{\text{best}_i} - p_i) + c_2 \cdot \text{rand}(\cdot) \cdot (g_{\text{best}_i} - p_i) \qquad (2\text{-}39)$$

$$p_i = p_i + s_i, \quad i = 1, 2, \cdots, N \qquad (2\text{-}40)$$

其中，c_1 和 c_2 表示加速因子，通常设为 2。对于每个粒子，算法都会设置一个速度阈值 V_{max}（$V_{\text{max}} > 0$）来限制粒子的速度。

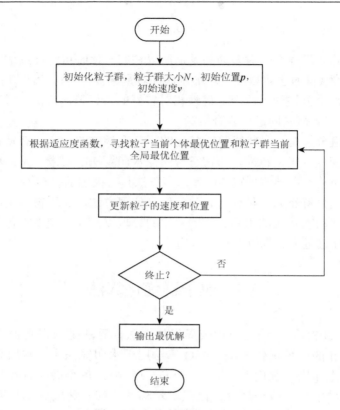

图 2.12　PSO 算法优化过程图

2.6　压缩感知理论

对信号或图像采样的传统方法遵循香农采样定理，即采样频率必须大于或等于信号带宽的 2 倍。然而，信息技术的飞快发展导致了信号的带宽越来越宽，传统采样方法不仅面临着采样速率以及实时处理能力的巨大考验，还导致了数据的大量冗余。而解决这个问题的一般方法是采样后压缩数据，但这同时也意味着处理效率的低下和对存储空间的浪费。

Donoho 等于 2006 年提出了压缩感知（compressive sensing，CS）理论[20-22]，即如果信号在某个变换域是稀疏的，则可以利用一个与此变换基不相关的基将此稀疏高维信号投影到一个低维空间上，并且可以从少量投影中以高概率将信号精确重构出来。压缩感知与传统采样方法相比，突破了香农采样定理的瓶颈，可以有效减少采样数据，并将数据采样以及数据压缩相结合，提高了效率，节省了存储空间。图 2.13 展示了传统采样方法与压缩感知技术的处理流程，两者最大的不同在于传统采样方法是先采样后压缩，压缩感知技术则是同时进行采样和压缩。下面将主要介绍压缩感知理论的几个重要部分：信号稀疏性、信号观测、信号重建以及分块压缩感知。

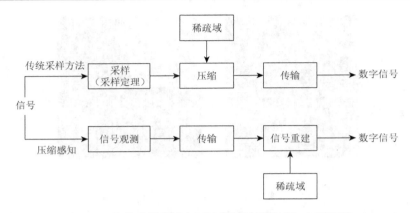

图 2.13 传统采样方法主要流程以及压缩感知主要流程

2.6.1 信号稀疏性

信号具有稀疏性是信号能够实现压缩感知的重要前提。信号的稀疏性指信号在某个变换域中，与信号自身长度相比，只含有少量非零系数。大多数实信号在合适的基表示下，可以被看作稀疏或近似稀疏的。

考虑一个长度为 N 的实信号 $\boldsymbol{f} = [f_1, f_2, \cdots, f_N]^{\mathrm{T}}, \boldsymbol{f} \in \mathbf{R}^N$，可以用一组正交基 $\boldsymbol{\Psi} = [\boldsymbol{\psi}_1, \boldsymbol{\psi}_2, \cdots, \boldsymbol{\psi}_N], \boldsymbol{\psi}_i \in \mathbf{R}^N$ 进行线性表示，即

$$\boldsymbol{f} = \sum_{i=1}^{N} \boldsymbol{\psi}_i x_i = \boldsymbol{\Psi} \boldsymbol{x} \tag{2-41}$$

其中，$x_i = <\boldsymbol{f}, \boldsymbol{\psi}_i>$ 为正交基的投影系数；$\boldsymbol{x} \in \mathbf{R}^N$ 为投影向量。

定义向量 $\boldsymbol{x}$ 的支撑集为

$$\mathrm{supp}(\boldsymbol{x}) = \{n \in \{1, 2, \cdots, N\} \mid x(n) \neq 0\} \tag{2-42}$$

设 K 代表 $\boldsymbol{x}$ 上非零系数的个数，如果 $K << N$，也就是 $\mathrm{supp}(\boldsymbol{x})$ 的基数小于等于 K，则可以称信号 $\boldsymbol{x}$ 在 $\boldsymbol{\Psi}$ 上是稀疏的，且稀疏度为 K。

对于二维图像信号，在时域内通常是不稀疏的，但在某些变换域中是稀疏的，如 DCT 域、DWT 域以及 DFT 域等。如图 2.14 和图 2.15 所示，Lena 灰度图像经过 DCT（包

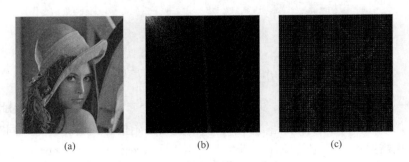

(a) (b) (c)

图 2.14 DCT 域稀疏表示

（a）原始图像；（b）DCT；（c）分块 DCT

图 2.15　DWT 域稀疏表示

（a）原始图像；（b）DWT

括整体进行 DCT 以及分块进行 DCT）或 DWT 后，都是稀疏的。信号的稀疏性在压缩算法被广泛利用，例如，在变换域中只对 K 个最重要的系数编码，剩下的 $N-K$ 个系数可以被忽略或看作 0，可有效压缩信号大小。

2.6.2　信号观测

同样考虑长度为 N 的实信号 $\boldsymbol{f} \in \mathbf{R}^N$。使用某一观测矩阵 $\boldsymbol{\Phi} \in \mathbf{R}^{M \times N}(M \ll N)$ 对此实信号进行线性观测，得到观测向量 $\boldsymbol{y} \in \mathbf{R}^M$，即

$$\boldsymbol{y} = \boldsymbol{\Phi} \boldsymbol{f} \tag{2-43}$$

可以将此观测过程看作原信号 $\boldsymbol{f}$ 在基 $\boldsymbol{\Phi}$ 下的线性投影，即从高维空间投影到了低维空间。又考虑到 $\boldsymbol{f}$ 可以进行稀疏表示 $\boldsymbol{f} = \boldsymbol{\Psi} \boldsymbol{x}, \boldsymbol{\Psi} \in \mathbf{R}^{N \times N}, \boldsymbol{x} \in \mathbf{R}^N$，则有

$$\boldsymbol{y} = \boldsymbol{\Phi} \boldsymbol{f} = \boldsymbol{\Phi} \boldsymbol{\Psi} \boldsymbol{x} = \boldsymbol{A} \boldsymbol{x} \tag{2-44}$$

其中，$\boldsymbol{A} = \boldsymbol{\Phi} \boldsymbol{\Psi} \in \mathbf{R}^{M \times N}$ 称为感知矩阵。压缩感知线性观测过程如图 2.16 所示。

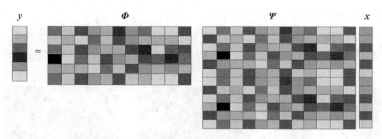

图 2.16　压缩感知线性观测示意图

对于 $\boldsymbol{y} = \boldsymbol{A} \boldsymbol{x}, \boldsymbol{y} \in \mathbf{R}^M, \boldsymbol{x} \in \mathbf{R}^N$，共有 M 个方程、N 个未知数，且 $M < N$，因此式（2-44）是欠定的，解不唯一。$\boldsymbol{x}$ 的稀疏性提供了精确恢复出原始信号的前提，与此同时，感知矩阵 $\boldsymbol{A} = \boldsymbol{\Phi} \boldsymbol{\Psi}$ 也需要满足一定的条件，即约束等距性质（restricted isometry property，RIP）。对于任意的 $k = 1, 2, \cdots, K$，定义矩阵 $\boldsymbol{A}$ 的等距常量 δ_k 为满足下面公式的最小值：

$$(1 - \delta_k) \| \boldsymbol{x} \|_2^2 \leqslant \| \boldsymbol{A} \boldsymbol{x} \|_2^2 \leqslant (1 + \delta_k) \| \boldsymbol{x} \|_2^2 \tag{2-45}$$

其中，x 为 k 项稀疏向量。如果 $0 < \delta_k < 1$，表明矩阵 A 满足 k 阶 RIP。RIP 保证了信号之间的距离不变性以及稀疏信号与观测信号的一一映射关系[20, 23]。只要矩阵 A 满足 RIP，就可以通过 $K\lg(N/K)$ 个观测值重构出稀疏度为 K 的稀疏信号 x[20-22]。在实际应用中，可以使用 RIP 的另一个等价条件：观测矩阵 $\boldsymbol{\Phi}$ 与稀疏表示的基 $\boldsymbol{\Psi}$ 不相干，即 $\boldsymbol{\Phi}$ 不能用 $\boldsymbol{\Psi}$ 来线性表示。由于稀疏表示的基 $\boldsymbol{\Psi}$ 是相对固定的，就可以通过设计观测矩阵 $\boldsymbol{\Phi}$ 使得感知矩阵满足 RIP。

常用的观测矩阵包括随机高斯矩阵[20, 21]、随机伯努利矩阵[20, 21]、稀疏随机矩阵[24]、部分随机傅里叶变换矩阵[22]以及特普利茨矩阵和循环矩阵[25]等。观测矩阵各有优点和缺点，在应用时要根据实际需要进行选择。

2.6.3　信号重建

信号重建问题即为如何从低维空间的投影向量 $y \in \mathbf{R}^M$ 中恢复出高维空间的稀疏向量 $x \in \mathbf{R}^N$，主要的困难在于如何利用信号的稀疏性求解欠定的方程。可以利用求解最小 l_0 范数问题来进行 x 的重建，即为

$$\begin{cases} \hat{x} = \arg\min \| x \|_0 \\ \text{s.t.} \quad Ax = \boldsymbol{\Phi\Psi} x = y \end{cases} \tag{2-46}$$

然而，求解最小 l_0 范数是 NP 难问题，无法求解。因此，一系列求解次优解的方法被提出。以基追踪（basis pursuit, BP）[26]为代表的最小化 l_1 范数法，将求解最小 l_0 范数问题转换为求解最小 l_1 范数问题，即

$$\begin{cases} \hat{x} = \arg\min \| x \|_1 \\ \text{s.t.} \quad Ax = \boldsymbol{\Phi\Psi} x = y \end{cases} \tag{2-47}$$

并将信号的稀疏性转化为有约束的优化问题，再转化为线性规划或二阶锥规划问题求解 x。

另一类常用的重建算法是以正交匹配追踪（OMP）[27]为代表的贪婪算法，在每一次迭代过程中，选择一个局部最优解来逐步逼近原始信号。还有专门适用于二维图像重建的最小全变分法[20]等。当然，不同的重建算法重构结果的精确程度以及重建效率等存在比较大的差异，也要根据实际需要进行针对性的选择。

2.6.4　分块压缩感知

虽然压缩感知理论可以同时进行压缩和采样，但对于大部分图像来说，对整幅图像进行实时采样和观测是极其困难的。例如，对一幅 $512 \times 512$①的图像进行压缩感知处理，压缩比为 0.5，需要先把图像转化为 262144 维向量，再与大小为 131072×262144 的矩阵相乘得到 131072 维观测向量，计算量相当庞大。为了减少计算量，Gan 提出了一种针对二维图像的快速压缩感知方法，即分块压缩感知（block compressed sensing, BCS）[28]方法。

考虑一个大小为 $I_r \times I_c$ 的图像，共有 $N = I_r I_c$ 个像素值，并假设需要 n 个压缩感知观测值。

---

① 512×512 指的是 512 行 × 512 列，共 512×512 个像素，全书同此。

在分块压缩感知中，图像被分成大小为 $B \times B$、互不重叠的小块，对每一图像块使用同一观测矩阵进行线性观测。令 $\boldsymbol{x}^i$ 表示第 i 块的矢量信号，那么对应的压缩感知观测值向量 $\boldsymbol{y}^i$ 即为

$$\boldsymbol{y}^i = \boldsymbol{\Phi}_B \boldsymbol{x}^i \tag{2-48}$$

其中，$\boldsymbol{\Phi}_B$ 为 $n_B \times B^2$ 矩阵，且 $n_B = \lfloor nB^2 / N \rfloor$。对于整幅图像而言，相应的观测矩阵 $\boldsymbol{\Phi}$ 为如下形式的分块对角矩阵：

$$\boldsymbol{\Phi} = \begin{bmatrix} \boldsymbol{\Phi}_B & & & \\ & \boldsymbol{\Phi}_B & & \\ & & \ddots & \\ & & & \boldsymbol{\Phi}_B \end{bmatrix} \tag{2-49}$$

可以发现，使用分块压缩感知只需要存储 $n_B \times B^2$ 大小的 $\boldsymbol{\Phi}_B$，而不是 $n \times N$ 大小的 $\boldsymbol{\Phi}$，显著提高了存储和计算的效率。图 2.17 给出了压缩比 n/N 分别为 0.1、0.3、0.5 以及 0.7 时，使用分块压缩感知利用最小全变分法重建出的 Peppers 图像。四幅图像的峰值信噪比分别为 22.259dB、30.017dB、34.401dB 以及 37.667dB。即使压缩比仅为 0.3，恢复

(a) 原始图像　　　　　(b) 压缩比 = 0.1　　　　　(c) 压缩比 = 0.3

(d) 压缩比=0.5　　　　　(e) 压缩比 = 0.7

图 2.17　不同压缩比分块压缩感知恢复图像

出的图像的 PSNR 也在 30dB 以上。压缩比为 0.5、0.7 时恢复出来的图像与原始图像在视觉上没有太大差异，体现了分块压缩感知良好的性能。本章所提算法也将建立在分块压缩感知的基础上。

2.7 人类视觉模型基本概念

2.7.1 人类视觉模型

不可感知性是水印应该具有的性能之一。如果能够利用人类的视觉特性，运用与水印算法相关的感知模型对可感知性进行估计，控制水印嵌入强度，则水印系统的性能有望进一步得到改善。

人类视觉系统（human visual system，HVS）的响应随着输入信号的空间频率、亮度和色彩的变化而变化，这些说明载体图像各区域或各频带的感知程度并不是相同的。我们可以对感知程度进行度量，同时构造出一些视觉模型对这些差异进行解释。一般来说，一个感知模型涉及三个基本概念：灵敏度、掩蔽效应和综合。本节首先解释这三个基本概念，由此引入 2.7.2 节的 Watson 感知模型，包括与各种数字水印算法结合的改进模型。

1. 灵敏度

灵敏度指的是眼睛对直接激励的反应变化程度。最基本的激励是频率和亮度。

人类视觉系统对于某一输入信号的响应依赖于信号的频率。对于视觉来说，存在三种形式的频率响应：空间频率、谱频率和时间频率。

空间频率被感知成图案或纹理。人眼对亮度对比度变化的灵敏度通常描述成空间频率响应，它是空间频率的函数，通常称为对比度灵敏度函数（contrast sensitivity function，CSF），对比度灵敏度函数清楚地表明人类对于中频范围内的亮度变化最敏感，而在较低或较高频率处的灵敏度会下降。对于二维图像空间频率的描述，人眼的灵敏度不仅与图像的频率有关，而且与它的方位有关。特别地，人眼对于图像中水平和垂直的线和边缘最敏感，而对于成 45° 的线和边缘最不敏感。

谱频率被感知为色彩。人眼对色彩的感知，其最低一级是由三个单独的颜色通道，即红、绿、蓝三个颜色通道组成。通常人眼对蓝色通道的感知，很明显要比其他两个通道低。因此，一些彩色水印算法将大部分的水印信号嵌入彩色图像的蓝色通道中。

时间频率被感知成运动或闪烁。实验结果表明，当显示频率超过 30Hz 时，人眼的灵敏度显著下降。这也是电视或电影的帧速率都不超过 60 帧/秒的原因。

2. 掩蔽效应

掩蔽效应（masking effect），指由于出现多个同一类别（如声音、图像）的刺激，导致被试不能完整接收全部刺激的信息。其中，视觉掩蔽效应包括明度掩蔽效应和模式掩蔽效应，其影响因素主要包括空间域、时间域和色彩域。灵敏度模型和掩蔽模型可以用于估计某一特定特征（如一个单一频率）变化的可感知度。

3. 综合

然而，如果发生变化的不只是单一频率而是多个频率同时变化，就必须知道应如何对各个频率的灵敏度和掩蔽信息进行综合，对图像整体变化做出评价，这就是所谓的合并。合并通常以 L_p 范数形式表示：

$$D(c_0, c_w) = \left(\sum_i^n | d[i]^p | \right)^{\frac{1}{p}} \qquad (2\text{-}50)$$

其中，$d[i]$ 表示观察者觉察到 c_0 和 c_w 之间某个参数变化的可能性，这些参数可以是时间采样值、空间像素值或者傅里叶变换频率系数。

2.7.2　Watson 感知模型

量化索引调制（quantization index modulation，QIM）算法是一种典型的含边信息的水印方法[29]。第 4 章和第 5 章将对基于量化索引调制原理及其改进的数字水印算法进行详细介绍。研究量化索引调制系列算法必不可少地要与视觉模型相结合。Watson 感知模型（Watson perceptual model，WPM）就是其中的一种，它是 Watson 提出的一个衡量视觉上的不可见性的模型[30]。Li 等又提出了改进的 Watson 感知模型（modified Watson perceptual model，MWPM）[31]。

任何一个人类视觉系统的感知模型都需要将各种各样的感知现象考虑在内，包括亮度掩蔽、对比度掩蔽和敏感度。人类对于不同频率的图像敏感度并不相同，在不同的光照条件下所看到的也会有所差异。还有研究表明，图像的方向也影响了人类的视觉感知。精神物理学的研究表明，超过 50% 的实验中可觉察的失真水平可以用最小可察觉差值（JND）来表示。这个系数被认为是一般情况下最小可被察觉的系数，它常常用作两个图像之间差异的量度。将图像分割为 8 像素×8 像素进行块 DCT，Watson 感知模型对图像的这些块的感知度变化进行了估计。它使用了块 DCT，首先将图像分为 8 像素×8 像素的小块。每一块都变换到 DCT 域上，然后得到了转换后图像的 DCT 系数。我们将图像 C 的第 k 块标识为 $C[i, j, k], 0 \leqslant i, j \leqslant 7$。

Watson 感知模型由一个敏感度函数以及两个基于亮度和对比度掩蔽的掩蔽部分组成[27]。

敏感度：Watson 感知模型定义了敏感度表 t，如表 2.1 所示。元素 $t[i, j](i, j = 1, 2, \cdots, 8)$ 代表了图像每一个不相交的 8 像素×8 像素块中各处，在无任何掩蔽噪声的情况下 DCT 系数最小地可被察觉到的变化。不同频率处，$t[i, j]$ 不同，反映了人眼对不同频率的敏感程度。

表 2.1 敏感度表

1.40	1.01	1.16	1.66	2.40	3.43	4.79	6.56
1.01	1.45	1.32	1.52	2.00	2.71	3.67	4.93
1.16	1.32	2.24	2.59	2.98	3.64	4.60	5.88
1.66	1.52	2.59	3.77	4.55	5.30	6.28	7.60
2.40	2.00	2.98	4.55	6.15	7.46	8.71	10.17
3.43	2.71	3.64	5.30	7.46	9.62	11.58	13.51
4.79	3.67	4.60	6.28	8.71	11.58	14.50	17.29
6.56	4.93	5.88	7.60	10.17	13.51	17.29	21.15

亮度掩蔽：如果 8 像素×8 像素块的平均亮度较大，DCT 系数就可以有较大的改变而不被察觉，因而可根据各块中的直流系数 $C_0[0, 0, k]$ 调整敏感度表中的 $t[i, j]$ 获得亮度掩蔽函数门限 $t_L[i, j, k]$，即

$$t_L[i, j, k] = t[i, j](C_0[0, 0, k] / C_{0,0})^{\alpha_T} \tag{2-51}$$

其中，α_T 为一个常数，通常取值为 0.649；$C_0[0, 0, k]$ 为原始图像第 k 块的直流系数；$C_{0,0}$ 为原始图像的直流系数的平均值，代表图像的平均亮度。

对比度掩蔽：对比度掩蔽是指某一频率中能量的存在会导致该频率上数值发生变化时的不可见性增大，对比度掩蔽值的表示如下：

$$s[i, j, k] = \max(t_L[i, j, k], |C_0[i, j, k]|^{0.7} t_L[i, j, k]^{0.3}) \tag{2-52}$$

Li 等将 Watson 感知模型与 QIM 算法结合在一起，提出了基于 Watson 感知模型的 AQIM 算法[31]。但该 AQIM 算法对幅度缩放依旧很敏感。这是因为 Watson 感知模型得到的量化步长不会随着幅度的变化而相应线性地变化，针对这种情况，Li 等对 Watson 感知模型作了修改，形成改进的 Watson 感知模型。有关改进的 Watson 感知模型，我们将在 4.1.4 小节中介绍。

2.7.3 显著性检测

显著性检测是通过模拟人类视觉注意力机制，定位出最显著的、最吸引人视觉注意的图像区域。视觉显著性源于视觉的独特性、不可预测性、稀缺性以及奇异性，受到颜色、梯度、边缘等图像属性的影响[32]。视觉显著性的提取已经成为计算机视觉的一个重要目标，可用来作为一个预处理步骤。通过显著性检测提取出的显著性图是一种视野的"地形图"，其标量值代表了各个位置的显著性。显著性值即反映了吸引人视觉注意力的能力，显著性值越高表明该像素或该区域越能引起人的注意。图 2.18 展示了一个显著性检测的例子，在图 2.18（b）和（c）中，白色区域即代表着图像的显著性区域，区域越亮，区域内显著性值越大。

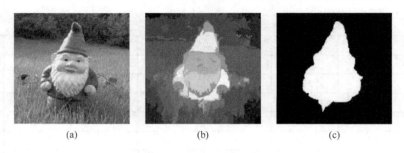

图 2.18　显著性检测示例

（a）输入图像；（b）文献[29]检测出的显著性图；（c）人工标记的 Ground Truth（真值）

　　一系列自底向上的显著性检测方法先后被提出，即使用底层的、人工处理的特征来预测视觉显著性，包括颜色对比度[32]、边界背景[33]等。近年来，卷积神经网络（convolutional neural network，CNN）与传统的检测方法相比具有更好的性能，在视觉显著性检测中得到了广泛的应用[34-37]。其中，Zhang 等[37]提出的双向信息传递模型很好地集成了用于显著性检测的多层次的特征，模型的总体框架如图 2.19 所示。首先，设计了一个多尺度上下文感知特征提取模块（MCFEM）来提取多尺度上下文信息；然后，引入门控双向信息传递模块（GBMPM）来综合多级特征，即通过门控函数控制信息传递速率；再利用这些综合的多层次特征，生成不同分辨率的显著性图；最后，将预测结果融合得到最终的显著性图。该模型在不同的评价指标下均取得了较为满意的结果，性能上也要优于其他的一些算法。所以，在 4.6 节中将选择该模型提取显著性图。

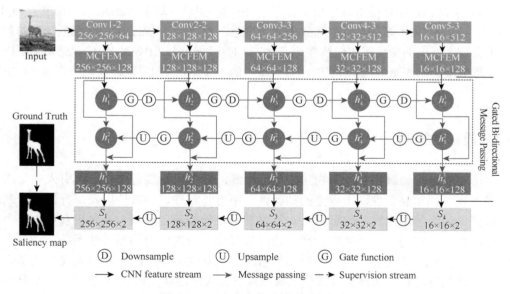

图 2.19　双向信息传递模型总体框架

　　为了使嵌入水印的图像获得更好的视觉效果，显著性检测也被用于数字水印算法中[38-41]。Bhowmik 等[38]提出了在离散小波变换域中的视觉注意模型，即使用所有小波尺度上的所有细节系数进行差分和归一化，并根据此模型进行水印的嵌入；Niu 等[39]通过引入视觉注意机制来调节 JND，从而优化了图像水印算法；文献[40]提出了一种空域自适应图像水印方案，将水印信息嵌入在图像最不显著的像素上；Agarwal 等[41]将水印嵌入载体图像的视觉感兴趣区域，使得水印对多种攻击具有鲁棒性。

2.8　本　章　小　结

本章主要概述后面各章节应用的基础理论知识。2.1 节介绍了图像处理中的三种变换：离散余弦变换、离散小波变换和轮廓波变换。2.2 节介绍神经网络基础知识。2.3 节介绍离散的混沌映射基础知识。2.4 节介绍数字图像处理中常用的高阶累积量和奇异值分解理论知识。2.5 节介绍经典的群体智能优化算法：粒子群优化算法。2.6 节介绍信号处理理论中最新发展起来的压缩感知理论。2.7 节介绍数字水印和信息隐藏算法实现中经常讨论的人类视觉模型，主要讨论的是 Watson 感知模型和视觉显著性检测知识。

参 考 文 献

[1]　Do M N，Vetterli M. The Contourlet transform：An efficient directional multiresolution image representation[J]. IEEE Transactions on Image Processing，2005，14（6）：760-769.

[2]　陈新武. 轮廓波变换的理论研究与应用[D]. 武汉：华中科技大学，2009.

[3]　Cunha A L，Zhou J，Do M N. The nonsubsampled contourlet transform：Theory，design，and applications[J]. IEEE Transactions on Image Processing，2006，15（10）：3089-3101.

[4]　Akhaee M A，Sahraeian S，Marvasti F. Contourlet-based image watermarking using optimum detector in a noisy environment[J]. IEEE Transactions on Image Processing，2010，19（4）：967-980.

[5]　朱少敏，刘建明. 基于 Contourlet 变换域的自适应量化索引调制数字图像水印算法[J].光学学报,2009,29（6）：1523-1529.

[6]　Zhou C. DC-QIM based image watermarking method via the contourlet transform[J]. Journal of Computational Methods in Sciences and Engineering，2016，16（3）：459-468.

[7]　Ghannam S，Abou-Chadi F E Z. Enhancing robustness of digital image watermarks using Contourlet transform[C]. 16th IEEE International Conference on Image Processing，Cairo，2009：3645-3648.

[8]　Fazlali H R，Samavi S，Karimi N，et al. Adaptive blind image watermarking using edge pixel concentration[J]. Multimedia Tools and Applications，2017，76（2）：3105-3120.

[9]　McCulloch W S，Pitts W. A logical calculus of the ideas immanent in nervous activity [J]. Bulletin of Mathematical Biophysics，1943，5：115-133.

[10]　Rosenblatt F. The perceptron：A probabilistic model for information storage and organization in the brain [J]. Psychological Review，1958，65：386-408.

[11]　Rumelhart D E，Hinton G E，Williams R J. Learning representations by back-propagating errors [J]. Nature，1986，323：533-536.

[12]　Minsky M L，Papert S A. Perceptrons [M]. Combridge：MIT Press，1969.

[13]　Li T Y，Yorke J A. Period three implies chaos [J]. American Mathematical Monthly，1975，82：985-992.

[14]　陈式刚. 映像与混沌[M]. 北京：国防工业出版社，1992.

[15]　张鑫，徐光宪，付晓. 基于面包师变换的抗剪切扩展水印算法研究[J]. 计算机应用研究，2012，29（6）：2246-2248.

[16]　Fridrich J. Symmetric ciphers based on two-dimensional chaotic maps [J]. International Journal of Bifurcation and Chaos，1998，8（6）：1259-1284.

[17]　Ansari I A，Pant M. SVD watermarking：Particle swarm optimization of scaling factors to increase the quality of watermark[C].

Proceedings of Fourth International Conference on Soft Computing for Problem Solving，Silchar，2015：205-214.

[18]　Tao H，Zain J M，Ahmed M M，et al. A wavelet-based particle swarm optimization algorithm for digital image watermarking [J]. Integrated Computer Aided Engineering，2012，19（1）：81-91.

[19]　恩格尔伯里特. 计算群体智能基础[M]. 谭营，译. 北京：清华大学出版社，2009：65-89.

[20]　Candès E J，Romberg J，Tao T. Robust uncertainty principles：Exact signal reconstruction from highly incomplete frequency information [J]. IEEE Transactions on Information Theory，2006，52（2）：489-509.

[21]　Donoho D L. Compressed sensing [J]. IEEE Transactions on Information Theory，2006，52（4）：1289-1306.

[22]　Candès E J. Compressive sampling [C]. Proceedings of the International Congress of Mathematicians，Madrid，2006：1433-1452.

[23]　Candès E J. The restricted isometry property and its implications for compressed sensing [J]. Comptes Rendus-Mathematique，2008，346（9）：589-592.

[24]　Gilbert A，Indyk P. Sparse recovery using sparse matrices [J]. Proceedings of the IEEE，2010，98（6）：937-947.

[25]　Bajw W，Haupt J，Raz G，et al. Toeplitz-structured compressed sensing matrices [C]. Proceedings of the IEEE Workshop on Statistical Signal Processing，Washington，2007：294-298.

[26]　Chen S S，Donoho D L，Saunders M A. Atomic decomposition by basis pursuit [J]. SIAM Journal on Scientific Computing，1998，20：33-61.

[27]　Tropp J A，Gilbert A C. Signal recovery from random measurements via orthogonal matching pursuit [J]. IEEE Transactions on Information Theory，2007，53（12）：4655-4666.

[28]　Gan L. Block compressed sensing of natural images[C]. Proceedings of the International Conference on Digital Signal Processing，Cardiff，2007：403-406.

[29]　Chen B，Wornell G W. Provably robust digital watermarking[J]. Proceedings of SPIE，1999，3845：43-54.

[30]　Watson A B. A technique for visual optimization of DCT quantization matrices for individual images [J]. Society for Information Display Digest of Technical Papers，1993，24：946-949.

[31]　Li Q，Cox I J. Improved spread transform dither modulation using a perceptual model：Robustness to amplitude scaling and JPEG compression[C]. IEEE International Conference on Acoustics，Speech and Signal Processing，Honolulu，2007：15-20.

[32]　Cheng M M，Zhang G X，Mitra N J，et al. Global contrast based salient region detection[C]. Proceedings of IEEE Conference on Computer Vision and Pattern Recognition（CVPR），Colorado Springs，2011：409-416.

[33]　Achanta R，Hemami S，Estrada F，et al. Frequency-tuned salient region detection[C]. Proceedings of IEEE Conference on Computer Vision and Pattern Recognition（CVPR），Miami，2009：1597-1604.

[34]　Wang L J，Lu H C，Ruan X，et al. Deep networks for saliency detection via local estimation and global search[C]. Proceedings of IEEE Conference on Computer Vision and Pattern Recognition（CVPR），Boston，2015：3183-3192.

[35]　Wang L Z，Wang L J，Lu H C，et al. Saliency detection with recurrent fully convolutional networks[C]. Proceedings of European Conference on Computer Vision（ECCV），Amsterdam，2016：825-841.

[36]　Zhang P P，Wang D，Lu H C，et al. Amulet：Aggregating multi-level convolutional features for salient object detection[C]. Proceedings of the IEEE International Conference on Computer Vision（ICCV），Venice，2017：202-211.

[37]　Zhang L，Dai J，Lu H C，et al. A bi-directional message passing model for salient object detection[C]. Proceedings of IEEE Conference on Computer Vision and Pattern Recognition（CVPR），Salt Lake City，2018：1741-1750.

[38]　Bhowmik D，Oakes M，Abhayaratne C. Visual attention-based image watermarking[J]. IEEE Access，2016，4：8002-8018.

[39]　Niu Y Q，Kyan M，Ma L，et al. A visual saliency modulated just noticeable distortion profile for image watermarking[C]. 19th European Signal Processing Conference（EUSIPCO），Barcelona，2011：2039-2043.

[40]　Sur A，Sagar S S，Pal R，et al. A new image watermarking scheme using saliency based visual attention model[C]. 2009 Annual IEEE India Conference，Ahmedabad，2009.

[41]　Agarwal C，Bose A，Maiti S，et al. Enhanced data hiding method using DWT based on saliency model[C]. 2013 IEEE International Conference on Signal Processing，Computing and Control（ISPCC），Solan，2013.

第3章　零水印算法及其应用

通过第 1 章和第 2 章了解到数字水印方法一般可以分为两类：变换域水印法和空域水印法。这些数字水印法都是对图像的空域信息或其变换域信息进行一定的修改来嵌入水印信息的。为了不让人眼发觉人为修改的痕迹，很多方法采用了基于人类视觉系统（human visual system，HVS）的视觉掩模，通过加视觉掩模的方法在一定程度上解决了水印可感性和鲁棒性之间的矛盾。但是加视觉掩模的方法使得水印的嵌入过程复杂化，消耗计算时间太长，不利于实际应用。而且如果黑客了解加视觉掩模的方法，通过检测发现水印的存在并设法移除。这就使得数字水印的安全性受到了限制。为此，温泉等提出了零水印的概念与应用[1]。其基本思想是利用图像的重要特征来构造水印信息，而不是修改图像的这些特征。把这种不修改原图任何数据的水印称为零水印。零水印技术很好地解决了不可见数字水印的可感知性和鲁棒性之间的矛盾。

本章首先介绍了基于三阶累积量和四阶累积量的高阶累积量的零水印算法。讨论了基于小波变换和奇异值分解的零水印算法。接着，讨论了基于神经网络的零水印算法和基于神经网络的半脆弱零水印算法。接着，讨论了基于相邻块 DCT 域之间直流系数关系，我们提出了直流系数关系的零水印算法 DC-RE 算法，以及把高阶累积量和奇异值分解两个概念结合起来，提出了两种新的算法——CU-SVD 算法和 CU-SVD-RE 算法。最后，讨论了基于混沌映射的零水印算法。

3.1　基于高阶累积量的零水印算法

3.1.1　高阶累积量

累积量是随机变量的第二特征函数的泰勒级数展开式的系数，高阶指的是三阶及三阶以上的累积量。高阶累积量作为分析随机信号的数学工具，具有相关函数和功率谱等传统的二阶统计分析工具无可替代的地位，它能为人们提供随机信号中更多的信息。高阶累积量的一个重要性质是高斯过程的三阶及三阶以上的累积量为零。这使得它成为提取噪声中信号的有效数学手段。

在实际中求的是高阶累积量的估计值，下面给出三阶累积量和四阶累积量的估计方法：假定 $\{x(n)\}$ 为平稳随机信号，$n = 0, 1, \cdots, N-1$，并且对于图像信号而言 $x(n)$ 是实数值，其三阶累积量估计为

$$C_{3x}(\tau_1, \tau_2) = \frac{1}{N}\sum_{n=N_1}^{N_2} x(n)x(n+\tau_1)x(n+\tau_2) \tag{3-1}$$

四阶累积量估计为

$$C_{4x}(\tau_1,\tau_2,\tau_3)=\frac{1}{N}\sum_{n=N_1}^{N_2}x(n)x(n+\tau_1)x(n+\tau_2)x(n+\tau_3) \qquad (3\text{-}2)$$

其中，N_1、N_2 的选取要求使 $x(n)$ 的 N 个观察值都在累加的范围内；τ_1、τ_2 和 τ_3 是时延。为了减少计算量，取其切片进行研究，即利用 $C_{3x}(\tau_1,0)$ 和 $C_{4x}(\tau_1,0,0)$。

3.1.2　零水印的构造和检测算法

1. 构造零水印算法

图像是二维信号，为了计算方便将二维的图像信号转化为一维的信号来求其高阶累积量。同时，为了减少计算时间，只取图像正中的部分计算其高阶累积量来构造零水印，因为根据人眼的习惯，看一幅图时首先都集中在图像的正中部分，所以图像的正中部分应该是图像特征集中的地方。当然也可以选取图像中纹理复杂、边缘多的图像块来构造零水印。设 $\{x(n)\}$，$n=0,1,\cdots,N-1$ 为图像中最具代表性的 N 个像素的灰度值。利用式（3-1）或式（3-2）来计算这 N 个像素数据点的三阶累积量或四阶累积量，并取其切片，计算后得到 $2N+1$ 个值，在这 $2N+1$ 个值中选取 M 个绝对值最大的数构成一维序列 D，这时生成一个同样有 M 个数的随机序列 S，生成的序列 S 可根据随机数发生器的种子再现，其取值范围在 $[1,M]$，随机数发生器的种子可以作为密钥。

$$D=\{d(i),1\leqslant i\leqslant M\} \qquad (3\text{-}3)$$
$$S=\{s(i),1\leqslant i\leqslant M\} \qquad (3\text{-}4)$$

其中，$s(i)\in[1,M]$。

用 S 序列中的随机数做 D 的索引产生新的序列 D'。

$$D'=\{d'(i),1\leqslant i\leqslant M\}=\{d(s(i)),1\leqslant i\leqslant M\} \qquad (3\text{-}5)$$

如果 D' 中的第 i 个数为正，则相应的水印 W 中的第 i 个数为 1，否则为-1，这样就产生二值零水印序列 W。

$$W=\{w(i),1\leqslant i\leqslant M\} \qquad (3\text{-}6)$$

其中，$w(i)\in\{-1,1\}$。

产生后的零水印需在 IPR（知识产权权威机构）信息数据库注册，它负责维护一个水印数据库来验证数字产品的所有权。零水印一旦注册后，就可以认为原图像已在水印技术的保护下。这里也可以对图像进行 DCT，然后取其中 M 个绝对值最大的 DCT 系数按照上面的方法来构造零水印，提取水印的时候也要先对图像进行 DCT。有关基于 DCT 的零水印算法见参考文献[2]。

2. 检测零水印算法

受水印保护后的原图像 I 在网络传输的过程中会受到无意或恶意的处理，则最后待检测图像 I'是原图像经过一定扭曲和损伤后的图像，如果怀疑这是受零水印保护的原图，可以用零水印算法来提取水印信息，并和在可信的 IPR 中央权威机构水印数据库中注册过的水印进行验证。提取时同样利用嵌入过程中采用的那些像素值，这些像素值在原像素值上有所变化，设为 $\{x'(n)\}$，$n = 0, 1, \cdots, N-1$，利用式（3-1）或式（3-2）计算其三阶或四阶累积量并取其切片得到 $2N+1$ 个值，找到嵌入过程所利用的 M 个绝对值最大的数所在的坐标位置，将处于这些位置的数按顺序从 1 到 M 排成一维的向量 E，再输入密钥得到式（3-4）的随机数序列 S，根据 S 得到一维向量 E'。

$$E = \{e(i), 1 \leqslant i \leqslant M\} \tag{3-7}$$

$$E' = \{e'(i), 1 \leqslant i \leqslant M\} = \{e(s(i)), 1 \leqslant i \leqslant M\} \tag{3-8}$$

根据 E'，如果第 i 个数为正，则对应提取出的水印的第 i 个数为 1，否则为 -1。

$$W' = \{w'(i), 1 \leqslant i \leqslant M\} \tag{3-9}$$

其中，$w'(i) \in \{-1, 1\}$。水印相关检测公式如下：

$$\rho = \mathrm{sim}(W, W') = W \cdot W' / \sqrt{W' \cdot W'} \tag{3-10}$$

其中，W 为原水印；W' 为提取出来的水印；ρ 是原水印和提取水印相似度系数。

用式（3-10）检测提取出来的水印和原水印的客观相似性，考虑到使虚警概率和误判概率都达到最小，给定阈值为 5，检测值大于 5 就认为有水印的存在[1]。

3.1.3　仿真实验

实验用图为 256×256 大小的 Lena 图，水印序列长度设为 1000，实验中产生 1000 个 1 和 -1 的二值随机序列，令第 500 个为原水印，然后把提取的水印和这 1000 个序列做相似度检测以此来检测该方法的鲁棒性。检测器输出的横坐标代表的是 1000 个取值 $\{1, -1\}$ 的随机序列，第 500 个为原水印，纵坐标是相关检测值，如果在横坐标 500 处有明显高于其他检测值的峰值，则可以判断有水印的存在。

仿真实验中对 Lena 原图分别进行旋转 5°、比例缩放 8 倍和剪切左上角 1/4 的几何失真实验。在这三种实验情况下，文献[3]介绍的方法都已经失效，而且在图像旋转的情况下，采用 DCT 的零水印方法也失效了。

表 3.1 列出了在直方图均衡、滤波、抖动和对比度增强的处理下分别采用三阶累积量和四阶累积量以及 DCT 的比较实验结果。其中采用的维纳滤波窗口大小为 10×10，文献[3]中的方法在这种情况下已经失效。

表 3.1　实验结果比较

零水印构造算法	直方图均衡	滤波	抖动	对比度增强
三阶累积量	31.56	30.801	9.1074	20.681
四阶累积量	31.496	31.623	16.128	8.2219
DCT 域	31.623	31.623	31.623	26.816

表 3.2 列出了图像在不同能量高斯噪声污染后分别采用三阶累积量和四阶累积量以及 DCT 的检测结果比较。

表 3.2　水印抗高斯噪声污染性能测试表

噪声方差	三阶累积量	四阶累积量	DCT 域
0.01	30.99	31.18	31.623
0.02	28.208	28.777	31.623
0.03	22.136	26.31	31.56
0.04	22.124	22.389	31.117

表 3.3 列出了图像在不同能量乘性噪声污染后分别采用三阶累积量和四阶累积量以及 DCT 的检测结果比较。

表 3.3　水印抗乘性噪声污染性能测试表

噪声方差	三阶累积量	四阶累积量	DCT 域
0.1	29.915	21.251	31.623
0.2	26.184	17.329	31.433
0.3	23.591	14.42	30.864
0.4	21.314	11.89	30.168

表 3.4 列出了图像在不同压缩参数下压缩后分别采用三阶累积量和四阶累积量以及 DCT 的检测结果比较。

表 3.4　水印抗 JPEG 压缩性能测试表

压缩参数	三阶累积量	四阶累积量	DCT 域
30	31.623	31.623	31.623
15	31.623	31.623	31.623
7	31.433	31.496	31.623
4	29.852	30.105	31.496

从以上实验结果可以看出以下几个方面。

（1）DCT 域零水印算法和基于高阶累积量的零水印算法都具有很好的鲁棒性。在压缩参数为 4 的压缩实验、加高斯噪声方差为 0.1 的噪声污染实验以及滤波器窗口为 10×10 的滤波实验中，采用 DCT 域和基于高阶累积量的两种零水印算法都得到了不错的检测效果。而在同样的实验条件下，Cox 等的水印算法[3]已经失效。

（2）除了不能弥补图像旋转处理的不足外，DCT 域零水印算法在其他干扰实验中都得到不错的检测效果。该算法的特点是简单、计算量小、易于硬件实现等。基于高阶累积量的零水印算法弥补了 DCT 域零水印算法的不足，基于高阶累积量的零水印不仅可以抵抗图像的旋转处理实验，而且在其他实验中也表现出很好的性能。

文献[1]在"总结和讨论"部分，从理论上解释了所提高阶累积量构造零水印算法具有好的鲁棒性的原因。认为对于平稳随机过程 $\{x(t)\}$，其三、四阶累积量可以定义为

$$C_{kx}(\tau_1, \tau_2, \cdots, \tau_{k-1}) = E(x(t)x(t+\tau_1)\cdots x(t+\tau_{k-1}))$$
$$- E(g(t)g(t+\tau_1)\cdots g(t+\tau_{k-1})) \tag{3-11}$$

其中，$g(t)$是与 $x(t)$具有相同二阶统计特性的高斯过程，这说明了信号的三、四阶累积量表示了信号偏离高斯分布的程度，不同的信号其偏离高斯分布的程度是不一样的，所以可以把这种偏态看作信号的一种本质特征，对图像信号而言也是如此。图像信号的这种本质特征受一般的图像处理操作如旋转、压缩等的影响较小，那么利用图像的偏态特征构造的零水印同样也受这些常见的图像处理影响不大。这就是采用三、四阶累积量构造零水印算法具有很好鲁棒性的原因。

3.2　基于小波变换和奇异值分解的零水印算法

离散小波变换（DWT）具有良好的局部时频分析特性和多分辨率分析特性，与人眼视觉特性相符。图像经过 DWT 后分割成水平、垂直、对角线 3 个细节子带和 1 个低频子带，低频子带可以继续分解。3 个细节子带的能量都较少，图像的总能量主要集中在低频子带，所以低频子带具有能量聚集效应。因此，低频子带的系数对外在抗干扰方面具有更好的稳定性。为此，叶天语等提出了基于小波变换和奇异值分解的强鲁棒零水印算法[4]。

文献[5]指出，图像经奇异值分解（SVD）后得到的奇异值具有相当好的稳定性，当图像受到轻微扰动时，它的奇异值不会发生剧烈变化。那么，最大奇异值的最高位数字奇偶性也相对稳定。综合上述分析，如果首先对原始载体图像进行 DWT，再对其低频子带进行分块 SVD，然后通过判断每个子块最大奇异值的最高位数字奇偶性产生零水印，该零水印技术可能具有强鲁棒性。因为没有对原始载体图像做任何改变，所以又具有相当好的不可见性。

3.2.1　鲁棒零水印产生

原始载体图像 I 大小为 $M \times M$。鲁棒的零水印产生过程如下。

（1）将 I 进行 n 层 DWT。

（2）将第 n 层低频子带 L 分成不重叠的 $m \times m$ 子块。L 的大小为 $\frac{M}{2^n} \times \frac{M}{2^n}$。子块总数为 $K = \left(\frac{M}{2^n m}\right)^2$。每个子块记为 L_i，$i = 1, 2, \cdots, K$。因此，$L = \bigcup_{i=1}^{K} L_i$。

（3）对每个子块进行 SVD，即 $L_i = U_i \Sigma_i V_i^T$。其中，U_i 和 V_i 为正交矩阵；Σ_i 为对角阵，$\sigma_i^k (k = 1, 2, \cdots, m)$为其 m 个奇异值。

（4）通过判断每个子块最大奇异值的最高位数字奇偶性，产生鲁棒零水印 w。如果 σ_i^1 的最高位数字是奇数，则 $w_i = 1$；否则，$w_i = 0$，其中 w_i 是 w 的第 i 比特水印。保存零水印，用于版权认证。

3.2.2　鲁棒零水印提取和版权认证

鲁棒的零水印提取过程与第 1 部分类似。将攻击图像 $\boldsymbol{H}$ 的第 n 层低频子带 $\boldsymbol{L'}$ 分成不重叠的 $m \times m$ 子块。对每个子块进行 SVD，通过判断每个子块最大奇异值的最高位数字奇偶性提取鲁棒零水印 w'。如果 σ''_i 的最高位数字是奇数，则 $w'_i = 1$；否则，$w'_i = 0$。

定义相似度为 $s = 1 - \dfrac{\sum\limits_{j=1}^{K} w_j \oplus w'_j}{K}$，其中 $\oplus$ 代表异或运算。如果所保存的原始零水印 w 与 w' 间的相似度 s 大于设定的阈值 t，则认为版权申诉者合法拥有该作品的版权。

3.2.3　阈值选择

原始图像为 Lena、Peppers、Baboon、Sailboat、Cameraman 和 Elain，都是大小为 512×512 的 256 灰度级图像，见图 3.1。对图像进行 3 层 DWT，以 Harr 小波作为小波基。低频子带的分块大小为 4×4，因此水印序列长度为 256 bit。得到不同图像零水印间的相似度，最小的相似度为 0.4648，最大的相似度为 0.5547。产生 99 个服从均匀分布的随机序列，计算它们与 Lena 图像零水印间的相似度，结果如图 3.2 所示。第 50 个序列为 Lena 图像零水印。图 3.2 中，除第 50 个序列外，其他相似度都在 0.5 上下小幅度波动。3.2.4 节实验结果部分对抗攻击的鲁棒性进行了测试。根据这些实验结果，可以认为将 0.87 作为阈值 t 已经足够大，则当 $s > 0.87$ 时，认为版权申诉者合法拥有该作品的版权。

(a) Lena　　　　　　　(b) Peppers　　　　　　　(c) Baboon

(d) Sailboat　　　　　　(e) Cameraman　　　　　　(f) Elain

图 3.1　原始图像

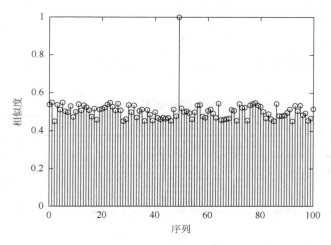

图 3.2　Lena 图像零水印与均匀分布随机序列间的相似度

3.2.4　实验结果

用原始鲁棒零水印与提取的鲁棒零水印间的相似度 s 衡量抵抗攻击的鲁棒性。

1. 添加高斯噪声

对原始图像添加高斯噪声，噪声方差、原始图像与攻击图像间的峰值信噪比（PSNR）、2 个水印间的相似度如表 3.5 所示。

表 3.5　添加高斯噪声

原始图像	s/PSNR	
	噪声方差为 0.005	噪声方差为 0.01
Lena	0.9766/23.0436	0.9844/20.0876
Peppers	0.9805/23.2110	0.9727/20.3021
Baboon	0.9844/23.0243	0.9766/20.0897

2. 添加椒盐噪声

对原始图像添加椒盐噪声，实验结果如表 3.6 所示。

表 3.6　添加椒盐噪声

原始图像	s/PSNR	
	噪声强度为 0.02	噪声强度为 0.03
Lena	0.9766/22.3409	0.9453/20.5647
Peppers	0.9727/22.0276	0.9766/20.2274
Baboon	0.9805/22.3670	0.9648/20.6695

3. 中值滤波

对原始图像进行中值滤波，实验结果如表 3.7 所示。

表 3.7　中值滤波

原始图像	s/PSNR	
	窗口大小为 3×3	窗口大小为 5×5
Lena	0.9961/35.1110	0.9883/30.9089
Peppers	0.9961/34.1210	0.9961/31.2445
Baboon	0.9805/22.8452	0.9570/20.4224

4. 高斯低通滤波

对原始图像进行标准差为 0.5 的高斯低通滤波，实验结果如表 3.8 所示。

表 3.8　高斯低通滤波

原始图像	s/PSNR	
	窗口大小为 2×2	窗口大小为 3×3
Lena	0.9414/29.4587	0.9766/40.2445
Peppers	0.9648/28.3623	0.9883/38.8811
Baboon	0.9805/22.5667	0.9922/30.7797

5. JPEG 压缩

对原始图像进行 JPEG 压缩，实验结果如图 3.3 所示。

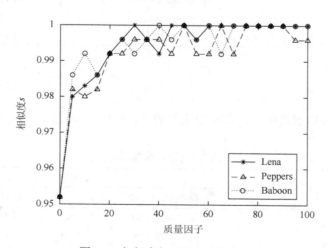

图 3.3　相似度与 JPEG 压缩关系

6. 剪切

对原始图像进行剪切，实验结果如表 3.9 所示。

表 3.9　剪切

原始图像	s/PSNR	
	剪切面积为左上角 1/16	剪切面积为左上角 1/8
Lena	0.9766/17.8428	0.9336/14.3979
Peppers	0.9648/18.1556	0.9297/16.0060
Baboon	0.9688/16.9840	0.9336/14.8540

7. 旋转攻击

对原始图像进行旋转攻击的仿真实验结果如表 3.10 所示。

表 3.10　旋转攻击

原始图像	s/PSNR	
	逆时针旋转 0.5°	逆时针旋转 1°
Lena	0.9375/24.7279	0.9141/20.9157
Peppers	0.9258/23.2031	0.8750/19.5449
Baboon	0.9609/17.0245	0.9219/16.1203

从表 3.5～表 3.10 和图 3.3 可以看出，所提出的基于离散小波变换和奇异值分解的零水印技术对不同纹理图像 Lena、Peppers 和 Baboon 都具有很强的鲁棒性。

3.3　基于神经网络的零水印算法

由 2.2 节可以知道人工神经网络是一个性能优良的非线性自适应系统。而数字水印的嵌入和提取可以看作一个非线性映射过程。利用人工神经网络的学习和自适应能力，可以优化水印的嵌入和检测，提高水印检测性能。

Sang 等[6]提出了基于人工神经网络的用于版权保护的稳健零水印算法。基于神经网络的零水印算法分为两个部分：水印信号的特征提取过程（水印提取过程）和水印信号的检测过程（水印检测过程）。

水印提取过程包括：从宿主图像中随机选取像素点；建立一个神经网络，找出一个随机选取像素点和它周围的 8 个像素点之间关系的模型，从而通过神经网络生成一个二值模式。之后，将获得的二值模式和混沌序列水印进行异或操作获得水印检测密钥。

水印检测过程包括：从宿主图像中随机选取像素点；利用神经网络获得一个二值模式；对二值模式和水印检测密钥进行异或操作以恢复水印；计算恢复出的水印和原水印之间的相关性关系来判断水印是否存在于测试图像中。

具体流程如图 3.4 和图 3.5 所示。图 3.4 和图 3.5 中每个流程块所表示的函数将在接下来的部分中介绍。

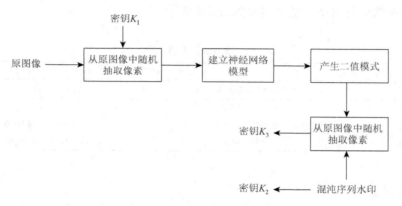

图 3.4　水印提取过程

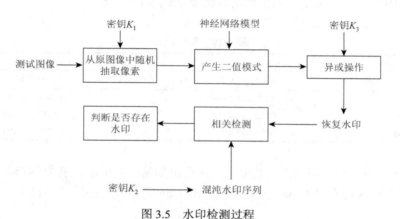

图 3.5　水印检测过程

3.3.1　随机像素点的选取

这里仿真实验研究的是 512×512 灰度值图像 Lena 图（图 3.1（a））。水印序列 W 包含 S_w 个二值分布的值。我们从原始图像中随机抽取 S_w 个像素，并且保证所抽取的像素点不在原图像的边缘部分，这样就保证了所选像素点有一个有效的 3×3 邻边。如表 3.11 所示，像素点 5 周围含有有效的像素点 1、2、3、4、6、7、8 和 9。随机选取像素点的方法有很多，可以采用混沌系统如花托自同构映射变换的方法。这里采用混沌序列的方法随机选取像素点。应用前面所提的 Logistic 映射，选取参数初始值 $x_0 = 0.6$，分岔参数 $\mu = 3.6$，即

$$x_{k+1} = 3.6x_k(1-x_k), \quad x_0 = 0.6 \tag{3-12}$$

由于所得到的混沌序列的范围为（0, 1），为了将混沌序列映射到原始图像的所有像素点上，将混沌序列乘以 512×512，并对结果进行取整操作，得到的新序列即可一一对应到原始图像，便于随机选取像素点。在此过程中，对原始图像边缘点进行检测和排除，以保证所有选取的像素点都不位于图像边界上。所有用来随机选取像素点的参数记为 K_1。

表 3.11   随机像素点周围包含有效像素点

1	2	3
4	5	6
7	8	9

3.3.2   神经网络模型

假设建立了一个 8×10×1 的 BP 神经网络，用来表示所选像素点和其邻域像素点的关系。该 BP 神经网络模型包含了 8 个节点的输入层，10 个节点的隐藏层和 1 个节点的输出层，如图 3.6 所示。

由于原始图像的灰度值分布范围为 0~255，为了便于神经网络的处理，首先对灰度值进行归一化处理，将选取的像素点和它们邻域像素点的灰度值除以 255，从而使其灰度值归一化分布在 0~1，然后放到神经网络的输入、输出端。训练过程中，输入端包含了归一化的随机选取像素点周围的 8 个像素点（表 3.11 中像素点 1、2、3、4、6、7、8 和 9），输出端包含归一化的随机选取的像素点（表 3.11 中的像素点 5）。隐藏层和输出层

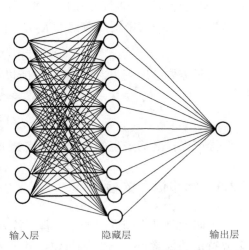

图 3.6   一个 8×10×1 的 BP 神经网络用于表示选取像素点和其邻域像素点之间的关系

的激励函数采用式（3-13）所示的 Sigmoid 函数：

$$f(x) = \frac{1}{1 + \exp(-x)} \tag{3-13}$$

3.3.3   二值模式的产生

将选取的像素点经过上述神经网络模型后，可以获得归一化的期望输出值 p_i 和归一化的神经网络输出值 p_i'。如式（3-14）所示，二值模式是通过比较期望输出值 p_i 和网络输出值 p_i' 的大小来产生的，即

$$b_i = \begin{cases} 1, & p_i > p_i' \\ 0, & 其他 \end{cases}, \quad i = 1, 2, \cdots, S_w \tag{3-14}$$

通过比较网络输出值 p_i' 和期望输出值 p_i 的大小，实际上就是体现了随机选取像素点和其邻域像素点的关系，并将这种关系通过二值模式来表示。提取出像素点和其邻域像素点的关系，也就是象征性地"嵌入"了水印信号，即零水印。

3.3.4　检测密钥的获取

上述二值模式产生后，其实就已经产生了水印信号。但为了考虑传输过程中的安全性，此处外加加密操作。即将上述步骤产生的二值模式和相同长度的混沌序列进行异或运算：

$$K_{3_i} = b_i \oplus W_i, \quad i = 1, 2, \cdots, S_w \qquad (3\text{-}15)$$

其中，W_i 是通过一个混沌系统产生的，为了区别之前的混沌序列，此处选取初始值 $x_0 = 0.5$，分岔参数 $\mu = 3.7$（密钥参数记为 K_2），即

$$x_{k+1} = 3.7 x_k (1 - x_k), \quad x_0 = 0.5 \qquad (3\text{-}16)$$

由于需要的序列 W_i 是二值的，所以对该混沌序列进行二值化处理，即

$$W_i = \begin{cases} 1, & x_i > 0.5 \\ 0, & x_i \leq 0.5 \end{cases}, \quad i = 1, 2, \cdots, S_w \qquad (3\text{-}17)$$

异或操作之后产生的序列记为密钥 K_3，供水印检测时使用。

3.3.5　水印信号的检测

水印检测是水印提取的逆过程。首先，按照与水印信号特征提取过程中相同的方法，选取特定的像素点和它们的邻域。其中采用相同的密钥进行随机选取，即保证水印检测过程中选取像素点的位置和水印提取过程中像素点的位置相同。接着，用同样的方法对所选像素点的灰度值进行归一化处理，重新建立一个与之前结构相同的神经网络模型，以得到检测过程中的神经网络输出值 q_i' 和期望输出值 q_i。之后，将神经网络输出值 q_i' 与选取的归一化像素点的期望输出值 q_i 进行比较。也就是说，利用神经网络输出值 q_i' 和期望输出值 q_i 的大小获得如下标准的二值模式：

$$b_i' = \begin{cases} 1, & q_i' > q_i \\ 0, & q_i' \leq q_i \end{cases}, \quad i = 1, 2, \cdots, S_w \qquad (3\text{-}18)$$

接着对该二值模式和提取水印过程中产生的水印检测密钥 K_3 进行异或操作，从而得到恢复水印序列 W' 如下：

$$W_i' = b_i' \oplus K_{3_i}, \quad i = 1, 2, \cdots, S_w \qquad (3\text{-}19)$$

最终得到的水印序列 W 和恢复水印序列 W' 都是 $\{0, 1\}$ 分布的，为了便于计算分析，将序列 W 和 W' 都从 $\{0, 1\}$ 映射到 $\{-1, 1\}$，即

$$\dot{W}_i = \begin{cases} -1, & W_i = 0 \\ 1, & W_i = 1 \end{cases}, \quad i = 1, 2, \cdots, S_w \qquad (3\text{-}20)$$

$$\dot{W}_i' = \begin{cases} -1, & W_i' = 0 \\ 1, & W_i' = 1 \end{cases}, \quad i = 1, 2, \cdots, S_w \qquad (3\text{-}21)$$

为了检测测试图像和原图像是否一致，即比较恢复水印序列 W' 和提取水印序列 W 是否一致。我们通过计算 W_i 和 W_i' 的相关性来判别测试图像和原图像是否一致。相应的相关性可按式（3-22）计算：

$$\mathrm{corr} = \frac{1}{S_w} \sum_{i=1}^{S_w} \dot{W}_i \times \dot{W}_i' \qquad (3\text{-}22)$$

如果测试图像和原图像是同一幅图像，则恢复的水印序列 W' 和提取得到的水印序列 W 应该是一模一样的，即结果 $\mathrm{corr} = 1$；如果测试图像与原图像有细微差异，那么恢复的水印序列 W' 和提取得到的水印序列 W 也将会有细微差异，最终的结果 corr 将接近于 1；如果测试图像和原图像相差较大甚至完全不一样，那么恢复的水印序列 W' 和提取得到的水印序列 W 将会完全不相关，即最终结果 corr 接近于 0。通过比较 corr 和一个预先设定好的门限值，我们就可以判断出是否检测到水印信号。

3.3.6　水印的重复嵌入

基于宿主图像的大小和水印序列的长短，文献[7]使用多次嵌入水印的方法，这样理论上可以提高水印算法的鲁棒性。假设相同的水印信号被嵌入了 L 次，即水印序列 W 包含 L 个相同的序列，相对应的恢复水印即为 $\hat{W}$，其中的元素可以用 L 个相同水印序列的均值替代，即

$$\hat{W}_i = \begin{cases} 1, & \dfrac{1}{L}\sum_{j=1}^{L}\hat{W}_i^{\,j} > 0.5 \\[2mm] 0, & \dfrac{1}{L}\sum_{j=1}^{L}\hat{W}_i^{\,j} \leqslant 0.5 \end{cases}, \quad i = 1, 2, \cdots, \frac{S_w}{L} \qquad (3\text{-}23)$$

3.4　基于神经网络的半脆弱零水印算法

Sang 等在文献[6]中将零水印技术扩展到图像认证，结合人工神经网络，提出了基于人工神经网络的用于图像认证的半脆弱零水印技术[8]。它利用神经网络构建从宿主图像中随机选择的像素点及其邻域像素间关系模型。与文献[9]通过调整所选择像素点值与神经网络输出值之间大小关系嵌入水印不同，它不向宿主图像中嵌入水印，而是通过对于所建立的关系与二值水印图像进行异或运算得到水印检测的密钥作为所构造的零水印。该技术可以在保持宿主图像质量不变的同时，发现篡改并定位篡改发生的位置，且一定程度上具备对于 JPEG 压缩的稳健性。

3.4.1　算法描述

基于神经网络的半脆弱零水印技术分为零水印构造和水印恢复两个部分。

1. 零水印构造

这部分过程是从宿主图像中提取图像特征以构造水印信号的过程，其包括如下操作。

1）随机选取像素块

为了能够定位篡改发生的位置，应当要求水印较为均匀地覆盖宿主图像。而为了保证算法的安全性，水印也不能完全均匀地覆盖宿主图像，以防攻击者较为方便地发现相应水印的位置。因此，首先要根据宿主图像和水印图像的大小比例关系将宿主图像划分成若干个子区域，然后在各子区域中随机选择 3×3 的图像区域作为水印覆盖的位置。

设宿主图像 I 的大小为 $M×N$，二值水印图像 W 的大小为 $M_W×N_W$。将原图像均匀划分为 $M_W×N_W$ 个大小为 $\lfloor M/M_W \rfloor × \lfloor N/N_W \rfloor$ 的子区域，其中 $\lfloor \cdot \rfloor$ 表示向下取整。然后，在每一个子区域中随机选取一个 3×3 的区域。例如，对一个 512×512 的宿主图像 Lena 和一个 128×128 的二值水印图像东南大学校徽进行操作，将原始图像分为一个大小为 4×4 的子区域，并从每一个 4×4 的子区域中随机选取一个 3×3 的区域。可以采用多种不同的方式，这里采用如下的 Logistic 混沌映射方法进行随机选取：

$$x_{n+1} = \lambda x_n (1 - x_n) \tag{3-24}$$

其中，$n = 0, 1, 2, \cdots$ 代表迭代次数；λ 为一个用于控制混沌系统行为的分岔参数。给定 $\lambda \in (3.57, 4)$，$x_0 \in (0, 1)$，式（3-24）生成一个取值范围为 0～1 的混沌序列。为了确保得到一个分布均匀的混沌序列，再舍弃最初的若干个迭代值，以 α 表示所舍弃序列值的个数。

使用式（3-25）将从式（3-24）得到的序列映射到 $\{1, 2, 3, 4\}$（从一个 4×4 子区域，可以得到 4 个不同的 3×3 区域）：

$$y_n = \begin{cases} 1, & x \in (0, \beta_1] \\ 2, & x \in (\beta_1, \beta_2] \\ 3, & x \in (\beta_2, \beta_3] \\ 4, & x \in (\beta_3, 1] \end{cases} \tag{3-25}$$

y_n 的分布则由参数 β_1、β_2 和 β_3 控制。

μ、x_0、α、β_1、β_2 和 β_3 这些参数构成了进行随机像素点选择的密钥集 KS，实验中选取 $\mu = 3.6$，$x_0 = 0.6$，$\alpha = 100$，$\beta_1 = 0.25$，$\beta_2 = 0.5$ 和 $\beta_3 = 0.75$ 的密钥集进行仿真。

经过上述处理，水印图像将会较为均匀地但非完全均匀地对应于原始图像。非完全均匀的同时，水印图像中的每个像素点并没有嵌入宿主图像的相应像素点，使得嵌入水印后图像被篡改的位置无法完全反映在恢复的水印图像的相应位置上，因此无法正确定位篡改位置。若仅将水印用于版权保护而非图像认证，即不要求定位篡改位置，那么就可以从整个原始图像中随机选取像素点。

2）建立神经网络模型

将所选取的像素点及其 3×3 邻域像素点的灰度值除以 255，归一化为 0～1 的实数。建立一个 8×10×1 的和第 2 章介绍的算法一致的 BP 神经网络来获得所选择的像素点及其 3×3 邻域像素点之间的关系。而神经网络训练的目标则是保证网络最终输出的均方误差 MSE<T，其中 T 为一个常数。

3）获取二值图像

在将选取的像素点经过上述神经网络模型映射后，我们获得了归一化的期望输出值 $p_{x,y}$ 和归一化的神经网络输出值 $p'_{x,y}$。如式（3-26）所示，二值模式是通过比较期望输出值 $p_{x,y}$ 和网络输出值 $p'_{x,y}$ 的大小来产生的，即

$$b_{x,y}=\begin{cases}1,&p_{x,y}>p'_{x,y}\\0,&\text{其他}\end{cases},\quad x=1,2,\cdots,M_W;y=1,2,\cdots,N_W \tag{3-26}$$

4）获取检测密钥

对该二值图像 $\boldsymbol{b}$ 和二值水印图像东南大学校徽 $\boldsymbol{W}$ 进行异或操作，得到水印检测密钥 $\boldsymbol{K}_D$：

$$K_{D_{x,y}}=b_{x,y}\oplus W_{x,y},\quad x=1,2,\cdots,M_W;y=1,2,\cdots,N_W \tag{3-27}$$

显然，$\boldsymbol{K}_D$ 是一个与水印图像东南大学校徽 $\boldsymbol{W}$ 大小一致的二值矩阵。

2. 水印恢复

这部分过程是从一个待检测的图像中恢复水印的过程。通过恢复的水印判断是否存在篡改，并定位篡改的位置，以实现图像的真实性、完整性认证和篡改定位。

1）选取像素点

按照与构造水印信号过程相同的方式，使用密钥集 KS 从待测图像中选取像素点。

2）获取二值图像

应用在构造水印信号过程中建立的神经网络模型，将所选择像素点的 3×3 邻域像素的归一化灰度值作为神经网络的输入，计算相应的输出值。比较期望输出值 $q_{x,y}$ 及其对应的神经网络输出值 $q'_{x,y}$ 之间的关系，得到一个二值图像 b'：

$$b'_{x,y}=\begin{cases}1,&q_{x,y}>q'_{x,y}\\0,&\text{其他}\end{cases},\quad x=1,2,\cdots,M_W;y=1,2,\cdots,N_W \tag{3-28}$$

3）恢复水印

计算 b' 与水印检测密钥 $\boldsymbol{K}_D$ 的异或值，得到恢复出的水印图像 W'：

$$W'_{x,y}=b'_{x,y}\oplus K_{D_{x,y}},\quad x=1,2,\cdots,M_W;y=1,2,\cdots,N_W \tag{3-29}$$

由恢复的水印图像可以确认待测图像的真实性，并检测是否发生篡改及指出篡改发生的位置。

3.4.2　实验结果

实验过程中的主要测试图像是 512×512 灰度的如图 3.1（a）所示的 Lena 图像与图 3.1(b)所示的 512×512 灰度的 Peppers 图像和 128×128 二值水印图像东南大学校徽。

1. 图像篡改后的定位

如图 3.7 所示为 Lena 原图（a）和使用黑实线篡改后的 Lena 图像（b）以及原二值水印东南大学校徽图像（c）和相应恢复的二值水印图像（d）。可以看到，恢复的水印完全可以正确定位篡改区域。

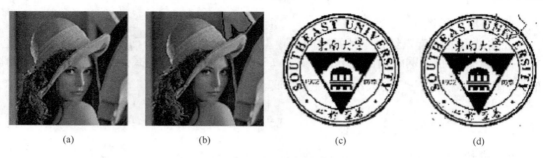

(a)　　　　　　　(b)　　　　　　　(c)　　　　　　　(d)

图 3.7　对图像右上角篡改的图像定位

2. JPEG 压缩质量对鲁棒性的影响

如图 3.8 所示为从经过 JPEG 压缩后图像中恢复的水印图像，图（a）～图（d）依次是原二值水印东南大学校徽图像，以及质量因子分别为 30%、60% 和 90% 的恢复水印。可以看出，半脆弱零水印算法对于 JPEG 压缩也具有一定的鲁棒性。当 JPEG 压缩率越高，即质量因子越低时，恢复出的水印质量会越差。

(a)　　　　　　　(b)　　　　　　　(c)　　　　　　　(d)

图 3.8　不同 JPEG 压缩质量下的鲁棒性

3. 神经网络误差门限对鲁棒性的影响

神经网络的误差门限 T 在半脆弱零水印算法中是一个重要的参数，它可以用于调节控制篡改定位能力和对于 JPEG 压缩的鲁棒性。当 T 较小时，期望输出值 $q_{x,y}$ 与实际的神经网络输出值 $q'_{x,y}$ 之间的关系对于图像篡改更敏感，对于图像的微小修改更容易反映在恢复的水印中，如图 3.9 所示为使用不同误差门限 T 恢复的水印图像，图（a）～

(a)　　　　　　　(b)　　　　　　　(c)　　　　　　　(d)

图 3.9　不同误差门限下恢复的水印图像

图（d）依次是原二值水印东南大学校徽图像，以及误差门限 T 为 0.00125、0.0025 和 0.02 的恢复水印，被篡改图像为图 3.7 中的篡改图像。所以 T 越小，定位篡改位置的能力越强，但由于轻微的图像处理操作也会造成恢复出的水印严重变形，因而抵抗图像操作的能力将显著减弱，并且 T 越小，神经网络越难收敛，也会造成一定程度的误差。

如图 3.10 所示为在不同的神经网络误差门限下，对质量因子为 90% 的 JPEG 压缩图像恢复出的水印，图（a）~图（d）依次是原二值水印东南大学校徽图像，以及误差门限 T 分为 0.00125、0.0025 和 0.02 的恢复水印。对比可以看出，T 越小，恢复出的水印变形越严重，并且由于 T 越小，神经网络越难收敛，会造成一定程度的误差。

 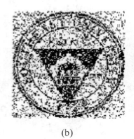  

(a)　　　　　　　(b)　　　　　　　(c)　　　　　　　(d)

图 3.10　不同误差门限下 JPEG 压缩的鲁棒性

4. 被篡改区域光滑程度对定位篡改位置的影响

被篡改区域光滑程度也会影响水印恢复性能，被篡改区域边界越粗糙，篡改区域的定位也就越准确。如图 3.11 所示为使用神经网络误差门限阈值 $T = 0.02$ 时从被篡改的 Peppers 图像提取水印的仿真实验结果，图（a）~图（f）依次是未被篡改时的二值图像、被篡改后的二值图像、原二值水印东南大学校徽图像、恢复二值水印图像、Peppers 原图像和被篡改的 Peppers 图像。对比未被篡改时的二值图像和被篡改后的二值图像以及 Peppers 原图像和被篡改的 Peppers 图像可明显发现被篡改区域的光滑程度的变化。显然可以看出，Peppers 图像中篡改区域越粗糙，其篡改定位效果也越好，定位越准确。

5. 对不同图像或不同像素点集使用同一个神经网络模型

将同一个神经网络模型应用于多个图像上，即使用相同的神经网络模型获取二值图像。其内容包括从一幅图像中选取一个像素点集建立的神经网络模型，应用于同一图像的另一个选取的像素点集，或者应用于其他的图像。如图 3.12 所示为使用同一个神经网络模型对不同像素点集或对不同图像进行定位篡改的实验结果，图（a）~图（d）依次是东南大学篡改图像取 $\mu = 3.6$，$x_0 = 0.6$，$\alpha = 100$，$\beta_1 = 0.25$，$\beta_2 = 0.5$ 和 $\beta_3 = 0.75$ 的密钥集 KS1 的恢复二值水印图像；东南大学篡改图像取 $\mu = 3.7$，$x_0 = 0.5$，$\alpha = 200$，$\beta_1 = 0.25$，$\beta_2 = 0.5$ 和 $\beta_3 = 0.75$ 的密钥集 KS2 的恢复二值水印图像；东南大学篡改图像取密钥集 KS1 的恢复二值水印图像和东南大学篡改图像取密钥集 KS2 的恢复二值水印图像。虽然在非篡改区域有一定细微差别，但它们都能够完全正确地检测出被篡改区域的位置，由此可以说明通过某一个像素点集建立的神经网络模型可以应用于同一幅图像的其他像素点集或者其他的图像。因此可以使用同一个神经网络模型来进行不同图像的认证，进而简化认证过程并且节约成本。

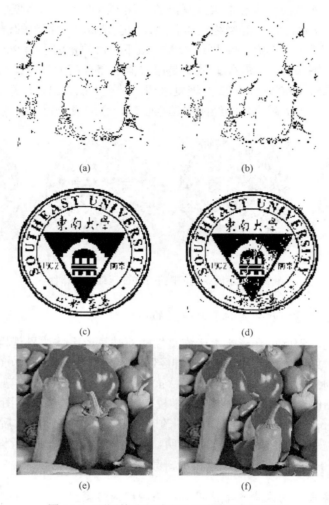

图 3.11　　不同篡改区域光滑程度下的篡改定位

图 3.12　　对不同图像或不同像素点集使用同一个神经网络模型的篡改定位

3.4.3　安全性

考虑所提算法的安全性时，应该讨论所有密钥（包括基础算法的 K_1、K_2、K_3 以及神经网络和半脆弱水印算法的 KS、K_D 和神经网络）的安全性问题。在所有密钥中，K_1 和 KS 是最重要的，因为它们是用来随机选取像素点的。知道了它们的值，便知道了所选取的像素点的位置，攻击者可以通过破坏所选取的像素点和周围像素点的像素值或灰度值来影响水印信号的检测，因而会导致检测不到水印信号或者误检测出水印信号。K_2 在传统的水印技术中很重要，它是用来产生水印序列的，可以用来证明版权。但是，所提出的算法应用于自动防伪检测，并非版权证明。版权证明可以采用传统的方法，即到版权维护中心登记。因此在现实中，密钥 K_2 可以公开。密钥 K_3、K_D 和神经网络只是在检测过程中才用到，没有设计安全性问题。综上讨论，密钥 K_1 和 KS 是最重要的，在使用过程中应该置于安全位置。

3.5　基于相邻块数值关系的鲁棒零水印算法

我们知道数字图像像素有一定的相关性，特别是相邻行和相邻列之间具有最强的相关性。数字图像相邻块之间 DCT 域系数，在大多数情况下，有一个固定和非常密切的相关性，特别是 DCT 域直流（DC）系数。此外，在图像受到攻击下，这种相关性并没有较大的改变，因而，基于图像相邻块 DCT 域系数关系，通过构造原始水印信号，可以抵御常见的图像攻击。所以，从理论上讲，这种算法具有较强的鲁棒性。因此，我们基于相邻块 DCT 域之间直流系数关系，提出了直流系数关系的零水印算法——DC-RE 算法[10]。

高斯过程的一个重要性质是，三阶及以上的高阶累积量是零。对于平稳随机过程，三阶累积量表示高斯过程的偏度（skewness）。高斯分布的不同信号具有不同的偏度。偏度可以认为是一个信号（包括图像信号）的特征之一。图像信号受到攻击（如旋转和压缩）后影响较小的这种固有特征，通过构造图像偏度的水印信号，可以抵抗常见的攻击。所以，在理论上，使用三阶累积量构建的零水印系统应该有更好的鲁棒性。文献[5]指出，通过奇异值分解（SVD），提取图像的奇异值具有非常好的稳定性。当图像受到轻微扰动时，其奇异值不会有很大的变化。基于上述思想，我们把高阶累积量和奇异值分解两个概念结合起来，提出了两种新的算法——CU-SVD 算法和 CU-SVD-RE 算法[10]。

3.5.1　DC-RE 算法

用一组可以代表版权信息的二值伪随机序列 W 作为数字水印 $W = \{w(j) \mid w(j) = 0, 1; 1 \leqslant j \leqslant L\}$。我们将载体图像分成 8×16 的分块，并将每个分块分成 8×8 左右两个次级块。对每个次级块进行 DCT，进而得到 DCT 域直流系数向量 D，比较前后两个次级块的 DCT 域直流系数的大小，从而提取图像特征向量 V。

$$\begin{cases} V(i) = 1, & D(2j) > D(2j+1) \\ V(i) = 0, & D(2j) \leqslant D(2j+1) \end{cases} \tag{3-30}$$

其中，$0 \leqslant 2j \leqslant \text{length}(\boldsymbol{D}) - 2$ 。

1. 水印嵌入过程

利用 Hash 函数，生成含水印信息的二值逻辑序列 Key(j)。

$$\text{Key}(j) = V(j) \oplus W(j) \tag{3-31}$$

Key(j)是由图像的视觉特征向量 $V(j)$ 和水印 $W(j)$，通过密码学常用的 Hash 函数生成。保存 Key(j)，在下面提取水印时要用到。通过将 Key(j)作为密钥向第三方知识产权保护机构申请，以获得原作品的所有权[11]，达到版权保护的目的，并且水印的嵌入不影响原图像的质量。

2. 水印检测过程

步骤 1：图像经过攻击后检测出图像特征向量 $V'(j)$。

步骤 2：利用二值逻辑序列 Key(j)和水印特征向量 $V'(j)$ 提取水印 $W'(j)$。

$$W'(j) = V'(j) \oplus \text{Key}(j) \tag{3-32}$$

根据在嵌入水印时生成的 Key(j)和水印特征向量 $V'(j)$，利用 Hash 函数性质可以得到水印 W'。再根据 W 和 W' 的相关程度来判别是否有水印嵌入，从而确定图像的所有者。

3.5.2　CU-SVD 算法

CU-SVD 算法结合了三阶累积量与奇异值分解两种算法。

首先将载体图像分成 8×8 的分块，对每个分块的像素值按照(1, 1), ···, (1, 8), (2, 1), ···, (2, 8), (3, 1), ···, (3, 8), (4, 1), ···, (4, 8), (5, 1), ···, (5, 8), (6, 1), ···, (6, 8), (7, 1), ···, (7, 8), (8, 1), ···, (8, 8)排成一维行向量 $\{b(n), n = 0, 1, 2, \cdots\}$，则其三阶累积量为[4]

$$C_{3(n_1, n_2)} = E(b(n)b(n + n_1)b(n + n_2)) \tag{3-33}$$

其中，$C_{3(n_1, n_2)}$ 为 $b(n)$ 的三阶累积量，由 $C_{3(n_1, n_2)}(0 \leqslant n_1 \leqslant 7, 0 \leqslant n_2 \leqslant 7)$ 构成以下矩阵：

$$\boldsymbol{C} = \begin{bmatrix} C_3(0,0) & C_3(0,1) & \cdots & C_3(0,6) & C_3(0,7) \\ C_3(1,0) & C_3(1,1) & \cdots & C_3(1,6) & C_3(1,7) \\ \vdots & \vdots & & \vdots & \vdots \\ C_3(7,0) & C_3(7,1) & \cdots & C_3(7,6) & C_3(7,7) \end{bmatrix} \tag{3-34}$$

其中，$\boldsymbol{C}$ 为行向量 $\boldsymbol{b}(n)$ 的三阶累积量矩阵，则存在单位正交矩阵 $\boldsymbol{U}(8 \times 8)$、$\boldsymbol{V}(8 \times 8)$ 和对角阵 $\boldsymbol{\Sigma}(8 \times 8)$ 满足

$$\boldsymbol{C} = \boldsymbol{U} \boldsymbol{\Sigma} \boldsymbol{V}^{\text{T}} \tag{3-35}$$

其中，$\boldsymbol{\Sigma} = \text{diag}(\lambda_0, \lambda_1, \cdots, \lambda_7)$；$\boldsymbol{U} = (\boldsymbol{u}_0, \boldsymbol{u}_1, \cdots, \boldsymbol{u}_7)$；$\boldsymbol{V} = (\boldsymbol{v}_0, \boldsymbol{v}_1, \cdots, \boldsymbol{v}_7)$；T 表示转置；$\boldsymbol{U}$ 和 $\boldsymbol{V}$ 分别为左右奇异矩阵；$\boldsymbol{u}_i$ 为左奇异矢量；$\boldsymbol{v}_i$ 为右奇异矢量；λ_i 为行向量 $\boldsymbol{b}(n)$ 的三阶累积量矩阵 $\boldsymbol{C}$ 的奇异值，设奇异值按照如下方式降序排列 $\lambda_0 > \lambda_1 > \cdots > \lambda_7$。则对于该图像，提取的图像特征向量 $\boldsymbol{V}$ 为

$$\begin{cases} V(j) = 1, & \lambda_0 \text{最高位为奇数} \\ V(j) = 0, & \lambda_0 \text{最高位为偶数} \end{cases} \tag{3-36}$$

提取图像特征向量后，水印的嵌入和检测过程与 DC-RE 算法相同。

3.5.3　CU-SVD-RE 算法

为了进一步提高算法的鲁棒性，结合 DC-RE 和 CU-SVD 两种算法的思想，得到 CU-SVD-RE 算法。

在 CU-SVD 算法得到图像每个 8×8 分块的三阶累积量矩阵的奇异值后，将每个奇异值的最大值提取出来构成一维行向量 $\boldsymbol{D}$，将行向量 $\boldsymbol{D}$ 中元素按前后顺序两两分成一组，组组之间不交叠，从而提取图像特征向量 $\boldsymbol{V}$。

$$\begin{cases} V(j)=1, & D(2j) > D(2j+1) \\ V(j)=0, & D(2j) \leqslant D(2j+1) \end{cases} \tag{3-37}$$

其中，$0 \leqslant 2j \leqslant \text{length}(\boldsymbol{D})-2$。

提取图像特征向量后，水印的嵌入和检测过程与 DC-RE 算法相同。

3.5.4　预处理算法

为了提高算法对幅度缩放的鲁棒性，我们在发送端与接收端提取图像特征向量之前，先对图像进行如下预处理：

$$\boldsymbol{C}_M = \boldsymbol{C}\left(\frac{128}{C_{0,0}}\right) \tag{3-38}$$

其中，$\boldsymbol{C}$ 为待提取特征向量的图像；$C_{0,0}$ 为图像的亮度均值；$\boldsymbol{C}_M$ 为预处理后的图像。

此时若图像整体乘上缩放因子 β，则有

$$\begin{aligned} \boldsymbol{C}_M' &= \beta \times \boldsymbol{C} \times \left(\frac{128}{\beta \times C_{0,0}}\right) \\ &= \boldsymbol{C} \times \left(\frac{128}{C_{0,0}}\right) \\ &= \boldsymbol{C}_M \end{aligned} \tag{3-39}$$

即图像 $\boldsymbol{C}$ 亮度变为 β 倍，对应预处理后的图像 $\boldsymbol{C}_M$ 并没有发生变化，我们在 $\boldsymbol{C}_M$ 上应用水印算法，可以极大地提高其对幅度缩放的鲁棒性。以下仿真实验均做该预处理。

3.5.5　实验结果

1. 不同图像特征向量间相似度

我们选择 5 幅 256×256 灰度图像进行了不同图像特征向量间的相似度分析。计算不同图像特征向量间的相似度公式为

$$s = 1 - \frac{\sum_{j=1}^{K} w_j \oplus w_j'}{K} \tag{3-40}$$

其中，⊕ 表示异或运算；w 表示用来计算的其中一幅图像的特征向量；w' 表示用来计算的另外一幅图像的特征向量。

　　表 3.12 是对 DC-RE 算法提取的图像特征向量的分析,采用 CU-SVD 算法和 CU-SVD-RE 算法提取的图像特征向量之间的相似度与表 3.12 相似。同一幅图像特征向量的相似度为 1，不同图像的特征向量的相似度接近 0.5。表 3.13 是三种不同的算法提取图像特征向量相似度的对比。

表 3.12　DC-RE 图像水印特征向量相似度

相似度	Baboon	Barbara	Boats	Bridge	Couple
Baboon	1.00	0.51	0.49	0.507	0.45
Barbara	0.51	1.00	0.52	0.53	0.49
Boats	0.50	0.52	1.00	0.49	0.46
Bridge	0.50	0.53	0.49	1.00	0.50
Couple	0.46	0.49	0.46	0.50	1.00

表 3.13　三种不同的算法提取图像特征向量相似度的对比

算法	最大值	最小值
DC-RE	0.53	0.45
CU-SVD	0.56	0.50
CU-SVD-RE	0.53	0.45

　　以上各项数据表明同一幅图像特征向量相同，不同图像特征向量具有不相关性，因此，提出的三种算法提取的图像特征向量都可以作为每幅图像的特征，用于嵌入和提取水印。

2. 不同算法提取图像特征向量与均匀分布随机序列间相似度

　　实验使用三种算法分别对 256×256 的灰度 Lena 图像进行特征向量的提取。并分别同时产生 99 个服从均匀分布的随机序列，应用计算相似度使用式（3-40），计算它们与各种算法得到的图像特征向量的相似度。图 3.13 是 DC-RE 算法提取的图像特征向量与均匀分布随机序列的相似度，第 50 个序列为 Lena 图像提取的特征序列。图 3.14 是 CU-SVD 算法提取的图像特征向量与均匀分布随机序列的相似度，第 50 个序列为 Lena 图像提取的特征序列。图 3.15 是 CU-SVD-RE 算法提取的图像特征向量与均匀分布随机序列的相似度，第 50 个序列为 Lena 图像提取的特征序列。

　　由图 3.13～图 3.15 可见，对于提出的三种算法，除了第 50 个序列外，其他相似度都在 0.5 上下小幅度波动。从表 3.13 可以发现，不同图像的特征向量两者之间的最大相似度为 0.56，不同图像特征向量之间的最小相似度为 0.45。根据这一结论，我们假设在没有攻击的情况下，如果相似度小于 0.555，则无水印；如果相似度为 1，则图像中存在水印。因此，我们选择中间值作为边界值。如果相似度大于 0.7775，我们确定图像中有水

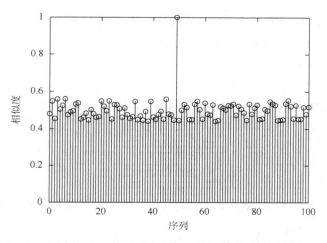

图 3.13　DC-RE 算法提取的图像特征向量与均匀分布随机序列相似度

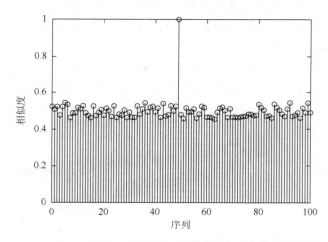

图 3.14　CU-SVD 算法提取的图像特征向量与均匀分布随机序列相似度

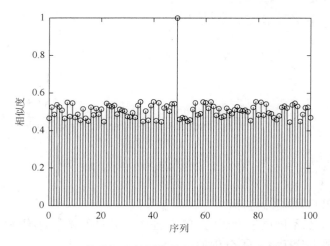

图 3.15　CU-SVD-RE 算法提取的图像特征向量与均匀分布随机序列相似度

印，而如果相似度小于 0.7775，我们确定图像中没有水印。根据下面介绍及参考文献[4]，选择 0.85 为阈值应该是足够大的，则当 $s>0.85$ 时图像上有水印。

3. 三种水印算法鲁棒性比较

实验中归一化相关系数作为水印检测性能的指标。

$$NC = \frac{\sum_{i=1}^{L}(2W(i)-1)(2W'(i)-1)}{\sqrt{\sum_{i=1}^{L}(2W(i)-1)^2(2W'(i)-1)^2}} \qquad (3\text{-}41)$$

其中，L 为水印长度；W 表示用来计算的其中一幅图像的特征向量；W' 表示用来计算的另外一幅图像的特征向量。

对于高斯噪声、幅度缩放以及 JPEG 压缩的攻击，仅使用 Lena 图像进行实验，而对于中值滤波、椒盐噪声、高斯低通滤波的攻击则使用 15 幅灰度图像进行实验，并对各图像的性能取平均。本节三种算法的性能以文献[11]的 SVD-DCT 算法作为比较对象。

1）高斯噪声的鲁棒性

图 3.16 显示了不同强度高斯噪声下水印的鲁棒性，其中 DC-RE 与 CU-SVD-RE 算法的性能相近，CU-SVD 与 SVD-DCT 算法的性能相近，且前两种算法的性能明显好于后两种算法。

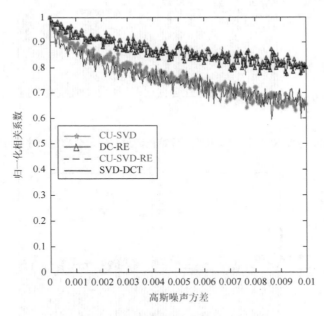

图 3.16　对高斯噪声鲁棒性比较

2）算法对 JPEG 压缩的鲁棒性

图 3.17 显示了在不同质量因子的 JPEG 压缩下各种算法的鲁棒性比较，由图可见，四种算法的性能都十分接近，不分伯仲。

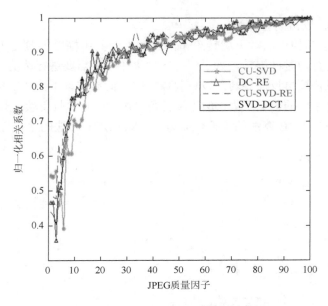

图 3.17　算法对 JPEG 压缩鲁棒性比较

3）算法对幅度缩放的鲁棒性

图 3.18 显示了在不同幅度缩放因子下各种算法对幅度缩放攻击的鲁棒性比较。其中 DC-RE 算法在 0.01～2 的幅度缩放下，归一化相关系数恒为 1。而剩余三种算法当幅度缩放因子处于 0.02～1.2 时，性能十分接近。当幅度缩放因子高于 1.2 时，CU-SVD-RE 算法鲁棒性强于 SVD-DCT 算法，而 CU-SVD 算法则性能最差。

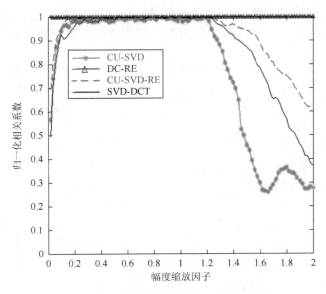

图 3.18　算法对幅度缩放鲁棒性比较

4）算法对旋转攻击的鲁棒性

图 3.19 显示了各种算法对于旋转攻击的鲁棒性，其中横轴的刻度为逆时针旋转的角度，首先将图像进行逆时针旋转，为了保持图像大小不变需要进行裁剪。同时为了提取水印，旋转后的图像需要再反向旋转，以恢复原方向。此旋转攻击的本质接近于剪切攻击，当小角度旋转时对水印的影响不大，但当旋转角度过大时检测性能会很快下降。图 3.19 显示 DC-RE 和 CU-SVD-RE 算法的鲁棒性要好于 SVD-DCT 算法的鲁棒性，而 CU-SVD 算法的鲁棒性最差。

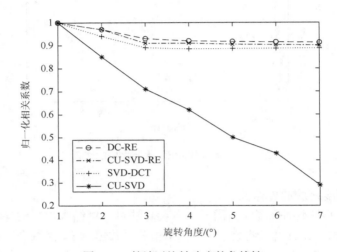

图 3.19　算法对旋转攻击的鲁棒性

5）算法对尺度缩放攻击的鲁棒性

图 3.20 显示了各种算法对于尺度缩放的鲁棒性，其中横轴刻度为尺度缩放因子，首先对图像尺寸进行缩小，为了提取水印缩小后的图像需要重新放大到原图像的大小。图

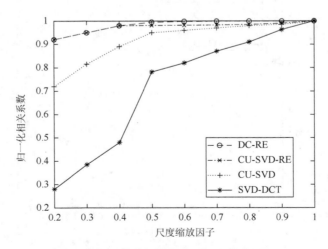

图 3.20　算法对尺度缩放攻击的鲁棒性

中显示 DC-RE 和 CU-SVD-RE 算法的性能较为接近，且图像缩小到原图像的 50%时，仍可近于无差错地提取水印。CU-SVD 算法的性能稍差，而 SVD-DCT 算法性能相比之下则差很多，且当尺度缩放因子过小时，性能急剧下降。

6）算法对中值滤波、强度 0.005 椒盐噪声和高斯低通滤波的鲁棒性

表 3.14 显示了在中值滤波、强度 0.005 椒盐噪声和高斯低通滤波情况下四种算法的鲁棒性比较。在中值滤波攻击下 DC-RE 和 CU-SVD-RE 算法的性能要远好于其余两种算法，CU-SVD 算法性能最差。在强度 0.005 椒盐噪声的攻击下，DC-RE 和 CU-SVD-RE 算法的性能同样远好于其余两种算法，SVD-DCT 算法性能最差。在高斯低通滤波下，DC-RE 和 CU-SVD-RE 算法的性能远好于其余两种算法，CU-SVD 算法的性能最差。

表 3.14　不同算法鲁棒性比较

算法	中值滤波	强度 0.005 椒盐噪声	高斯低通滤波
DC-RE	0.96	0.94	0.91
CU-SVD	0.81	0.88	0.64
CU-SVD-RE	0.96	0.92	0.90
SVD-DCT	0.89	0.78	0.86

7）算法对偏移行列攻击的鲁棒性

表 3.15 显示了各种算法对偏移行列攻击的鲁棒性，向右偏移列指整个图像右移后，左边几列补全黑，最后几列移出丢失。向下偏移行指整个图像下移后，上面几行补全黑，最后几行移出丢失。由表 3.15 可见，DC-RE、CU-SVD-RE 和 SVD-DCT 三种算法的鲁棒性相近，而 CU-SVD 算法的鲁棒性相对较差。

表 3.15　算法对偏移行列攻击的鲁棒性

算法	向右偏移两列	向下偏移两行	先向右偏移两列再向下偏移两行
DC-RE	0.7188	0.875	0.6367
CU-SVD	0.5215	0.6484	0.4863
CU-SVD-RE	0.7266	0.8711	0.6406
SVD-DCT	0.7578	0.8438	0.6563

8）算法对中间随机删除行列攻击的鲁棒性

表 3.16 显示了各种算法对中间随机删除行列攻击的鲁棒性，中间随机删除列指从被删除列的右边第 1 列开始逐列向左移动，空余列补全黑。中间随机删除行是指从被删除行的下边第 1 行开始逐行向上移动，空余行补全黑。由表 3.16 可见，DC-RE、CU-SVD-RE 和 SVD-DCT 三种算法的鲁棒性相近，而 CU-SVD 算法的鲁棒性相对较差。

表 3.16　算法对中间随机删除行列攻击的鲁棒性

算法	中间随机删除 2 列	中间随机删除 2 行	先中间随机删除 2 列再中间随机删除 2 行
DC-RE	0.8828	0.9336	0.8438
CU-SVD	0.7051	0.7285	0.5938
CU-SVD-RE	0.8828	0.9492	0.8516
SVD-DCT	0.8672	0.9453	0.8516

3.6　基于混沌映射的数字水印算法

由 2.3 节可知，Baker 映射是平面正方形到自身的映射，所以生成的水印图像需要与载体图像同样大小。因此，在水印图像小于载体图像时，需要将水印图像先放置在与载体图像等大的画布中央，然后对调整后的与载体图像等大的水印图像进行 Baker 变换。

首先，将大小为 $M \times M$ 的二进制水印表示为 $W = \{w(r,s), 1 \leq r \leq M, 1 \leq s \leq M\}$，大小为 $N \times N$ 的宿主图像表示为 $F = \{f(p,q), 1 \leq p \leq N, 1 \leq q \leq N\}$，其中 (r,s) 和 (p,q) 表示水印图像及宿主图像的像素坐标，水印图像为二值图像，像素值 $w(r,s) = \{0,1\}$，宿主图像为灰度图像，其像素值 $f(p,q) = \{0,1,2,\cdots,255\}$。即水印的像素值为 0 或 1，而宿主图像的像素值是 8 位二进制数。

考虑到嵌入水印的安全性，将水印的各像素随机嵌入宿主图像的像素中，嵌入位置 (p,q) 由 Baker 映射得到。也就是说，以水印像素的位置 (r,s) 作为初值，迭代 n 次后得宿主图像中的像素位 (p,q)，将迭代次数 n 和 Baker 映射的分块参数作为密钥，由于 Baker 映射良好的混沌特性，水印图像不同位置 (r,s) 的信息会映射到不同的嵌入位置 (p,q)。

其次，为了加强安全性，水印在宿主图像像素中的嵌入位并不固定，本算法采用 Logistic 映射产生逻辑序列来选取嵌入位。水印像素嵌入宿主图像像素 (p,q) 的第 k 位，其中 $k = 2,3,4,5$（从 8 位二进制数的低位算起）是由 Logistic 序列的子区间确定的。将嵌入的水印像素 $w(r,s)$ 与宿主图像 $f(p,q)$ 的第 k 位进行异或，若异或后值为 1，则用 $w(r,s)$ 替代 $f(p,q)$ 的第 k 位；反之则不变。

3.6.1　水印嵌入算法

水印嵌入的具体步骤如下。

步骤 1：读入大小为 $M \times M$ 的水印图像 w，将其转化为二值图像；读入大小为 $N \times N$ 的宿主图像，转化为灰度图像。

步骤 2：设定 Baker 映射的参数 $(n_1, n_2, \cdots, n_k)$，Baker 变换迭代次数 n，以及 Logistic 映射的初值 z_0 和参数 μ。

步骤 3：取水印图像的第一个像素 $\{w(r,s), r=1, s=1\}$，通过 Baker 映射迭代 n 次得到嵌入位置 (p,q)。

步骤 4：产生长度为 N^2 的 Logistic 序列 z_n，其中 $z_n \in (0, 1)$。为了后续方便，将 $1 \times N^2$ 矩阵 z_n 改写成 $N \times N$。

步骤 5：通过 Logistic 序列确定水印信息在宿主图像像素中的嵌入位 k：$z_n \in (0, 0.25)$，$k = 2$；$z_n \in (0.25, 0.5)$，$k = 3$；$z_n \in (0.5, 0.75)$，$k = 4$；$z_n \in (0.75, 1)$，$k = 5$，找出 $f(p, q)$ 的第 k 位 f_k。

步骤 6：将水印信息 $w(r, s)$ 与 f_k 进行异或，若等于 1，则用 $w(r, s)$ 取代 f_k，反之，则 $f(p, q)$ 保持不变。

步骤 7：取下一个水印像素，重复上述步骤直至所有水印像素嵌入完毕。

3.6.2　水印提取算法

水印提取是水印嵌入的逆过程。水印提取的前提是我们知道与水印嵌入过程一样的正确密钥：Baker 映射的参数 $(n_1, n_2, \cdots, n_k)$，Baker 变换迭代次数 n，以及 Logistic 映射的初值 z_0 和参数 μ。

水印提取的具体步骤如下。

步骤 1：读入含水印的灰度图像。

步骤 2：设定 Baker 映射的参数 $(n_1, n_2, \cdots, n_k)$，迭代次数 n，以及 Logistic 映射的初值 z_0 和参数 μ。

步骤 3：取待提取水印像素 $\{w'(r, s), r = 1, s = 1\}$，通过 Baker 映射迭代 n 次得到嵌入位置 (p, q)。

步骤 4：执行与嵌入算法相同的 Logistic 映射，生成长度为 N^2 的 Logistic 序列 z_n，其中 $z_n \in (0, 1)$，将其改写成 $N \times N$ 的矩阵。

步骤 5：确定水印信息在含水印图像 $f'(p, q)$ 中的嵌入位 k：$z_n \in (0, 0.25)$，$k = 2$；$z_n \in (0.25, 0.5)$，$k = 3$；$z_n \in (0.5, 0.75)$，$k = 4$；$z_n \in (0.75, 1)$，$k = 5$。

步骤 6：找出 $f'(p, q)$ 的第 k 位 f_k，即 $w'(r, s) = f_k$。

步骤 7：重复上述步骤直至所有水印像素 $w'(r, s)$ 提取完毕。

3.6.3　仿真实验

在 MATLAB 仿真中将 64×64 的二值水印图像"seu"嵌入 256×256 的灰度图像"Lena"中。图 3.1（a）为宿主图像，图 3.21 为原始水印图像。

实验中 Logistic 映射的初值 $z_0 = 0.75$，参数 $\mu = 3.93$。生成的 Logistic 序列在（0, 1）上各态遍历，即能取到（0, 1）间的所有值。由于 Baker 映射是一个将正方形区域映射到自身的映射，而本实验中水印图像尺寸比宿主图像小，因此先将 64×64 的水印图像"seu"置于尺寸为 256×256 白色画布中央，这样，我们就得到了大小为 256×256 的水印图像 w_1，如图 3.22（a）所示。实验中，Baker 映射参数 $(n_1, n_2, \cdots, n_k)$ 取值为（8, 16, 32, 64, 8,

图 3.21　原始水印图像"seu"

16, 32, 16, 32, 32），迭代次数设定为 10。图 3.22（b）、（c）、（d）分别为对水印图像进行 1 次、5 次和 10 次离散 Baker 变换后的水印图像。

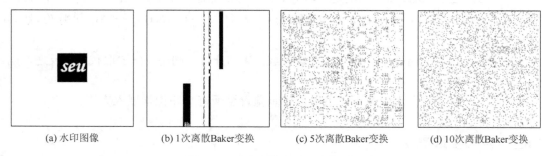

(a) 水印图像　　　　　(b) 1次离散Baker变换　　　　　(c) 5次离散Baker变换　　　　　(d) 10次离散Baker变换

图 3.22　水印图像 Baker 变换过程

由图 3.22 可见，离散 Baker 变换对图像置乱有很好的效果，经过 10 次离散 Baker 变换后，像素点随机地分布在 256×256 的区域内。

图 3.23　水印图像位于画布的中央

由于水印图像位于 256×256 画布的中央，因此只需要得到中央 64×64 的原始水印图像的嵌入位置就可以。如图 3.23 所示，对画布中央 $\{97 \leqslant r \leqslant 160, 97 \leqslant s \leqslant 160\}$ 的区域采用 Baker 变换，迭代 10 次后得到水印像素 $w(r, s)$ 的嵌入位置 (p, q)，随后通过生成的 Logistic 序列判断 k 的值。

3.6.4　实验结果分析

水印嵌入后，首先对不可见性进行测试，图 3.24 证明水印的不可见性。图 3.24（a）、（b）分别为含水印图像和直接提取出来的水印图像，可以看出，嵌入的水印是人眼视觉上无法识别的。

利用第 1 章中式（1-7）和式（1-8）分别计算出含水印信息的图像与原始图像之间的均方误差（MSE）和峰值信噪比（PSNR）分别为 3.9738 和 42.1388dB，通过式（1-6）计算提取水印和原始水印之间的归一化相关系数为 1。因此，含水印信息的图像与原始图像在品质上并没有明显的差异，嵌入的水印没有降低原始图像的质量。

为了验证算法的鲁棒性，我们采用了一些典型的图像处理操作如添加椒盐噪声、剪切、缩放、旋转和破坏载体图像等对含水印图像进行攻击，并提取攻击后的水印。实验结果如下。

由上述实验结果可见，该算法对常见的图像处理操作有较好的抵抗性。从图 3.24 和图 3.25 可以看出，该算法尤其能抵抗椒盐噪声和剪切攻击，达到这样的效果最主要的原因就是采用了 Baker 映射，使水印图像随机混乱地分布在载体图像中，这样大面积的剪切或高强度的椒盐噪声并不能同时破坏水印某一部分的信息，使得提取出的水印仍具有相当好的辨识度。

(a) 椒盐噪声0.01 含水印图像及提取的水印　　　　　　(b) 椒盐噪声0.1 含水印图像及提取的水印

图 3.24　抵抗椒盐噪声提取水印实验结果

(a) 含水印图像剪切1/4及提取的水印　　　　　　　(b) 含水印图像剪切1/2及提取的水印

图 3.25　抵抗剪切攻击提取水印实验结果

　　图 3.26（a）、（b）分别为含水印图像放大 2 倍和缩小 1/4 后提取的水印图像，可以很明显地看出放大 2 倍后提取的水印跟原始水印几乎没有区别，效果很好，而缩小 1/4 后虽然能顺利提取出水印，但是相比较而言，效果不是很好。分析原因是图像缩小后像素点减少，损失的像素较多，像素值相对改变也比较大，导致不能完全提取出原始水印的信息。

　　图 3.27 是含水印图像旋转 5°后提取的水印，实验结果表明，旋转后的含水印图像经同步后，能够顺利提取出水印图像。

(a) 含水印图像放大2倍后提取的水印　　　　　(b) 含水印图像缩小1/4后提取的水印

图 3.26　图像缩放后提取的水印实验结果

图 3.27　含水印图像旋转 5°及提取的水印

　　采用相关系数定量评估提取出的水印与原始水印之间的相关性，计算结果如下。

　　由表 3.17 中的数据可知，放大 2 倍对水印无影响，提取出的水印与原始水印之间完全相关；添加椒盐噪声、旋转 5°和剪切 1/4 的操作对水印影响较小，提取出的水印与原始水印之间高度相关；由于水印信息随机嵌入宿主图像的低 2～5 位，所以破坏低 4 位对提取水印的影响较大。

表 3.17　各种攻击后提取的水印与原始水印的相关系数 corr

各种攻击	添加椒盐噪声	剪切 1/4	剪切 1/2	放大 2 倍	缩小 1/4	旋转 5°	破坏低 2 位	破坏低 3 位	破坏低 4 位
corr	0.9735	0.8448	0.6816	1.0000	0.4129	0.9008	0.6209	0.4324	03842

　　将本节实验提取出的水印与参考文献[12]进行比较，结果如表 3.18 所示。

表 3.18　本节实验与参考文献[12]相同攻击类型提取水印对比

攻击类型	本节实验结果	参考文献[12]结果
无（原始水印）		
裁剪		
旋转		

单纯从视觉效果上看，很明显能够看出本节实验的旋转效果优于参考文献[12]。对比二者的测试数据，可以发现本节算法在旋转攻击后提取出的水印效果（顺时针旋转 2°，PSNR = 30.4826dB，BER = 12.67%）比参考文献[12]中的效果（顺时针旋转 2°，PSNR = 22.5738dB，BER = 21.34%）更好，而抵抗其他攻击的效果与参考文献[12]不分伯仲。在水印的不可见性方面，两者相差不多（本节算法 PSNR = 42.1388dB，MSE = 3.9738，而参考文献[12]中的 PSNR = 46.37dB，MSE = 1.86）。因此，同步模板的使用显著提高了空域水印算法对旋转攻击的鲁棒性。

3.7 本 章 小 结

本章首先介绍了基于三阶累积量和四阶累积量的高阶累积量的零水印算法。接着，利用 DWT 低频子带的能量聚集效应和奇异值的稳定性，介绍了一种具有强鲁棒性的零水印技术。该零水印技术没有对原始载体图像做任何改变，拥有良好的不可见性，通过仿真实验证实，该零水印技术对各种攻击具备很强的鲁棒性。因为没有对原始载体图像做任何改变，所以又具有相当好的不可见性。3.3 节和 3.4 节分别介绍了基于神经网络的零水印算法和基于神经网络的半脆弱零水印算法。3.5 节介绍了基于相邻块 DCT 域之间直流系数关系，提出了直流系数关系的零水印算法——DC-RE 算法；进一步地，把高阶累积量和奇异值分解两个概念结合起来，提出了两种新的算法——CU-SVD 算法和 CU-SVD-RE 算法。最后，3.6 节介绍了基于混沌映射的零水印算法。

参 考 文 献

[1] 温泉，孙锬锋. 零水印的概念与应用[J]. 电子学报，2003，32（2）：214-216.

[2] 温泉，孙锬锋，王树勋. 基于零水印的数字水印技术研究[C]. 全国第三届信息隐藏学术研讨会论文集（CIHW'2001），西安，2001.

[3] Cox I J，Kilian J，Thomson F. Secure spread spectrum watermarking for multimedia [J]. IEEE Transactions on Image Processing，1997，6（12）：1673-1687.

[4] 叶天语，马兆丰，钮心忻，等. 强鲁棒零水印技术[J]. 北京邮电大学学报，2010，33（3）：126-129.

[5] 刘瑞祯，谭铁牛. 基于奇异值分解的数字图像水印算法[J]. 电子学报，2001，29（2）：168-171.

[6] Sang J，Liao X，Alam M. Neural-network-based zero-watermark scheme for digital images[J]. Optical Engineering，2006，45（9）：097006.

[7] 郑晓势，赵彦玲，李娜，等. 数字水印重复嵌入及提取方法[J]. 系统仿真学报，2006，18（1）：3.

[8] 桑军，张之刚，向宏. 基于人工神经网络的半脆弱零水印技术[J]. 计算机工程与应用，2009，45（16）：93-95.

[9] 张军，王能超. 用于图像认证的基于神经网络的水印技术[J]. 计算机辅助设计与图形学学报，2003，15（3）：307-312.

[10] Zhang Y F，Jia C W，Wang X C，et al. Robust zero-watermark algorithms based on numerical relationship between adjacent blocks [J]. Journal of Electronics（CHINA），2012，29（5）：392-399.

[11] 凌洁，刘琚，孙建德，等. 基于视觉模型的迭代 AQIM 水印算法[J]. 电子学报，2010，38（1）：151-155.

[12] Wu X，Guan Z H. A novel digital watermark algorithm based on chaotic maps[J]. Physics Letter A，2007，365（5）：403-406.

第4章　量化索引调制数字水印算法

本章介绍基于量化的数字水印算法。该类算法不是将水印信号简单地加在宿主信号上，而是根据水印信息的不同，用不同的量化器去量化原始的载体信号，从而实现水印信息的嵌入。提取时，根据待检测信号与不同量化结果之间的距离恢复原水印信号。1999 年，Chen 等从理论角度对基于量化的水印算法进行分析，提出一种新的量化算法，称为量化索引调制（quantization index modulation，QIM）算法[1]。接着对 QIM 算法进行改进，设计了带失真补偿的量化索引调制（DC-QIM）算法，并且以抖动调制形式加以简易地实现[2]。本章在首先介绍经典的 QIM 算法、QIM 算法的一系列扩展实现算法及其与视觉模型相结合的实现技术基础上，针对已有 QIM 算法的不足，提出了若干改进的视觉模型。并结合视觉模型提出改进的数字水印算法。接着研究基于扩展变换的对数水印算法。基于 DWT 多级变换的思想，在 DCT 域 ST-QIM 水印算法的基础上，提出基于视觉模型的多级混合分块 DCT 域水印算法。利用 DWT 和 DCT 两种离散变换的优点，将改进的 STDM 算法应用到 DWT 和 DCT 的组合变换中，提出和研究了基于混合变换和子块相关的改进 STDM 算法。最后，为更好地均衡水印的不可感知性和鲁棒性，研究了基于视觉显著性和轮廓波变换的改进的对数量化索引调制水印算法。

4.1　量化索引调制数字水印算法概述

4.1.1　量化索引调制原理

1. 水印嵌入算法

通常，嵌入函数 $s(x, m)$ 被视为载体 x 与水印 m 的双变量函数。但是，在量化索引调制算法[3]中，更适合将 $s(x, m)$ 写为 $s(x; m)$，并将其称为由 m 索引的关于 x 的函数。$s(x, m)$ 中的"m"与 $s(x; m)$ 在意义上有所不同，前者是水印信息本身，而后者是与水印相关的索引，一个索引与一个量化器相对应。量化索引的嵌入函数可以表示为

$$s(x; m) = q(x; m, \Delta) \tag{4-1}$$

其中，x 是嵌入水印的载体数据；Δ 是量化器的量化步长；$q(x; m, \Delta)$ 表示量化步长为 Δ 的第 m 个量化器函数。量化器可以采用均匀量化、非均匀量化、矢量量化和标量量化。

QIM 首先用被嵌入信息调制出一个索引或一系列目录嵌入信息中，然后用相对应的量化器或一系列量化器来量化宿主信号。

图 4.1 说明了 QIM 信息嵌入系统技术。在这个例子中，将嵌入 1 位信息，所以 $m \in \{1, 2\}$。因此，我们需要两个量化器，$\mathbf{R}^N$ 中的重建点相应地设置为图 4.1 中的"×"和"○"。如果 $m = 1$，载体数据被量化器"×"量化，即 s 被选为离 x 最近的"×"。如果 $m = 2$，x

被量化器"∘"量化。随着 x 改变,量化信号的值 s 的改变范围在一个"×"点($m=1$)到另一"×"点之间,或在一个"∘"点($m=2$)到另一"∘"点之间,但其值始终不会在"×"点和"∘"点之间变化。图中虚线所示多边形区域表示其内部"×"点的量化单元大小。因此,即使是一个无穷大的能量载体数据,只要信道扰动不太剧烈,也可以确定 m 的值。

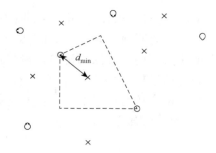

图 4.1　QIM 信息嵌入系统技术

量化器的性能与容量、失真、鲁棒性这几个参数直接相关。信息容量由量化器数量决定;量化器单元的大小和形状导致了量化错误,并决定了嵌入导致的失真;对于多种的信道,不同量化器重建点集间的最小距离决定了嵌入的鲁棒性。

$$d_{\min} \stackrel{\triangle}{=} \min_{(i,j):i \neq j} \min_{(x_i,x_j)} \| s(x_i;i) - s(x_j;j) \| \tag{4-2}$$

2. 水印提取算法

QIM 水印方案的提取算法通常采用最小距离解码。即选择与接收到的数据最接近的"×"或者"∘"。如果解码端能够获得原始载体数据,则最小距离解码器可以用式(4-3)来表示:

$$m(y) = \arg \min_m \min_x \| y - s(x;m) \| \tag{4-3}$$

其中,y 是检测器接收到的待检测数据。

如果解码器不能获得原始载体数据,则最小距离检测器可以表示为

$$m(y) = \arg \min_m \min_y \| y - s(y;m) \| \tag{4-4}$$

QIM 算法结合待嵌入的秘密信息以及量化步长对载体进行量化,以达到嵌入信息的目的。步长为 Δ 的标准的量化操作定义如下:

$$Q(x,\Delta) = \mathrm{round}\left(\frac{x}{\Delta}\right)\Delta \tag{4-5}$$

其中,x 代表原始的载体信号;round($\cdot$)代表四舍五入操作;Δ 代表量化步长,$Q(x,\Delta)$代表量化步长为 Δ 时,对 x 进行量化操作。算法在执行时根据具体的秘密信息选择相应的量化方式,如文献[4]中所述的方法对载体进行量化索引调制。对式(4-5)中四舍五入后的数值进行模 2 的操作,如果模 2 后的结果与该位置嵌入的相应秘密信息一致,直接将四舍五入后的结果乘以量化步长,就得到了最终的量化结果;如果式(4-5)中四舍五入的数值模 2 后的结果与该位置嵌入的相应秘密信息不一致,则将四舍五入后的数值通过增加 1 或减少 1,调整为四舍五入之前最接近的整数,再乘以量化步长得到最终量化结果。提取秘密信息时,直接对含密载体信号除以量化步长得到的数值,并对其进行四舍五入和模 2 操作即可。

4.1.2　抖动调制

QIM 算法的实现有很多种,如 DC-QIM、DM-QIM(抖动调制 QIM)。其中 DM-QIM

又可以分为带均匀标量量化的编码二进制抖动调制和扩展-转换抖动调制（STDM-QIM）。

　　抖动调制（dither modulation，DM）是量化索引调制的另一种实现方式，是基本的量化索引调制方法的延伸。最早由 Chen 等提出[1]。抖动调制一般先将由水印信息确定的抖动量加到载体上，然后进行一些量化的相关操作以嵌入水印，它可以减少量化误差，并使得含秘密信息的载体具有更好的保真度。根据抖动调制的定义，水印嵌入过程可用式（4-6）描述：

$$
\begin{aligned}
y &= Q_{\mathrm{DM}}(x, \Delta, d(m)) \\
&= \mathrm{round}((x + d(m)) / \Delta) \times \Delta - d(m)
\end{aligned}
\tag{4-6}
$$

其中，x 代表原始载体数据；y 代表嵌入水印之后的数据；$\mathrm{round}(\cdot)$ 为四舍五入取整函数；Δ 表示量化步长；m 表示水印信息；$d(m)$ 是与 m 相对应的抖动量；$Q_{\mathrm{DM}}(x, \Delta, d(m))$ 表示用量化步长为 Δ，与 m 相对应的量化器对 x 进行量化。

　　提取水印时通常采用最小距离解码的方式，可用式（4-7）描述：

$$
\hat{m} = \arg \min_{m \in \{0,1\}} (r - s[m])^2
\tag{4-7}
$$

其中，r 表示解码器接收到的数据；$\hat{m}$ 表示提取出的水印信息；$s[0]$ 和 $s[1]$ 表示如下：

$$
\begin{cases}
s[0] = \mathrm{round}((r + d(0)) / \Delta) \times \Delta - d(0) \\
s[1] = \mathrm{round}((r + d(1)) / \Delta) \times \Delta - d(0)
\end{cases}
\tag{4-8}
$$

　　使用水印算法将水印嵌入载体中，原始载体必然会发生变化，载体的变化通常用载体的保真度来表征，载体的保真度是体现某种水印算法优劣的一种重要性能。研究者提出了多种衡量水印算法保真度的参数，有载体水印比（DWR）、峰值信噪比（PSNR）、Watson 距离等[5]。

　　DWR 的定义如下：

$$
\mathrm{DWR} = 10 \log_{10} \left(\frac{\sigma_x^2}{\sigma_w^2} \right)
\tag{4-9}
$$

其中，x 代表原始载体图像；水印 $w = y - x$，y 代表嵌入水印后的图像。某种水印算法的 DWR 参数数值越小，说明该算法的不可见性越好。

　　相似地，PSNR 的定义如下：

$$
\mathrm{PSNR} = 10 \log_{10} \frac{255^2}{\dfrac{1}{N} \displaystyle\sum_{n=1}^{N} (w_n)^2}
\tag{4-10}
$$

其中，N 是像素的总数；$w_n = y_n - x_n$。水印算法的 PSNR 参数数值越小，说明该算法的不可见性越好。

　　Watson 距离定义如下：

$$
D_{\mathrm{Wat}}(c_o, c_w) = \left(\sum_{i,j,k} \left(\frac{C_w[i,j,k] - C_o[i,j,k]}{s[i,j,k]} \right)^4 \right)^{1/4}
\tag{4-11}
$$

其中，C_o 是原始图像变换域的系数；C_w 是含秘密信息的图像变换域的系数；$s[i,j,k]$ 表示图像中某个具体像素点对应的 Watson 视觉模型中的对比度掩蔽值；$D_{\mathrm{Wat}}(c_o, c_w)$ 表示原始载体与含水印载体之间的 Watson 距离[5]。含密载体与原始载体之间的 Waston 距离值越小，说明水印算法的不可见性越好。

4.1.3　扩展变换抖动调制与扩展变换量化索引调制

为了进一步提高基本的量化水印方法的鲁棒性，人们提出了扩展变换的量化水印方法，即通过量化载体向量进行投影变换后得到的标量，将集中于某一变换系数上的嵌入失真扩展。这里介绍两种扩展变换量化水印方法。

1. 扩展变换抖动调制

扩展变换抖动调制（spread transform dither modulation，STDM）算法与基本的 QIM 算法的区别在于，STDM 算法并不直接量化原始载体图像的系数，而是将原始载体中的向量 x 首先投影到一个随机生成的向量 u 上，再将得到的标量量化为 y_w，这样原本集中于一个系数上的失真就随之扩展。如果对投影后得到的标量进行量化时使用的是抖动调制这种量化方式，那么该算法就是 STDM 算法。嵌入水印后的载体向量 y 可以用 $y = y_w u + x - (x^T u) u$ 来表示，水印嵌入的整个过程如下：

$$
\begin{aligned}
y &= x + (Q_{DM}(x^T u, \Delta, d(m)) - x^T u)u \\
&= x + ((\text{round}((x^T u + d(m)) / \Delta) \times \Delta - d(m)) - x^T u)u
\end{aligned}
\tag{4-12}
$$

水印检测时通常采用最小距离解码，相应的检测过程如式（4-13）所示：

$$
\hat{m} = \arg\min_{m \in \{0,1\}} | r^T u - Q_{DM}(r^T u, \Delta, d(m)) |
\tag{4-13}
$$

其中，r 代表从接收到的载体图像中获得的载体向量。STDM 方案的具体框图如图 4.2 所示。

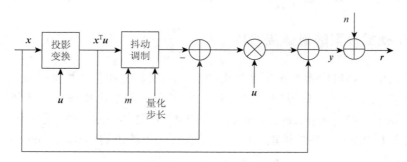

图 4.2　扩展变换抖动调制框图

2. 扩展变换量化索引调制

扩展变换量化索引调制（spread transform quantization index modulation，ST-QIM）与 STDM 类似。ST-QIM 也对原始的载体信号进行投影变换，对投影后得到的标量进行量化操作。但区别在于 ST-QIM 选择了基本的 QIM 作为对投影后得到标量的具体量化方式。嵌入水印之后的向量 $\boldsymbol{y}$ 同样可以用式子 $\boldsymbol{y} = y_w\boldsymbol{u} + \boldsymbol{x} - (\boldsymbol{x}^\mathrm{T}\boldsymbol{u})\boldsymbol{u}$ 来表示。具体应用 QIM 算法来量化投影后得到的标量的过程如式（4-14）～式（4-16）所示，量化后的结果表示为 y_w。

$$q_E = \frac{|\boldsymbol{x}^\mathrm{T}\boldsymbol{u}|}{\Delta} \tag{4-14}$$

$$m_E = \mathrm{round}(q_E) \tag{4-15}$$

$$\delta = q_E - m_E \tag{4-16}$$

其中，q_E、m_E、δ 是量化操作过程中间出现的值，它们的引入是为了方便后面内容的介绍，使得介绍更加简洁易懂。

$$\mathrm{Case}1 : \mathrm{mod}(m_E, 2) = m$$

$$y_w = m_E \times \Delta \tag{4-17}$$

$$\mathrm{Case}2 : \mathrm{mod}(m_E, 2) \neq m$$

$$(1)\delta \geqslant 0, y_w = (m_E + 1) \times \Delta$$

$$(2)\delta < 0, y_w = (m_E - 1) \times \Delta \tag{4-18}$$

相应的水印检测过程如下，这里引入 q_D、m_D 的原因与前面内容中引入 q_E 与 m_E 的原因类似。

$$q_D = \frac{|\boldsymbol{r}^\mathrm{T}\boldsymbol{u}|}{\Delta} \tag{4-19}$$

$$m_D = \mathrm{round}(q_D) \tag{4-20}$$

$$\hat{m} = \mathrm{mod}(m_D, 2) \tag{4-21}$$

4.1.1 节～4.1.3 节分别介绍了 QIM、DM 和 ST-QIM 以及 STDM 算法，其中 QIM 和 DM 均为量化操作的具体方式。STDM 和 ST-QIM 均为扩展变换，通过将载体向量进行投影变换再量化，将集中于某一变换系数上的嵌入失真随之扩展，只是在量化投影后得到标量时，前者选择了 DM 这种量化方式，而后者选择了基本的 QIM 量化方式。

4.1.4　基于视觉模型的自适应 QIM

由于量化步长对量化索引调制系列水印算法的保真度和鲁棒性至关重要，研究者通过优化量化步长来优化水印算法，使用视觉模型来决定量化步长以改善算法的性能。Watson 感知模型（Watson perceptual model，WPM）就是其中的一种，它是 Watson 提出的一个衡量视觉上的不可见性的模型。Li 等随后又提出了改进的 Watson（modified Watson，MW）视觉模型。

1. Watson 感知模型

Watson 感知模型由敏感度函数以及两个基于亮度和对比度掩蔽的掩蔽部分组成[5]。
敏感度：Watson 感知模型定义了敏感度表 t。元素 $t[i,j](i, j = 1, 2, \cdots, 8)$ 代表了图像每一个不相交的像素块中，在无任何掩蔽噪声的情况下可被察觉到的离散余弦变换（DCT）系数的最小变化值，不同频率处，$t[i,j]$ 不同，反映了人眼对不同频率的敏感程度。

亮度掩蔽：如果 8×8 像素块的平均亮度较大，DCT 系数值就可以有较大的改变而不被察觉，因而可根据各块中的直流系数 $C_0[0,0,k]$ 调整敏感度表中的 $t[i,j]$ 获得亮度掩蔽函数门限 $t_L[i,j,k]$，即

$$t_L[i,j,k] = t[i,j](C_0[0,0,k]/C_{0,0})^{\alpha_T} \tag{4-22}$$

其中，α_T 为一个常数，通常取值为 0.649；$C_0[0,0,k]$ 为原始图像第 k 块的直流系数；$C_{0,0}$ 为原始图像的直流系数的平均值，代表图像的平均亮度。

对比度掩蔽：对比度掩蔽是指某一频率中能量的存在会导致该频率上数值发生变化时的不可见性增大，对比度掩蔽值的表示如下：

$$s[i,j,k] = \max(t_L[i,j,k], |C_0[i,j,k]|^{0.7} \, t_L[i,j,k]^{0.3}) \tag{4-23}$$

2. 改进的 Watson 感知模型

Li 等将 Watson 感知模型与 QIM 算法结合在一起，提出了基于 Watson 感知模型的 AQIM 算法。但该 AQIM 算法对幅度缩放依旧很敏感[6]。这是因为 Watson 感知模型得到的量化步长不会随着幅度的变化而相应线性地变化，针对这种情况，Li 等对 Watson 感知模型做了改进，形成 MW 模型。对 Watson 感知模型中的亮度掩蔽门限改进如下：

$$t_L^M[i,j,k] = t_L[i,j,k]\left(\frac{C_{0,0}}{128}\right) = t[i,j]\left(\frac{C_0[0,0,k]}{C_{0,0}}\right)^{\alpha_T}\left(\frac{C_{0,0}}{128}\right) \tag{4-24}$$

对比度掩蔽门限相应改变为

$$s^M[i,j,k] = \max(t_L^M[i,j,k], |C_0[i,j,k]|^{0.7} \, t_L^M[i,j,k]^{0.3}) \tag{4-25}$$

Watson 感知模型改进后，当图像的幅度整体上乘以缩放因子 β 时，亮度掩蔽门限和对比度掩蔽门限则会相应地做如下的改变：

$$
\begin{aligned}
&t_L^{M'}[i,j,k] \\
&= t_L[i,j,k]\left(\frac{\beta C_{0,0}}{128}\right) \\
&= t[i,j]\left(\frac{\beta C[0,0,k]}{\beta C_{0,0}}\right)^{\alpha_T}\left(\frac{\beta C_{0,0}}{128}\right) \\
&= \beta t_L^M[i,j,k]
\end{aligned} \tag{4-26}
$$

$$
\begin{aligned}
&s^{M'}[i,j,k] \\
&= \max(t_L^{M'}[i,j,k], |\beta C_0[i,j,k]|^{0.7} \, t_L^{M'}[i,j,k]^{0.3}) \\
&= \max(\beta t_L^M[i,j,k], \beta^{0.7} |C_0[i,j,k]|^{0.7} \, \beta^{0.3} t_L^M[i,j,k]^{0.3}) \\
&= \beta \max(t_L^M[i,j,k], |C_0[i,j,k]|^{0.7} \, t_L^M[i,j,k]^{0.3}) \\
&= \beta s^M[i,j,k]
\end{aligned} \tag{4-27}
$$

修改后的亮度掩蔽值 t_L^M 和对比度掩蔽值 s^M 会随着 β 的改变相应发生线性变化。而量化步长 $\varDelta_n^M$ 与对比度掩蔽值呈线性关系，如式（4-28）所示：

$$\varDelta_n^M = G \times s_n^M, \quad n = 1, 2, \cdots, L \tag{4-28}$$

当图像亮度变为原来的 β 倍时，估计出的量化步长也相应地变为原来的 β 倍。量化步长的这种自适应变化显著提高了 AQIM 算法对幅度缩放的鲁棒性。

3. STDM-OptiMW-SS 算法

人们不仅将视觉模型与基本的 QIM 算法相结合，也将视觉模型与 QIM 的延伸算法 STDM 系列算法相结合。Li 等提出的 STDM-MW 算法是在 STDM 的基础上，将载体图像 8×8 分块、DCT 后，每块选取的部分 DCT 系数选作载体向量 $\boldsymbol{x}$，将 MW 模型计算出相应的每块的对比度掩蔽值选作投影向量 $\boldsymbol{u}$，算法的流程图如图 4.3 所示。

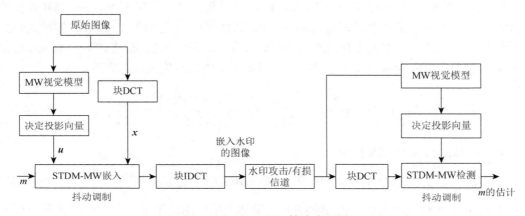

图 4.3　STDM-MW 算法流程图

为克服 STDM-MW 算法对幅度缩放的敏感性，STDM-MW-SS 算法不仅由视觉模型来决定投影向量，还由视觉模型来决定量化步长[6]。由分块后图像每块中 DCT 系数（如 L 个 DCT 系数）对应的对比度掩蔽值 $\{S_i^M; i = 1, 2, \cdots, L\}$ 计算出量化步长：

$$\varDelta = G_{\text{fac}} \times \sum_{i=1}^{L} S_i^M, \quad i = 1, 2, \cdots, L \tag{4-29}$$

其中，G_{fac} 是一个全局增益常量，用于调整水印的嵌入强度，可由使用者设置。

为改善 STDM-MW-SS 算法对 JPEG 压缩的鲁棒性，Li 等又提出 STDM-OptiMW-SS 算法[6]。考虑基于改进的 Watson 感知模型获得的对比度掩蔽值大于基于 Watson 感知模型获得的对比度掩蔽值（尤其是在高频部分，这样更多的水印会被嵌入高频部分，而 JPEG 压缩首先去除的就是高频分量），故使用 MW 视觉模型的 STDM 系列水印算法对抗 JPEG 压缩的鲁棒性不佳。STDM-OptiMW-SS 算法由 MW 模型计算出对比度掩蔽值后，将每个 8×8 块中最高的 43 个频率的对比度掩蔽值除以 4，其余 21 个不变，减少了高频部分水印的嵌入量，从而提高了算法对抗 JPEG 压缩的鲁棒性。

4.2　基于改进视觉模型的自适应水印算法

本节将针对量化索引调制系列水印算法的不足，提出 B1MW、fMW、MS 等改进的视觉模型，并结合视觉模型提出 ST-QIM-B1MW-SS、ST-QIM-B2MW-SS、ST-QIM-fMW-SS、ST-QIM-MS-SS 四种改进算法。相较于原算法，本节提出的算法具有更好的鲁棒性及嵌入率。并且，本节将从量化步长、投影向量、水印的置乱等角度对所提算法进行进一步的研究。

4.2.1　ST-QIM-B1MW-SS 算法与 ST-QIM-B2MW-SS 算法

为改善 4.1.4 节中介绍的 STDM-MW-SS、STDM-OptiMW-SS 等算法对 JPEG 压缩的鲁棒性，本节从视觉模型和频率点选择的角度出发，提出改进的视觉模型 B1MW 及两种改进算法，所提算法在保持了对高斯噪声、幅度缩放较好的鲁棒性的基础上，明显改善了对 JPEG 压缩的鲁棒性。

1. ST-QIM-B1MW-SS 算法与 ST-QIM-B2MW-SS 算法设计思路

Li 等提出 STDM-MW-SS 算法，它对抗幅度缩放的鲁棒性很好，对 JPEG 压缩的鲁棒性却需要改进。Li 等认为 STDM-MW-SS 对抗 JPEG 压缩鲁棒性不好的原因是算法使用的 MW 视觉模型所计算出来的 slack 值比 Watson 感知模型计算出的大，并且在高频系数上体现得更明显。这样，更多的水印信号就会被嵌入较高频率的 DCT 系数当中，而这些系数在 JPEG 压缩中，会首先被去除。为了校正这点，Li 等修改了视觉模型，在保持 slack 值随幅度缩放成比例变化的基础上减少了 DCT 高频部分计算出的 slack 值，提出了 STDM-OptiMW-SS 算法[7]。虽然相比于 STDM-MW-SS 算法，STDM-OptiMW-SS 算法抗 JPEG 压缩的性能有了提高，但是该性能仍有进一步提高的空间。

本节从两个角度考虑，以进一步减少高频 DCT 系数部分水印的嵌入量。一是从高低频率的划分来考虑，若按照 Chen 等对高低频的定义，会有更多的频率被记为高频[1]；二是进一步减小高频处的对比度掩蔽值。

将图像进行 8×8 分块后，$F_k[i,j]$ 表示第 k 块中的第 i 行、第 j 列元素的频率 $(i=1,\cdots,8; j=1,\cdots,8)$，其定义如下：

$$F_k=[i,j]\sqrt{\left(\frac{i-1}{16}\right)^2+\left(\frac{j-1}{16}\right)^2} \qquad (4\text{-}30)$$

文献[8]给出关于低频的定义：$F_k[i,j]\leqslant\dfrac{1}{4}$。依照文献[8]的定义，我们具体划分出一个 8×8 块中的低频区域，如图 4.4 所示。黑色区域表示一个 8×8 块中的低频区域，其余是高频部分。

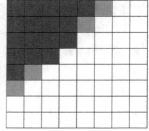

图 4.4　高低频区域划分图

　　而 Li 等提出的 STDM-OptiMW-SS 算法将最高的 43 个频率的对比度掩蔽值除以 4，即把图 4.4 中灰色部分的 4 个频率值视为低频。我们按照 Chen 定义的低频，会使更多高频频率点的对比度掩蔽值变小，从而使高频部分嵌入的水印变少，由于 JPEG 压缩首先去除的是高频分量，因而提高了算法抗 JPEG 压缩的性能。

　　从进一步减小高频处对比度掩蔽值的角度考虑，本节尝试了将每个 8×8 块的 DCT 系数中最高的 47 个频率的对比度掩蔽值分别除以 6（方法二）、除以 9（方法三）等，其余 17 个不变。其中，当除数为 9 时，性能较好，我们称此算法为 ST-QIM-B1MW-SS。

　　本节又尝试了 ST-QIM-B1MW-SS 算法的一个特例，即只使用一个 8×8 块中除了直流分量外的 14 个频率最低的 DCT 系数来嵌入水印，得到 ST-QIM-B2MW-SS 算法（方法四）。ST-QIM-B2MW-SS 算法没有使用高频分量来嵌入水印，故 ST-QIM-B2MW-SS 算法对 JPEG 压缩的鲁棒性更强。这几种算法对抗 JPEG 压缩的性能如图 4.5 所示（方法一为 STDM-OptiMW-SS）。由图 4.5 明显可见，载体高频部分水印的嵌入量越小，算法对 JPEG 压缩的鲁棒性越好。

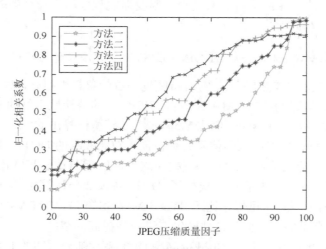

图 4.5　算法对 JPEG 压缩的鲁棒性比较

2. ST-QIM-B1MW-SS 与 ST-QIM-B2MW-SS 优势分析

　　一般来说，在不影响水印不可见性的情况下，水印嵌入强度越大，算法抗各种信号处理和攻击的性能就越好。

　　文献[9]中定义了 SSIM（structural similarity）。SSIM 值是一种衡量两幅图相似度的指标，SSIM 的具体定义如下：

$$SSIM(\boldsymbol{x}, \boldsymbol{y}) = \frac{(2\mu_x\mu_y + C_1)(2\sigma_{xy} + C_2)}{(\mu_x^2 + \mu_y^2 + C_1)(\sigma_x^2 + \sigma_y^2 + C_2)} \tag{4-31}$$

$$C_1 = (K_1 L)^2 \tag{4-32}$$

$$C_2 = (K_2 L)^2 \tag{4-33}$$

其中，μ_x 及 μ_y 表示图像的亮度均值；σ_x^2 及 σ_y^2 表示图像的亮度方差；L 是像素值的动态范围，对 8bit 灰度图像来说，L 值是 255；K_1 和 K_2 都是远小于 1 的常量。

　　本节用 SSIM 来反映水印的不可见性，用 PSNR 来反映水印的嵌入强度，对 STDM-OptiMW-SS 算法以及本章提出的 ST-QIM-B1MW-SS、ST-QIM-B2MW-SS 算法进行了比较。表 4.1 所示为 SSIM 基本相同时，比较不同算法 PSNR 的实验结果。

表 4.1　PSNR 值比较

算法	SSIM	PSNR/dB
STDM-OptiMW-SS	0.98694	44.854
ST-QIM-B1MW-SS	0.98711	44.596
ST-QIM-B2MW-SS	0.98698	43.360

　　由表 4.1 可以看出，在控制 SSIM 基本相同时，ST-QIM-B2MW-SS，ST-QIM-B1MW-SS，STDM-OptiMW-SS 算法的 PSNR 值依次增大。STDM-B2MW-SS 与 STDM-OptiMW-SS 相比，PSNR 下降了 3.45%；STDM-B1MW-SS 与 STDM-OptiMW-SS 相比，PSNR 下降了 0.58%；由第 1 章中给出的 PSNR 的定义可知，水印的嵌入强度越大，PSNR 值越小。可见，ST-QIM-B1MW-SS 算法和 ST-QIM-B2MW-SS 算法增加了那些人眼不易识别的区域的水印嵌入强度，并且不会影响水印的不可见性，因而具有更好的鲁棒性。

3. ST-QIM-B1MW-SS 与 ST-QIM-B2MW-SS 实验结果

　　为证明所提方案的有效性，我们采用 Lena 图像作为载体来进行实验，从抗 JPEG 压缩的性能、抗幅度缩放的性能以及抗高斯噪声性能三个方面，对我们提出的水印算法和已有的经典水印算法的鲁棒性进行比较。

　　首先通过调整量化步长使得不同算法的载体水印比（DWR）均为 35dB，对比不同水印算法的鲁棒性。以载体 Lena 图像和水印“SEU”为例，图 4.6 展示了原始载体图像、原始水印图像及嵌入水印后的图像；图 4.7 针对 STDM-OptiMW-SS 算法、ST-QIM-B1MW-SS 算法及 ST-QIM-B2MW-SS 算法，直观地展示了嵌入水印后的图像经过一些信号处理攻击后，算法检测出的水印结果。对应不同 JPEG 压缩因子、不同强度的高斯白噪声以及不同的幅度缩放因子时水印算法的鲁棒性如图 4.8（a）～图 4.8（c）所示。

　　SEU　　

(a) 原始载体图像　　　　(b) 原始水印图像　　　　(c) 嵌入水印后的图像

图 4.6　嵌入水印前后的载体图像及原始水印图像

信号攻击方式	STDM-OptiMW-SS	ST-QIM-B1MW-SS	ST-QIM-B2MW-SS
高斯白噪声 均值：0			
方差：0.0001	BER = 0.1387	BER = 0.1514	BER = 0.1514
JPEG 压缩			
	BER = 0.3623	BER = 0.1387	BER = 0.1123
质量因子：72			
幅度缩放			
缩放因子：1.25	BER = 0.0469	BER=0.0557	BER = 0.0869

图 4.7　不同算法的水印检测结果

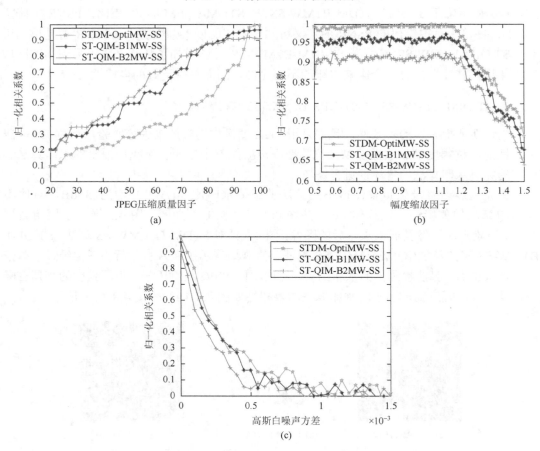

(a)

(b)

(c)

图 4.8　STDM-OptiMW-SS、ST-QIM-B1MW-SS、ST-QIM-B2MW-SS 算法性能比较

（a）对 JPEG 压缩的鲁棒性比较；（b）对幅度缩放的鲁棒性比较；（c）对高斯白噪声的鲁棒性比较

如图 4.6 所示，控制 DWR 为 35dB 时，水印嵌入前后几乎没有引起载体视觉上的变化。由图 4.7 可见，当 JPEG 压缩质量因子为 72 时，ST-QIM-B1MW-SS 及 ST-QIM-B2MW-SS 算法的性能均比 STDM-OptiMW-SS 有了明显的提高，ST-QIM-B2MW-SS 的 BER 值比 STDM-OptiMW-SS 下降了 0.25（图中的 BER 表示提取出水印的错误比特数占总比特数的百分比）。经过加噪和幅度缩放后，本节所提算法与原算法相比略有不足。

图 4.8（a）是对嵌入水印后的 Lena 图像分别进行压缩质量因子为 20～100 的 JPEG 压缩，再提取水印的结果。图中横坐标代表 JPEG 压缩质量因子，纵坐标为提取水印与嵌入水印之间的归一化相关系数。由图 4.8 可见，本节改进的方案对抗 JPEG 压缩的性能明显优于原方案。本节提出的 ST-QIM-B2MW-SS 算法和 STDM-OptiMW-SS 算法相比，当压缩质量因子为 20 时，前者比后者的 NC 值高出 0.1 左右，当压缩质量因子为 66 时，前者的 NC 值比后者足足高出 0.4，到压缩质量因子为 90 时，前者的 NC 值依然比后者高出约 0.17。

由于图像的大部分能量集中于低频，图像经 8×8 分块 DCT 后，DCT 系数在低频部分的值比较大，高频部分的值很小，在 JPEG 压缩中，经量化这一步骤后，高频部分的值几乎会全部变为 0。而 ST-QIM-B1MW-SS 算法减少了高频部分水印的嵌入量，故增强了水印算法抵抗 JPEG 压缩的性能。而 ST-QIM-B2MW-SS 算法仅仅使用了低频部分来嵌入水印，因此对 JPEG 压缩的鲁棒性更强。

图 4.8（b）表示幅度缩放干扰下水印的鲁棒性，横坐标为幅度缩放因子，纵坐标为归一化相关系数。可以看出，本节提出的算法较原方案 STDM-OptiMW-SS 而言，对幅度缩放的鲁棒性有所降低。虽然高频分量较大的水印嵌入量会使得算法对 JPEG 压缩的鲁棒性下降，却有利于提高算法对比例缩放的鲁棒性。故 ST-QIM-B1MW-SS 和 ST-QIM-B2MW-SS 抗幅度缩放的性能有所下降，但由于 B1MW 模型和 ST-QIM-B2MW-SS 算法使用的 MW 模型保持了能够使量化步长随图像亮度的变化而相应线性变化的特点，因此抗幅度缩放的性能只是略有下降，总体表现不错。和其他一些算法（如 STDM-MW）对幅度缩放的鲁棒性相比，已经有了很大的改观。类似地，由图 4.8（c）可见，ST-QIM-B1MW-SS 算法和 ST-QIM-B2MW-SS 算法对抗高斯白噪声的性能相比 STDM-OptiMW-SS 算法略有逊色，但整体上表现不错。综上，本节提出的 ST-QIM-B1MW-SS 算法和 ST-QIM-B2MW-SS 算法与原方案 STDM-OptiMW-SS 算法相比，可以在保持对幅度缩放及高斯白噪声鲁棒性较好的基础上，明显改善对 JPEG 压缩的鲁棒性。

前面内容中提到，高频分量较大的水印嵌入量有利于提高算法对比例缩放的鲁棒性，本节对此进行了实验。本节将每个 8×8 块的 DCT 系数中最高的 47 个频率的对比度掩蔽值分别除以 2（方法一）、除以 5（方法二）、除以 12（方法三）、除以 16（方法四）、除以 100（方法五），其余 17 个不变，来得到最终的对比度掩蔽值。由图 4.9 可见，除数越小，算法抗幅度缩放的性能就越强。这证明了高频系数嵌入的水印越多，算法对幅度缩放的鲁棒性越强。

然而，由图 4.8（b）与图 4.9 可以看出，当缩放因子大于 1.2 时，算法性能有明显的下降趋势，这是由切割失真造成的。切割失真指图像的一些像素值较大，当图像幅度缩放时，这些像素值就会超过像素的最大值，因而被切割为最大值（如 255）。这样，像素值就不会随着缩放因子而变化，量化步长却会随着缩放因子变化，因此会降低算法抗幅度缩放的性能。

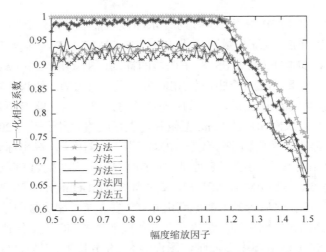

图 4.9   分母不同时对幅度缩放的鲁棒性比较

4.2.2   ST-QIM-fMW-SS 算法

Li 等提到 MW 视觉模型与扩展变换量化水印算法结合时，算法对 JPEG 压缩的鲁棒性相较于 Watson 模型有所降低。故本节尝试得到更优的视觉模型，使其与扩展量化水印算法相结合时，具有更好的性能。

1. ST-QIM-fMW-SS 算法概述

文献[7]指出 STDM-MW-SS 抗 JPEG 压缩的性能需要改善（使用的 MW 视觉模型所获得的对比度掩蔽值比 Watson 模型更大，尤其在高频的 DCT 系数部分，而 JPEG 压缩首先去除的是高频部分的 DCT 系数），因此，为改善算法抗 JPEG 压缩的性能，本节将 MW 模型改为更贴近 Watson 模型同时又能保持随着幅度缩放线性变化的模型。式（4-24）中，$C_{0,0}/128$ 是新添入的一项。以 Lena 图像为例，MW 模型中 $C_{0,0}/128$ 一项中的 $C_{0,0}$ 大约为 978，本节将 $C_{0,0}/128$ 这项中的分母改为 978，则更改过的模型不仅可随幅度缩放线性变化，也更贴近 Watson 模型。然而，实验结果显示更改过的模型抗 JPEG 压缩的性能并未比 STDM-MW-SS 的性能好。但可推测出 $C_{0,0}/128$ 一项中分母的不同选择会使算法抗 JPEG 压缩的性能有较大的差异。故本节尝试了很多种分母的选择，首先在一个较大的范围中选取数字作为分母，如选择 1000，978，512，128，80，50 等，并观察相应的性能；后又在 0～300 均匀选取数字作为分母，并详细作出相应算法抗 JPEG 压缩、抗幅度缩放以及抗高斯噪声的性能图。

实验结果证明，$C_{0,0}/128$ 项分母取 1 时，明显优于分母取 128（MW 模型）时的性能。从后面内容的实验结果三维图可以看出，分母由小变大时，算法的性能呈现出明显的下降趋势。分母取 1 时，在图像保真度不变的情况下，可以增大水印嵌入的强度，从而增强算法的鲁棒性。以下是利用 fMW 模型进一步修改的亮度掩蔽门限，表示为 $t_L^{fM}[i,j,k]$，即

$$t_L^{\text{fM}}[i,j,k] = t_L[i,j,k] \times C_{0,0}$$
$$= t[i,j](C_0[0,0,k] / C_{0,0})^{\alpha_T} C_{0,0} \qquad (4\text{-}34)$$

$$s^{\text{fM}}[i,j,k] = \max(t_L^{\text{fM}}[i,j,k], |C_0[i,j,k]|^{0.7} t_L^{\text{fM}}[i,j,k]^{0.3}) \qquad (4\text{-}35)$$

当图像以因数 β 比例缩放时，相应的亮度掩蔽值变为 $\tilde{t}_L^{\text{fM}}[i,j,k]$，即

$$\tilde{t}_L^{\text{fM}}[i,j,k] = t[i,j]\left(\frac{\beta C[0,0,k]}{\beta C_{0,0}}\right)^{\alpha_T}(\beta C_{0,0}) \qquad (4\text{-}36)$$
$$= \beta t_L^{\text{fM}}[i,j,k]$$

$$\tilde{s}^{\text{fM}}[i,j,k] = \max(\tilde{t}_L^{\text{fM}}[i,j,k], |(\beta C_0[i,j,k])|^{0.7} \tilde{t}_L^{\text{fM}}[i,j,k]^{0.3})$$
$$= \max(\beta t_L^{\text{fM}}[i,j,k], \beta^{0.7} |C_0[i,j,k]|^{0.7} \beta^{0.3} t_L^{\text{fM}}[i,j,k]^{0.3})$$
$$= \beta \max(t_L^{\text{fM}}[i,j,k], |C_0[i,j,k]|^{0.7} t_L^{\text{fM}}[i,j,k]^{0.3}) \qquad (4\text{-}37)$$
$$= \beta s^{\text{fM}}[i,j,k]$$

$$\tilde{\Delta} = G_{\text{fac}} \times \sum_{i=1}^{14} \tilde{S}_i^{\text{fM}} = \beta \times G_{\text{fac}} \times \sum_{i=1}^{14} S_i^{\text{fM}} = \beta \times \Delta \qquad (4\text{-}38)$$

当图像的幅度变为原来的 β 倍时，量化步长也相应地变为了原来的 β 倍，因此算法对幅度缩放具有鲁棒性。与 ST-QIM-B2MW-SS 算法相同，ST-QIM-fMW-SS 算法只使用了每个 8×8 块中除了直流分量外的 14 个频率最低的 DCT 系数来嵌入水印。并且，ST-QIM-fMW-SS 算法进一步地修改了 Watson 模型为 fMW 模型。ST-QIM-fMW-SS 算法的流程图如图 4.10 所示。

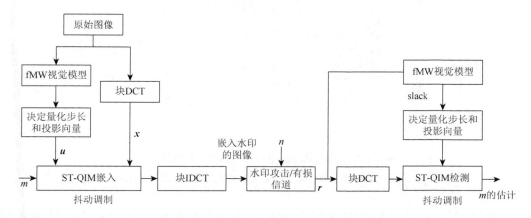

图 4.10　ST-QIM-fMW-SS 算法流程图

2. ST-QIM-fMW-SS 实验结果

前面提到，$C_{0,0}/128$ 这一项的分母取 1 时，算法的性能优于分母取 128 时的性能。

图 4.11（a）～图 4.11（c）是针对分母选取不同值时的性能测试结果。我们将分母分别取为 300，280，260，…，40，20 以及 1，0.5，0.25；分母不同取值对应了不同的分母值，图中的误码率表示提取出的水印中错误的比特数占总比特数的百分比。可见，在 JPEG 压缩、幅度缩放和高斯噪声的攻击下，随着分母的增大，算法的误码率有明显的上升趋势。与 MW 模型中的分母 128 相比，分母取 1 时对抗各种攻击的鲁棒性明显更优。而实验数据显示，分母变得更小，如 0.5，0.25 时，算法的性能趋于不变，故选 1 作为分母。

　　为了进行 ST-QIM-fMW-SS 算法与 STDM-OptiMW-SS 算法的性能对比，本节固定 PSNR 为 45dB 对两者进行了比较。对应不同 JPEG 压缩因子、不同强度的高斯噪声以及不同的幅度缩放因子水印算法的鲁棒性如图 4.12 所示。

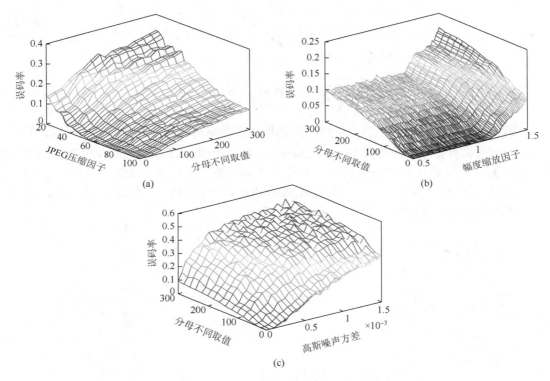

图 4.11　不同分母值时 ST-QIM-fMW-SS 算法性能
（a）抗 JPEG 压缩性能；（b）抗幅度缩放性能；（c）抗高斯噪声性能

　　由图 4.12 可见，ST-QIM-fMW-SS 算法对 JPEG 压缩的鲁棒性明显优于 STDM-OptiMW-SS 算法。当 JPEG 压缩因子为 52 时，ST-QIM-fMW-SS 算法的误码率比 STDM-OptiMW-SS 算法低大约 0.29。在幅度缩放以及高斯噪声的攻击下，ST-QIM-fMW-SS 算法的鲁棒性均比 STDM-OptiMW-SS 算法的鲁棒性更强。

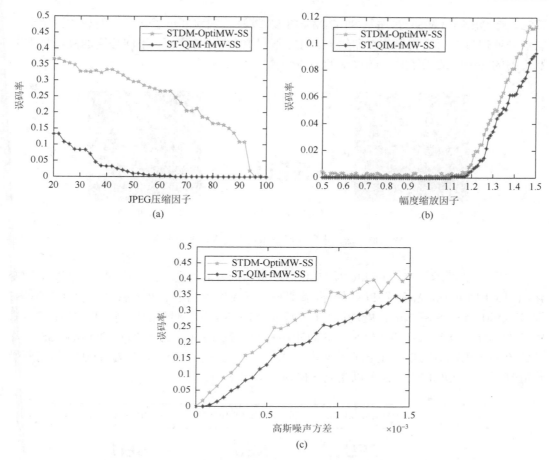

图 4.12　STDM-OptiMW-SS 与 ST-QIM-fMW-SS 算法性能比较

（a）抗 JPEG 压缩性能；（b）抗幅度缩放性能；（c）抗高斯噪声性能

4.2.3　ST-QIM-MS-SS 算法

本节进一步提出一种基于改进视觉模型的扩展量化水印（ST-QIM-MS-SS）算法，即仅使用 Watson 模型中的敏感度部分作为视觉模型。为使视觉模型计算出的量化步长可以随着图像的幅度缩放以相应的比例变化，我们修改敏感度 t 为 t_m，即为 MS 视觉模型，其表示如下：

$$t_m = t \times C_{0,0} \qquad\qquad (4\text{-}39)$$

嵌入水印的过程只会改变视觉模型中计算对比度掩蔽值时用到的 DCT 系数，敏感度表 t 内的值是恒定的，而 $C_{0,0}$ 表征的图像平均亮度也不会因水印的嵌入而改变。故只使用敏感度表来计算量化步长可以确保在没有任何攻击和噪声的情况下，水印的嵌入端和提取端得到的量化步长一致，因而增强了算法的鲁棒性。

本节固定 PSNR 为 45dB 进行实验，以载体 lena 图像、水印"SEU"为例，图 4.13 展示了原始载体图像、原始水印图像及嵌入水印后图像；图 4.14 针对 STDM-OptiMW-SS

算法、ST-QIM-fMW-SS 算法及 ST-QIM-MS-SS 算法直观地展示了含水印的载体图像经一些信号处理攻击后检测出的水印结果。对应不同 JPEG 压缩因子、不同强度的高斯噪声以及不同的幅度缩放因子时水印算法的鲁棒性如图 4.15 所示。

　　　　(a) 原始载体图像　　　　　(b) 原始水印图像

(c) 嵌入水印后的图像

图 4.13　嵌入水印前后载体图像及原始水印图像

　　如图 4.13 所示，控制 PSNR 为 45dB 时，水印嵌入前后几乎没有引起载体视觉上的变化。由图 4.14 可见，无论经 JPEG 压缩、高斯噪声还是幅度缩放的处理后，ST-QIM-fMW-SS 及 ST-QIM-MS-SS 算法的性能均比 STDM-OptiMW-SS 有了明显的提高。JPEG 压缩质量因子为 72 时，ST-QIM-fMW-SS 及 ST-QIM-MS-SS 的 BER 值比 STDM-OptiMW-SS 下降了约 0.31，前两者可以完全正确地提取出水印。经过均值为 0、方差为 0.0001 的高斯噪声处理后，ST-QIM-MS-SS 可以完全正确地提取出水印。

信号攻击方式	STDM-OptiMW-SS	ST-QIM-fMW-SS	ST-QIM-MS-SS
高斯噪声 均值：0 方差：0.0001	BER = 0.0439	BER = 0.0098	BER = 0
JPEG压缩 质量因子：72	BER = 0.3066	BER = 0	BER = 0
幅度缩放 缩放因子：1.25	BER = 0.0449	BER = 0.0264	BER = 0.0264

图 4.14　不同算法对水印的检测结果

　　由图 4.15（a）～（c）可见，ST-QIM-MS-SS 算法抗 JPEG 压缩和高斯噪声的鲁棒性明显优于 STDM-OptiMW-SS 算法，当压缩质量因子为 40 时，ST-QIM-MS-SS 的误码率比 STDM-OptiMW-SS 低 0.32。在幅度缩放的攻击下，ST-QIM-MS-SS 算法的鲁棒性也比 STDM-OptiMW-SS 算法更强。

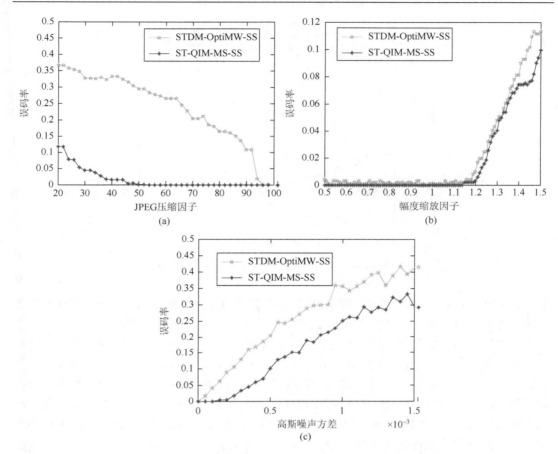

图 4.15　STDM-OptiMW-SS 与 ST-QIM-MS-SS 算法性能比较

（a）抗 JPEG 压缩性能；（b）抗幅度缩放性能；（c）抗高斯噪声性能

　　文献[7]实现 STDM-OptiMW-SS 时，使用了 1/320 的嵌入率，而本章算法的嵌入率为 1/64。嵌入率的降低会显著增强水印的鲁棒性，因为重复嵌入相同的水印比特信息，可以减少由通常的攻击引起的随机检测误差。为证明水印嵌入率的降低可换取鲁棒性的提高，本节保持 DWR 为 35dB，以抗 JPEG 压缩的鲁棒性为例，对比了 STDM-OptiMW-SS 算法分别使用水印嵌入率为 1/64 和 1/320 时的性能。实验结果如图 4.16 所示。

　　由图 4.16 可见，STDM-OptiMW-SS 算法使用嵌入率 1/320 时的鲁棒性远远优于使用嵌入率 1/64 时的鲁棒性。而本节实现 STDM-OptiMW-SS、ST-QIM-B1MW-SS、ST-QIM-B2MW-SS、ST-QIM-fMW-SS 以及 ST-QIM-MS-SS 时，使用的嵌入率为 1/64。可见，本节提出的算法在使用了较高水印嵌入率的情况下，依然具有较好的鲁棒性。

　　综上，本节提出四种 ST-QIM 算法，这四种算法的主要区别在于视觉模型的实现方式上，并从不同的角度来改变视觉模型。基于 STDM-OptiMW-SS 算法，ST-QIM-B1MW-SS 算法进一步减少了高频部分水印的嵌入量从而形成新的视觉模型；ST-QIM-B2MW-SS 算法是 ST-QIM-B1MW-SS 算法的一个特例；ST-QIM-fMW-SS 算法是从 MW 中分母的角度

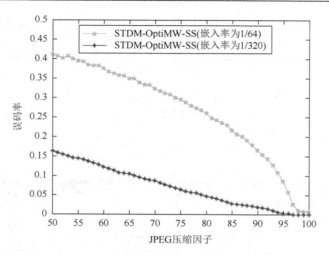

图 4.16　算法对抗 JPEG 压缩的鲁棒性比较（DWR = 35dB）

选择最佳的视觉模型，从而在 ST-QIM-B2MW-SS 算法的基础上作出了改进；ST-QIM-MS-SS 算法没有使用整个 MW 模型，而是只选取了其中的一部分作为视觉模型。

　　本节提出的算法可以应用于彩色图像，具有较好的不可见性和鲁棒性。对于一幅彩色图像，其颜色空间可表示为（R，G，B），其中，R 为红色分量，G 为绿色分量，B 为蓝色分量。我们可以选取一种方式将彩色图像映射为灰度图像，水印的嵌入和提取都在这幅灰度图像上进行。例如，我们可以提取出彩色图像中的绿色分量形成灰度图像，嵌入水印后再还原为含水印的彩色图像，提取时从接收到的彩色图像的绿色分量中获得水印。由于只在彩色图像的一个颜色分量上进行了水印的嵌入，因此水印算法具有较好的不可见性和鲁棒性。

4.2.4　从几个特定角度对改进的 ST-QIM 算法的研究

　　由于量化步长对量化水印算法至关重要，嵌入和提取水印时，量化步长的不一致会减弱水印算法的鲁棒性。本节将提出实现步长一致性的方案，并将从投影向量、量化方式的选择以及水印置乱等角度对算法进行研究。

1. 量化步长一致性的实现

　　即使没有任何攻击和噪声，在水印嵌入端和提取端计算出的对比度掩蔽值也不同，因为嵌入水印的过程本身就改变了图像的对比度掩蔽值，这是残留误差的一个重要来源，削弱了水印算法的鲁棒性。为解决这个问题，本章算法按列嵌入水印。将图像分成 8×8 块后，先计算出第一列所有块的对比度掩蔽值并嵌入水印，再用第一列嵌入水印之后计算出的对比度掩蔽值作为第二列相应块的对比度掩蔽值来嵌入水印，以此类推直到最后一列完成水印的嵌入。ST-QIM-B1MW-SS 算法使用本节提出的按列嵌入水印的过程如图 4.17 所示。

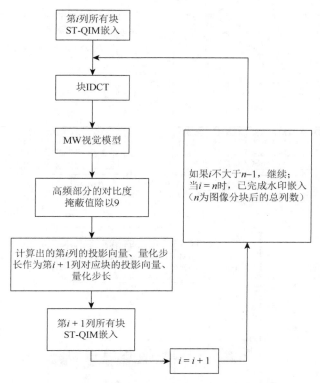

图 4.17　ST-QIM-B1MW-SS 算法按列嵌入水印

类似地，ST-QIM-B2MW-SS 算法也可以使用按列嵌入水印的方法，来确保在没有任何攻击或噪声的情况下，水印嵌入端和提取端计算出的对比度掩蔽值相同。图 4.18（a）~（c）是 ST-QIM-B1MW-SS 算法以及 ST-QIM-B2MW-SS 算法在实现嵌入提取时的步长一致性前后的性能对比图。

由图 4.18 可见，实现嵌入端和提取端步长一致性前后算法的性能有较为明显的差异。将控制步长一致性的思想加入 ST-QIM-B1MW-SS 算法中以后，算法抵抗 JPEG 压缩、幅度缩放和高斯噪声的性能均有所提高。控制 ST-QIM-B2MW-SS 算法嵌入端和提取端的步长一致后，算法抵抗 JPEG 压缩、幅度缩放和高斯噪声的性能均有较为明显的提高，尤其是算法对 JPEG 压缩以及幅度缩放的鲁棒性。

2. 投影向量和量化方式的选择

Li 等提出的改进的扩展变换抖动调制系列的算法中，使用的投影向量均由视觉模型的对比度掩蔽值决定，是载体图像的函数，对每一个载体而言是唯一的。这些算法包括 STDM-W、STDM-MW、STDM-MW-SS、STDM-OptiMW-SS 等。本章提出的 ST-QIM-B1MW-SS、ST-QIM-B2MW-SS、ST-QIM-fMW-SS、ST-QIM-MS-SS 等算法也选择由视觉模型来决定投影向量。

然而，STDM 算法具有将集中于某一变换系数上的嵌入失真扩展的优点，主要归功于 STDM 对载体信号进行的扩展变换。若将算法中的投影向量由载体图像的对比度掩蔽

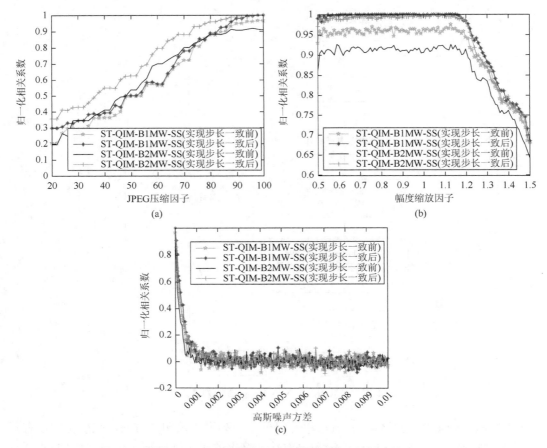

图 4.18　实现量化步长一致性前后算法性能比较

(a) 抗 JPEG 压缩性能；(b) 抗幅度缩放性能；(c) 抗高斯噪声性能

值决定，改为随机地满足高斯分布的向量，则更能体现 STDM 的扩展变换的特点。另外，若选择由载体图像的对比度掩蔽值来决定投影向量，水印盲检测时必须从接收到的含水印图像中估计出投影向量，但水印嵌入的过程已经改变了载体信号，接收端对投影向量的估计就不准确了，这个潜在的问题会导致算法的性能变差。若使用高斯分布的随机向量作为投影向量，可以使嵌入端和接收端的投影向量完全一致，因而改善算法的性能。本节探究使用不同的投影向量对算法性能的影响。由于视觉模型反映了人眼对图像变化恰可感知的视觉阈值，量化步长仍保持由视觉模型来决定。

从扩展变换量化水印算法量化方法的角度来说，具体量化方法可以使用基本的量化索引调制，也可以使用基本量化索引调制的延伸方法——抖动调制。抖动调制具有以下优点：第一，抖动调制中的伪随机抖动信号可以有效地减少量化噪声带来的误差，形成一个视觉上更优的量化信号；第二，抖动确保了量化噪声独立于载体信号；第三，伪随机抖动信号可以看作一个密钥，这个密钥只有水印嵌入者和提取者知道，因此提高了整个水印系统的安全性。本节针对投影向量及量化方法的不同选择，对 ST-QIM-fMW-SS 及 ST-QIM-MS-SS 算法的性能进行了实验。

本章控制 PSNR 为 45dB，将 ST-QIM-fMW-SS 及 ST-QIM-MS-SS 算法的性能在两种情形下作出对比。第一种情况是，使用基本的量化索引调制作为量化方式，使用载体信号的对比度掩蔽值来决定投影向量；第二种情况是，使用抖动调制作为量化方式，使用随机服从均值为 0、方差为 16 的高斯分布的向量作为投影向量。实验结果如图 4.19（a）～图 4.19（c）所示。

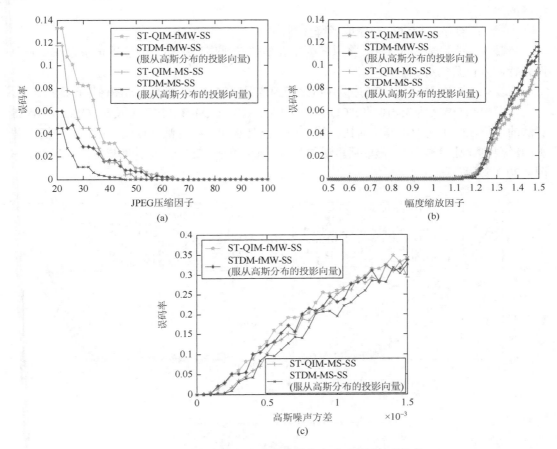

图 4.19 选择不同投影向量及量化方式时算法性能比较

（a）对 JPEG 压缩的鲁棒性比较；（b）对幅度缩放的鲁棒性比较；（c）对高斯噪声的鲁棒性比较

由图 4.19 可见，使用了抖动调制作为量化方式，以及使用服从均值为 0、方差为 16 的高斯分布的向量作为投影向量之后，ST-QIM-fMW-SS 及 ST-QIM-MS-SS 抵抗 JPEG 压缩和高斯噪声的鲁棒性均有提高，抵抗幅度缩放的性能略有下降，但总体来说，性能得到了改善。

3. 水印置乱

本节从水印置乱的角度改善算法的性能。嵌入水印之前，先将水印图像置乱有如下好处：首先，将水印置乱可以把遭到损坏的原先集中在一起的比特，即水印图像的像素分散开来，水印信息均匀分布到整幅载体图像中可以减小对人类视觉的影响，因而提高了数字水印的保真度；其次，对水印的置乱相当于加入了密钥，使得不知道密钥者最多只能提取出水印的置乱图像而无法得知水印的具体内容；最后，水印图像置乱能够使水印像素值均匀分布在整幅图像中使其具有较强的抗剪切等攻击的能力，因而增强水印算法的鲁棒性。

本节应用混沌置乱的方式来置乱水印，大致步骤如下。

步骤 1：利用两个混沌初值进行迭代，生成一个分别与水印图像矩阵行维数、列维数相等的序列。

步骤 2：对该序列进行升序或者降序排序。

步骤 3：利用查找的方法，将原序列中的数值在排序后序列中的位置记录下来，分别作为行、列位置指针。

步骤 4：利用原始序列与排序后序列之间的位置映射关系，对原水印图像进行置乱处理。

本节控制 DWR 为 35dB，将 ST-QIM-B1MW-SS、ST-QIM-B2MW-SS 及 ST-QIM-fMW-SS 算法的性能在两种情形下作出对比。第一种情况是水印未经置乱直接嵌入；第二种情况是水印经混沌置乱后再嵌入，提取后再逆置乱得到最终的提取结果。实验结果如图 4.20（a）～图 4.20（c）所示。

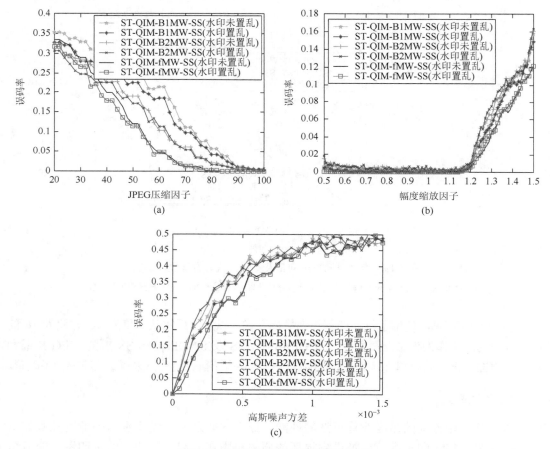

图 4.20　水印置乱前后算法性能比较

（a）对 JPEG 压缩的鲁棒性比较；（b）对幅度缩放的鲁棒性比较；（c）对高斯噪声的鲁棒性比较

　　由图 4.20 可见，水印经混沌置乱后再嵌入载体中，ST-QIM-B1MW-SS 算法抗 JPEG 压缩的性能有较为明显的提高，ST-QIM-B2MW-SS 及 ST-QIM-fMW-SS 算法抗 JPEG 压缩的性能略有提高；ST-QIM-B1MW-SS、ST-QIM-B2MW-SS 及 ST-QIM-fMW-SS 算法抗幅度缩放、高斯噪声的性能与水印未经置乱的情况相比没有发生明显的变化。对于 ST-QIM-B1MW-SS 算法，水印置乱后（控制 DWR = 35dB），衡量水印嵌入强度的系数 G 从 0.0191 变为 0.01977，水印强度增大了，因而算法的鲁棒性增强了。可见在水印嵌入之前先将水印置乱，对增强算法的鲁棒性有着促进的作用。

4.3　基于扩展变换的对数水印算法

4.3.1　基于扩展变换的数字水印算法

　　扩展变换思想源于扩频技术。扩频即扩展频谱通信，指信号在带宽上传输的频率远远大于原始信号的频率。将扩频原理引入数字水印系统，也就是选择载体的多个相关系数嵌入同一个水印数据，使得每个系数上存放很少的信号能量而不易被检测到。在水印提取端，需要提前知道水印的嵌入位置。利用扩频的思想不仅可以扩展水印信号，还可以扩展嵌入失真。若不法分子想要攻击水印就要破坏整个频域，但也会影响图像的视觉效果，容易被察觉。因此扩频水印算法有较高的安全性和较强的鲁棒性。

　　扩频技术用于数字水印中最早是由 Cox 等[10]在 1997 年提出的，随后他们对水印嵌入方法[6,7]进行深入研究，并提出利用扩展变换的方法进行水印嵌入。类比通信中的扩频通信技术，载体频域相当于信道，水印相当于信道中传输的信号，噪声即为各种干扰或攻击，然后将水印信息通过扩频的形式嵌入载体图像中。水印嵌入与提取方法如下。

　　产生随机序列 w 作为水印信息，载体图像进行二维 DCT，寻找最大的 N 个 DCT 系数构成矢量 x 用于携带水印，嵌入公式为

$$x_w = x \cdot (1 + \alpha \cdot w) \tag{4-40}$$

其中，α 表示水印嵌入的强度。然后进行 DCT 逆变换，获得嵌入水印的载体图像。

　　水印提取时，接收到载体图像后对其进行 DCT，根据水印嵌入位置将对应位置上的 DCT 系数提取出来构成矢量 x_w，然后根据式（4-41）提取水印：

$$w' = \frac{(x_w - x)}{\alpha \cdot x} \tag{4-41}$$

其中，w' 表示提取的水印信息。通过计算嵌入水印 w 与提取水印 w' 二者的相似度来判断水印是否存在。

4.3.2　扩展变换量化索引调制算法

　　量化水印算法是一种含边信息的水印算法，Chen 等提出的抖动调制（DM）算法[1]、量化索引调制（QIM）算法[2]都是其中的代表性算法，量化水印算法鲁棒性好，可嵌入的信

息量大并且可实现盲检测[2]。其中，QIM 算法结合待嵌入的水印信息和量化步长对载体信息进行量化来嵌入水印。标准的量化操作定义为

$$Q(x,\Delta) = \text{round}\left(\frac{x}{\Delta}\right)\cdot\Delta \tag{4-42}$$

其中，x 表示原始载体信息；Δ 代表量化步长。

扩展变换量化索引调制（spread transform-quantization index modulation，ST-QIM）算法[11]与基本的 QIM 算法的区别在于，ST-QIM 没有直接量化载体图像的频域系数，而是提取载体中的频域系数矢量 x，然后将其投影到投影向量 v 上得到标量 x，对标量 x 进行量化。

基于 DCT 的 ST-QIM 算法水印嵌入过程为：首先将载体图像 X 分成多个 8×8 的图像块，然后对每一图像块进行 DCT，从每块中选取一定位置上的 DCT 系数组成向量 x，选取合适的投影向量 v，投影变换后进行量化：

$$q = \frac{|x^{\text{T}}v|}{\Delta} \tag{4-43}$$

$$r = \text{round}(q) \tag{4-44}$$

$$\delta = q - r \tag{4-45}$$

水印嵌入时，可以进行以下判断：

$$\text{Case1}: \text{mod}(r,2) \equiv m$$
$$y_w = r\cdot\Delta \tag{4-46}$$

$$\text{Case 2}: \text{mod}(r,2) \neq m$$
$$(1)\quad \delta > 0,\quad y_w = (r+1)\cdot\Delta \tag{4-47}$$
$$(2)\quad \delta < 0,\quad y_w = (r-1)\cdot\Delta$$

其中，y_w 表示量化后的变量。嵌入水印之后的 DCT 系数向量 x_w 为

$$x_w = y_w\cdot v + x - (x^{\text{T}}v)\cdot v \tag{4-48}$$

对含水印的系数向量进行频域逆变换得到水印载体图像。相应的水印检测过程如下，嵌入水印后载体向量变为 x_d，投影向量 v_d。

$$q_d = \frac{|x_d^{\text{T}}v_d|}{\Delta} \tag{4-49}$$

$$r_d = \text{round}(q_d) \tag{4-50}$$

$$m' = \text{mod}(r_d,2) \tag{4-51}$$

m' 即为提取出的水印图像。ST-QIM 算法流程框图如图 4.21 所示。

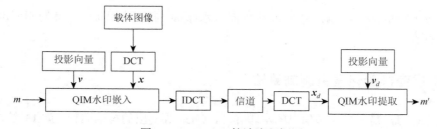

图 4.21 ST-QIM 算法流程框图

4.3.3　基于视觉模型的扩展变换水印算法

扩展变换水印算法的关键之一是构建合适的投影向量，构建不同的投影向量，对水印算法的性能影响不同[12]。HVS 反映人类视觉特性，利用视觉模型构造投影向量，有助于得到高质量的水印载体图像。而对于量化算法来说，量化步长的选择至关重要[13]，Li 等提出使用 Watson 视觉模型[5]来自适应地调节量化步长，即自适应量化索引调制（adaptive quantization index modulation，AQIM）算法[6]，Xiao 等提出自适应抖动调制水印算法[14]。凌洁等基于视觉模型还提出了迭代 AQIM 水印算法[4]。故水印算法与视觉模型相结合，对数字水印算法性能的改善具有重要作用。

本节主要介绍 Watson 模型。Watson 模型是基于图像的 DCT 提出的，由三部分组成：频率敏感度表、亮度掩蔽阈值、对比度掩蔽阈值。

频率敏感度表 T：表中元素 $T[i,j](i,j=1,2,\cdots,8)$ 代表在无噪声干扰的情况下图像块 DCT 系数可被察觉到的最小的变化，$T[i,j]$ 值不同表示人眼视觉在图像的不同频率处敏感度不同。

亮度掩蔽阈值 T_L：研究表明一个像素块内 DCT 系数值所能容忍的变化受整个像素块的平均亮度影响，即平均亮度越大所能容忍的改变就越大。因此利用图像块的平均亮度 $C_0[0,0,k]$ 修改频率敏感度表得到亮度掩蔽阈值：

$$T_L[i,j,k] = T[i,j] \cdot (C_0[0,0,k] / C_{0,0})^{\alpha_{\mathrm{T}}} \tag{4-52}$$

其中，α_{T} 为常数，通常为 0.649；$C_0[0,0,k]$ 表示第 k 个图像块的直流系数（DC）；$C_{0,0}$ 为所有分块的 DC 平均值，表示整个图像的平均亮度。

对比度掩蔽阈值 S：若某一频率中存在能量，该频率处的数值变化会影响图像的视觉质量，对比度掩蔽阈值的表示如下：

$$S[i,j,k] = \max(T_L[i,j,k], |C_0[0,0,k]|^{0.7} \cdot T_L[i,j,k]^{0.3}) \tag{4-53}$$

Li 等采用 Watson 模型来自适应地调节量化步长[6]，随后 Li 等将其作为投影矢量用于 STDM 算法中[7]，但实验表明算法无法抵抗幅度缩放攻击，因此他们提出了 Watson 的改进模型——MW 模型。将原始模型中的亮度掩蔽计算方法修改为

$$T_L^M[i,j,k] = T[i,j] \cdot \left(\frac{C_0[0,0,k]}{C_{0,0}}\right)^{\alpha_{\mathrm{T}}} \cdot \left(\frac{C_{0,0}}{128}\right) \tag{4-54}$$

则对比度掩蔽阈值变为

$$S^M[i,j,k] = \max(T_L^M[i,j,k], |C_0[0,0,k]|^{0.7} T_L^M[i,j,k]^{0.3}) \tag{4-55}$$

修改后，当载体图像进行幅度缩放时，改进 Watson 模型的结果也会有相应的变化，即

$$\begin{aligned}
T_L^M[i,j,k]_\alpha &= T[i,j] \cdot \left(\frac{\alpha \cdot C_0[0,0,k]}{\alpha \cdot C_{0,0}}\right)^{\alpha_{\mathrm{T}}} \cdot \left(\alpha \cdot \frac{C_{0,0}}{128}\right) \\
&= \alpha \cdot T[i,j] \cdot \left(\frac{C_0[0,0,k]}{C_{0,0}}\right)^{\alpha_{\mathrm{T}}} \cdot \left(\frac{C_{0,0}}{128}\right) \\
&= \alpha \cdot T_L^M[i,j,k]
\end{aligned} \tag{4-56}$$

$$
\begin{aligned}
\boldsymbol{S}^{M}[i,j,k]_\alpha &= \max(\boldsymbol{T}_L^M[i,j,k]_\alpha, |\alpha \cdot C_0[0,0,k]|^{0.7}\, \boldsymbol{T}_L^M[i,j,k]_\alpha^{0.3}) \\
&= \max(\alpha \cdot \boldsymbol{T}_L^M[i,j,k], \alpha \cdot |C_0[0,0,k]|^{0.7}\, \boldsymbol{T}_L^M[i,j,k]^{0.3}) \\
&= \alpha \cdot \max(\boldsymbol{T}_L^M[i,j,k], |C_0[0,0,k]|^{0.7}\, \boldsymbol{T}_L^M[i,j,k]^{0.3}) \\
&= \alpha \cdot \boldsymbol{S}^M[i,j,k]
\end{aligned}
\tag{4-57}
$$

其中，α 表示图像的幅度缩放尺度。改进 Watson 模型的结果会随着图像的幅度变化而线性变化。扩展变换量化水印算法中，常利用改进 Watson 模型计算构造量化步长：

$$
\Delta = G \times \sum_{i=1}^{L} S_i^M
\tag{4-58}
$$

$$
\Delta' = G \times \sum_{i=1}^{L} \alpha \cdot S_i^M = \alpha \cdot \Delta
\tag{4-59}
$$

式中，G 用来调节水印强度。进行量化时有

$$
Q((\alpha \cdot \boldsymbol{x})^{\mathrm{T}} \boldsymbol{v}, \Delta') = \mathrm{round}\left(\frac{\alpha \cdot \boldsymbol{x}^{\mathrm{T}} \boldsymbol{v}}{\alpha \cdot \Delta}\right) = Q(\boldsymbol{x}^{\mathrm{T}} \boldsymbol{v})
\tag{4-60}
$$

使用改进 Watson 模型，当图像亮度改变时，亮度掩蔽值随之改变，且两者呈线性关系，使得步长也随之线性变化，克服了算法对抗幅度缩放时的脆弱性。基于视觉模型的水印算法流程见图 4.22。

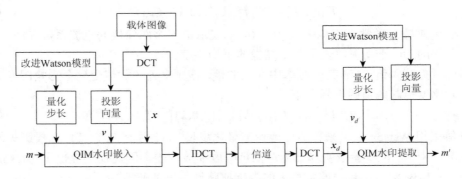

图 4.22　基于改进视觉模型的 STQIM 算法流程框图

4.3.4　基于扩展变换的对数水印算法

1. 对数水印算法概述

早期的水印算法很多都是基于 QIM 算法，而 QIM 算法的关键是量化器的设计，在量化器中量化步长的选择至关重要。最早的量化算法都是基于固定量化步长的均匀量化，对于均匀分布的载体数据，显然采用统一步长的均匀量化是最佳量化方法。但是，通常载体图像的信息分布是不均匀的，若继续使用均匀量化，水印算法会忽略载体信息的感知特性而使得图像局部感知失真。针对均匀量化的不足，Li 等提出了 AQIM 算法，这是一种非均匀量化方法，根据视觉模型自适应地计算量化步长[6,7]。在 4.3.3 节中介绍的基于改进视觉模型的 ST-QIM 算法即采用自适应量化方法。除上述非均匀量化方案，Kalantari

等提出另一种水印算法，即基于对数的水印算法[15]。对数水印算法的基本思想是通过一定的对数运算，将非均匀分布的载体信息变换成均匀分布的数据，然后利用均匀量化进行水印嵌入，嵌入水印后对数据进行对数逆变换又得到非均匀数据。

基于对数的水印算法中，选择适当的对数映射函数是关键。Kalantari 等最开始提出的对数水印算法中使用了最简单的对数函数：$f(x) = \ln(|x|)$[15]。但是由图 4.23 可以看出这种量化方法存在不足，当原始数据小于 1 时对数变换结果会出现负数；而随着原始数据增大，对数变换后的数据同样变大，并且无上限。

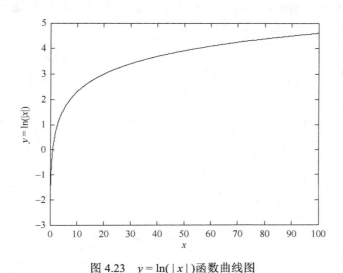

图 4.23　$y = \ln(|x|)$函数曲线图

Nima 等提出了一种基于 μ 律的对数函数用于对载体信号进行变换，即式（4-61）。他们提出将 μ 律压缩[16]用于对数映射中，使得无论原始数值的范围有多广泛，量化后的结果始终在[0, 1]范围内[17]。将 μ 律对数变换用于量化水印算法，可以用较大的步长量化较小的信号，较小的步长量化较大的信号，如此使得强水印的加入也不会引起载体信号有较大的量化失真。

$$y = \frac{\ln\left(1 + \mu\dfrac{|x|}{X_s}\right)}{\ln(1 + \mu)}, \quad \mu > 0; X_s > 0 \tag{4-61}$$

其中，μ 是压缩因子；x 是要对数化的量；X_s 表示一个参数（$X_s \geqslant \max(x)$）。对数变换后得到的信号 y 经过量化后的数据为 y_w，然后对 y_w 进行对数逆变换得到含水印的系数 x_w。对数逆变换函数为

$$x_w = \mathrm{sgn}(x) \cdot \frac{X_s}{\mu} \cdot ((1 + \mu)^{y_w} - 1) \tag{4-62}$$

其中，$\mathrm{sgn}(x)$表示取符号运算。Wan 等提出将对数算法用于图像水印[18]，并且为了保证变换后的信号 y 在经过量化处理或幅度缩放攻击后仍能保持不变，将式（4-61）修改为式（4-63）。

$$y = \frac{\ln\left(1 + \mu \dfrac{x}{C_0}\right)}{\ln(1 + \mu)}, \quad \mu > 0 \tag{4-63}$$

其中，C_0 表示图像的平均亮度。因为图像像素不存在负数，所以将式（4-61）中的绝对值符号也去掉。基于对数函数的要求，参数 μ 的取值应满足条件：

$$1 + \mu \frac{x}{C_0} > 0 \Rightarrow \mu > -\frac{C_0}{|x|} \tag{4-64}$$

因子 μ 的不同会影响映射结果，图 4.24 反映了参数 μ 不同时式（4-63）的函数曲线。

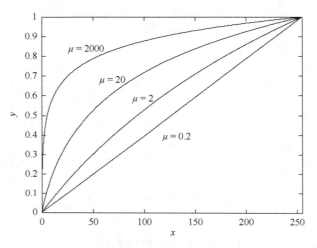

图 4.24　基于 μ 律的对数函数曲线图

2. 基于扩展变换的对数水印算法思想

本小节结合对数与自适应量化的思想，提出基于扩展变换的对数水印（spread transform logarithm quantized index modulation，ST-LQIM）算法。基于扩展变换的对数水印算法的基本思路与对数算法相似，不同点在于 ST-LQIM 中待对数化的变量是由投影变换所得，即 $x = \boldsymbol{x}^{\mathrm{T}}\boldsymbol{v}$。

在 ST-LQIM 算法中，量化步长由 Watson 模型决定，投影向量则由混沌序列产生[19]。混沌序列有固定的生成公式，但生成的序列是不可预测的，具有伪随机性，而且其对初值敏感，具有不可逆推性，故安全性较高。本小节将 Logistic 序列用于水印算法中构造投影向量：

$$X_{n+1} = u \cdot X_n(1 + X_n) \tag{4-65}$$

初值 X_0 和参数 u 可以作为密钥保存，以提高水印系统的安全性。

水印嵌入过程如图 4.25 所示，具体步骤如下所述。

（1）将载体图像按 8×8 分块并进行 DCT，选取载体系数构造系数向量 $\boldsymbol{x}$，本节将选取图像块系数按 zigzag 排列后的前 14 位交流系数用于水印嵌入。

（2）计算载体图像的对比度掩蔽值，选择相应位置的阈值构造向量 $\boldsymbol{s}$，然后生成一组混沌序列构建投影向量 $\boldsymbol{v}$。对系数向量进行投影变换，然后将得到的变量进行对数变换，得到变量 y：

$$y = F(\boldsymbol{x}^{\mathrm{T}}\boldsymbol{v}) = \frac{\ln\left(1 + \mu\dfrac{\boldsymbol{x}^{\mathrm{T}}\boldsymbol{v}}{C_0}\right)}{\ln(1 + \mu)}, \quad \mu > 0 \tag{4-66}$$

因为变量 $x = \boldsymbol{x}^{\mathrm{T}}\boldsymbol{v}$，$x$ 有可能为正也有可能为负，则 μ 应满足

$$1 + \mu\frac{x}{C_0} > 0 \Rightarrow 0 < \mu < \frac{C_0}{|x|} \tag{4-67}$$

对应的量化步长为[20]

$$\Delta = \frac{\ln\left(1 + \mu\dfrac{2 \times \boldsymbol{s}^{\mathrm{T}}\boldsymbol{v}}{C_0}\right)}{\ln(1 + \mu)}, \quad \mu > 0 \tag{4-68}$$

（3）通过 QIM 算法实现水印嵌入，变量 y 量化后得到嵌入水印的信号 y_w。

（4）将量化后的系数 y_w 进行对数逆变换得到含水印的信号 x_w，即

$$x_w = \frac{X_s}{\mu} \cdot \left((1 + \mu)^{y_w} - 1\right) \tag{4-69}$$

（5）嵌入水印后的 DCT 系数向量 $\boldsymbol{x}_w$ 表示为

$$\boldsymbol{x}_w = x_w \cdot \boldsymbol{v} + \boldsymbol{x} - (\boldsymbol{x}^{\mathrm{T}}\boldsymbol{v}) \cdot \boldsymbol{v} \tag{4-70}$$

（6）进行 IDCT，得到嵌入水印的载体图像。

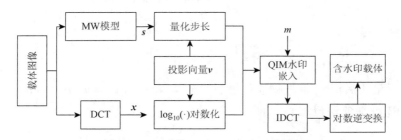

图 4.25　ST-LQIM 水印嵌入算法框图

4.3.5　扩展变换对数水印算法中参数 μ 的取值分析

μ 为 μ 律压缩中的重要参数，它的大小关乎水印算法的性能。对水印系统设计来说，在水印嵌入时，需要保证水印的加入不能影响载体作品的正常使用，即水印的不可感知性要好。常用于衡量图像水印不可感知性的评价指标有 DWR、PSNR 等，其计算方法如下：

$$\mathrm{PSNR} = 10 \cdot \log_{10}\left(\frac{255^2}{\mathrm{MSE}}\right) \tag{4-71}$$

$$\mathrm{MSE} = \frac{1}{MN} \cdot \sum_i \sum_j \left(x(i, j) - x_w(i, j)\right)^2 \tag{4-72}$$

$$\text{DWR} = \frac{E(\| \boldsymbol{x} \|^2)}{E(\| \boldsymbol{x}_w - \boldsymbol{x} \|^2)} \tag{4-73}$$

其中，$\boldsymbol{x}$ 表示原始载体图像 DCT 系数矢量，是固定值；$\boldsymbol{x}_w$ 表示含水印载体图像的 DCT 系数矢量。从感知模型来看，DWR 或 PSNR 的值越大表示水印不可见性越好。以 DWR 为例进行分析，要使得 DWR 值变大，$E(\| \boldsymbol{x}_w - \boldsymbol{x} \|^2)$ 就要小。就 ST-QIM 算法而言：

$$\boldsymbol{x}_w = (x_w - x) \cdot \boldsymbol{v} + \boldsymbol{x} \Rightarrow \boldsymbol{x}_w - \boldsymbol{x} = (x_w - x) \cdot \boldsymbol{v} \tag{4-74}$$

其中，变量之间的关系见图 4.26。

图 4.26　变量关系图

因此有

$$E(\| \boldsymbol{x}_w - \boldsymbol{x} \|^2) = E(| (x_w - x) \boldsymbol{v} |^2) = E(\| \boldsymbol{v} \|^2) \cdot E(| x_w - x |^2) \tag{4-75}$$

其中，x 为水印嵌入前投影变换得到的变量；x_w 表示嵌入水印后的变量。要使得 $E(\| \boldsymbol{x}_w - \boldsymbol{x} \|^2)$ 的值较小，即 $E(\| \boldsymbol{v} \|^2)E((x_w - x)^2)$ 较小。因为投影向量 $\boldsymbol{v}$ 是固定的，故只需考虑 $E(| x_w - x |^2)$。将 x 对数化得 y：

$$y = \frac{\ln\left(1 + \mu \dfrac{x}{C_0}\right)}{\ln(1 + \mu)}, \quad \mu > 0 \tag{4-76}$$

由 y 逆变换得到 x：

$$x = \frac{C_0}{\mu} \cdot ((1 + \mu)^y - 1) \tag{4-77}$$

将 y 进行量化后得 y_w。根据量化思想，y_w 可表示为 $y_w = y + c$，$c \in [-\Delta, \Delta]$，Δ 代表量化步长。由 y_w 逆变换得到 x_w，即

$$x_w = \frac{C_0}{\mu} \cdot ((1 + \mu)^{y_w} - 1) = \frac{C_0}{\mu} \cdot ((1 + \mu)^{y+c} - 1) \tag{4-78}$$

因此

$$x_w - x = \frac{C_0}{\mu} \cdot ((1 + \mu)^{y+c} - 1) - \frac{C_0}{\mu} \cdot ((1 + \mu)^y - 1) \tag{4-79}$$

化简后可得

$$x_w - x = \left(x + \frac{C_0}{\mu} \right) \cdot ((1 + \mu)^c - 1) \tag{4-80}$$

故

$$E((x_w - x)^2) = \left(E(x^2) + 2 \cdot E(x) \cdot \frac{C_0}{\mu} + \frac{C_0^2}{\mu^2} \right) \cdot E(((1 + \mu)^c - 1)^2) \tag{4-81}$$

因为量化步长很小，所以

$$(1+\mu)^c = 1 + \ln(1+\mu) \cdot c + o(2) \tag{4-82}$$

则有

$$E(((1+\mu)^c - 1)^2) = (\ln(1+\mu))^2 \cdot E(c^2) \tag{4-83}$$

要使 DWR 值越大，$E((x_w - x)^2)$ 的值应越小，即

$$\mu = \arg\min_{\mu \in (0,\infty)} \left(\left(E(x^2) + 2 \cdot E(x) \cdot \frac{C_0}{\mu} + \frac{C_0^2}{\mu^2} \right) \ln(1+\mu)^2 \right) \tag{4-84}$$

其中，$E(x^2)$ 和 $E(x)$ 以及图像平均亮度 C_0 是固定的，因此可以结合式（4-67）和式（4-84）来选择参数。式（4-84）的右侧关于参数 μ 的函数曲线如图 4.27 所示。

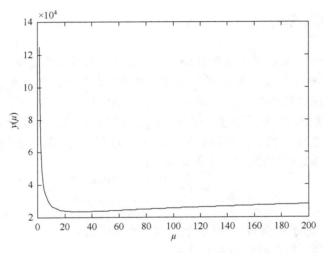

图 4.27　参数 μ 与 DWR 关系图

4.3.6　基于 JPEG 量化表改进的扩展变换对数水印算法

对于图像而言，最常见的图像处理便是 JPEG 压缩。而视觉心理学实验确定的 JPEG 量化表是 JPEG 压缩攻击的主要失真源，表现了人类心理视觉特点[21]。因此借助 JPEG 量化表来计算量化步长有助于改善水印系统性能。JPEG 压缩标准根据图像的高、低频部分的压缩比，推荐了亮度和色度两个量化表。

由于本章的水印算法都是基于灰度图像的，因此只需要表 4.2 所示的亮度量化表。本小节提出利用 JPEG 量化表改进 Watson 模型，然后使用改进后的模型构造量化步长，并用于 ST-LQIM 算法中。利用 JPEG 量化表修改 Watson 模型的亮度掩蔽的方法为

$$s'[i,j,k] = \frac{s^M[i,j,k]}{t_{\text{JPEG}}[i,j]} \tag{4-85}$$

量化步长为

$$\Delta = \frac{\ln\left(1 + \mu \frac{2 \times s'^{\text{T}} \boldsymbol{v}}{C_0}\right)}{\ln(1+\mu)}, \quad \mu > 0 \tag{4-86}$$

表 4.2　JPEG 建议的量化表

16	11	10	16	24	40	51	61
12	12	14	19	26	58	60	55
14	13	16	24	40	57	69	56
14	17	22	29	51	87	80	62
18	22	37	56	68	109	103	77
24	35	55	64	81	104	113	92
49	64	78	87	103	121	120	101
92	92	95	98	112	100	103	99

4.3.7　实验仿真与分析

为进行实验仿真，我们从标准图像库中随机选取多幅大小为 256×256 的灰度图像作为载体，并定义一幅大小为 32×32 的二值水印图像。本节所有算法都是基于图像的 DCT 域，将 DCT 块内的系数按照 zigzag 排列，然后选取中低频的 14 位用于水印嵌入，也就是图 4.28 的灰色部分。为便于描述，将基于扩展变换的对数水印算法记为 ST-LQIM，基于 JPEG 量化表的扩展变换对数水印算法记为 ST-LQIM-J。本节通过计算提取水印的比特误码率来衡量水印的恢复情况，计算方式如下：

$$\text{BER} = \frac{\sum_i \sum_j |W'(i,j) - W(i,j)|}{1024} \tag{4-87}$$

其中，W 表示嵌入的水印信息；W' 表示提取的水印信息。

载体图像和水印图像如图 4.29 所示。

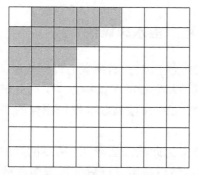 

（a）　　　　　　（b）

图 4.28　DCT 域高频与低频（灰色）区域划分图　　图 4.29　载体图像和水印图像

（a）载体图像；（b）水印图像

4.3.8　扩展变换对数水印算法中参数 μ 的影响

在对数算法中 μ 是重要参数，由 4.3.4 小节的分析可知，参数 μ 的选择应满足

$$1 + \mu \frac{x}{C_0} > 0 \Rightarrow 0 < \mu < \frac{C_0}{|x|} \tag{4-88}$$

其中，x 为待对数化的数据；C_0 表示图像平均亮度。本小节就 μ 的取值分两种情况讨论：自适应地选择参数 μ，以及选取全局参数 μ。

1. 自适应地选择参数 μ

因为每个待变换的数据 x 不同，可以根据 x 的不同来自适应地选择 μ。ST-LQIM 算法中，x 表示每个 DCT 块中的系数向量进行投影变换得到的变量，因此可以根据 DCT 块的不同来选取参数 μ。设置参数 α，使得

$$\mu = \alpha \cdot C_0 / |x|, \quad 0 < \alpha < 1 \tag{4-89}$$

然后选取不同的参数 α，对水印算法进行攻击检测，根据检测结果选择最优的 μ 值。图 4.30 给出了参数 α 不同时，算法在 JPEG 压缩、高斯噪声干扰和图像幅度缩放变换后提取水印的误码率。

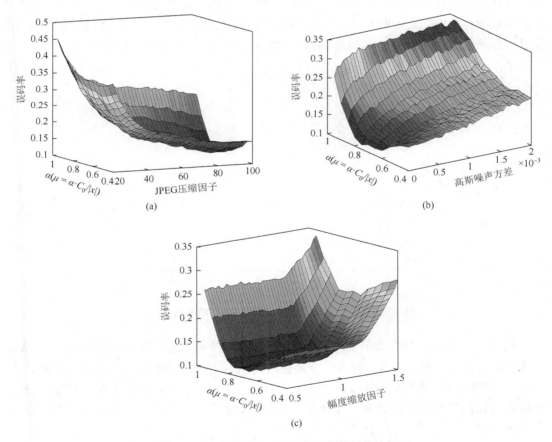

图 4.30　μ 值不同时，ST-LQIM 算法性能比较

（a）JPEG 压缩攻击下的误码率；（b）高斯噪声攻击下的误码率；（c）幅度缩放攻击下的误码率

如图 4.30 所示，三维曲面图记录了选取不同 μ 值时，水印算法在不同攻击强度下的水印提取结果。图 4.30（a）记录了不同参数 α 的情况下，水印抗 JPEG 压缩的性能，由图 4.30（a）

可知，当 α 在 0.7 附近时水印的误码率最低，即抗 JPEG 压缩能力最好。图 4.30（b）记录了参数 α 不同情况下，不同强度的高斯噪声干扰后的提取水印的误码率，由图 4.30（b）可知，当 α 在 0.8 附近时提取水印的平均误码率最小。图 4.30（c）记录了不同 α 时，水印在图像幅度缩放变换后的误码率，由图 4.30（c）可以看出，当 α 为 0.7 时，水印误码率最低。综合结果来看，若自适应地选择参数 μ，水印误码率会随着参数 μ 值的增大而先减小再增大，即存在一个最优的 μ 值使得误码率达到最小，也就是使得水印算法的鲁棒性最优。对本章来说，若自适应选择 μ 参数，当参数 μ 取值在 $0.7 \cdot C_0/|x|$ 左右时算法综合性能较优。

2. 选取全局参数 μ

除了根据图像块的不同而自适应选择参数 μ，还可以根据图像整体选择一个全局参数 μ。若存在一个 μ 值对所有 x 都满足 $\mu < C_0/|x|$，则应该有 $\mu < C_0/\max(|x|)$。因此可以先分析所有待嵌入水印的 DCT 块，然后根据所有 DCT 块的 x 数据来选取一个全局 μ。首先，选择性能指标 DWR 来分析水印图像的不可见性，选择不同的全局 μ 对水印算法进行实验仿真，然后计算出对应的 DWR 值，并将参数 μ 与 DWR 的关系绘制成图 4.31。

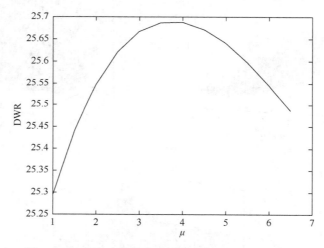

图 4.31　μ 值的选取与 DWR 的关系（"Woman" 图）

如图 4.31 所示，分析整个水印嵌入域然后选择一个全局 μ，随着 μ 值的增大，DWR 会先增大再减小。也就是说，存在一个最优的全局 μ 使得水印图像的不可见性最好。以"Woman"图为例，选择最优的 μ 值用于对数变换，然后对水印载体图像进行 JPEG 压缩、幅度缩放和高斯噪声干扰处理，并计算提取水印的误码率。不同攻击下水印提取的误码率见图 4.32。

3. 两种情况比较

比较自适应选择参数 μ 和选取全局参数 μ 两种情况下 ST-LQIM 算法的性能。根据两种情况，对水印算法进行抗攻击性能验证，包括不同强度的噪声干扰、不同比例的 JPEG 压缩和不同程度的幅度缩放，仿真结果如图 4.33～图 4.35 所示。

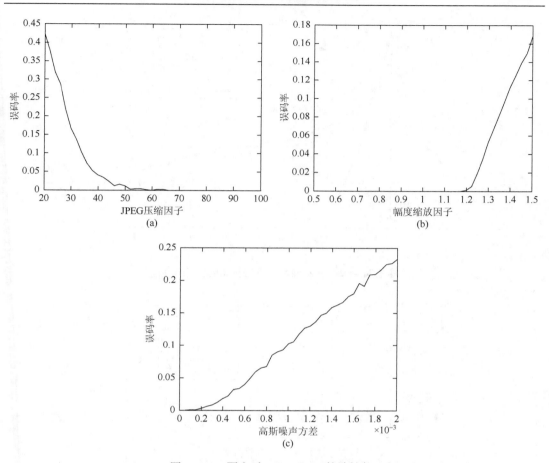

图 4.32　μ 固定时，ST-LQIM 算法性能

（a）JPEG 压缩攻击下的误码率；（b）幅度缩放攻击下的误码率；（c）高斯噪声攻击下的误码率

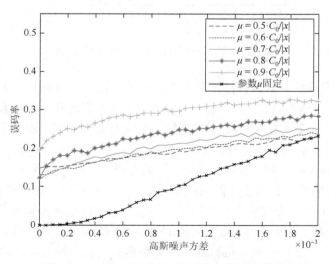

图 4.33　参数 μ 不同时，算法抗高斯噪声性能

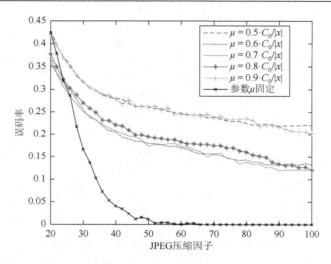

图 4.34　参数 μ 不同时，算法抗 JPEG 压缩性能

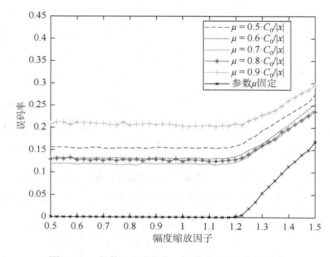

图 4.35　参数 μ 不同时，算法抗幅度缩放性能

　　图 4.33 为不同参数 μ 时，算法抗高斯噪声性能。如图 4.33 所示，若自适应选择参数 μ，当 μ 在 $0.5 \cdot C_0/|x|$ 时水印误码率最低。但可以明显看出选择全局参数 μ 时，提取水印的误码率远远低于自适应选择参数 μ 的情况。也就是说，在高斯噪声干扰的情况下，选择合适的全局参数 μ 会使得水印算法的性能更优。

　　图 4.34 为不同参数 μ 时，算法抗 JPEG 压缩性能。如图 4.34 所示，若自适应选择 μ，当 μ 在 $0.6 \cdot C_0/|x|$ 附近时提取水印的误码率最低。但同样可以看出，若选择全局参数 μ，当压缩因子大于 28 时，提取水印的误码率远远低于自适应选择参数 μ 的情况。虽然压缩因子小于 28 时，其水印误码率比自适应选择 $\mu = 0.6 \cdot C_0/|x|$ 时要高一些，但就正常攻击来说，一般压缩因子不会低于 30，因此使用全局参数 μ 也可以满足实际水印系统需求。

　　图 4.35 为取不同参数 μ 时，算法的抗幅度缩放性能。如图 4.35 所示，若自适应地选

择参数 μ，当 μ 为 $0.7 \cdot C_0/|x|$ 左右时提取水印的误码率最低。若选择全局 μ 值，水印的误码率要比自适应选择参数 μ 时降低了至少 25%，而且在幅度缩小的情况下，提取的水印误码率几乎为零。

　　表 4.3 为 μ 不同取值情况下，水印嵌入结果与图像攻击后水印检测结果的对比。如表 4.3 所示，在基于 μ 律的扩展变换对数水印算法中，若选取固定的全局参数 μ，算法提取出的水印图像质量会更高，算法的综合性能更优。

表 4.3　参数 μ 不同时，水印嵌入结果和水印检测结果

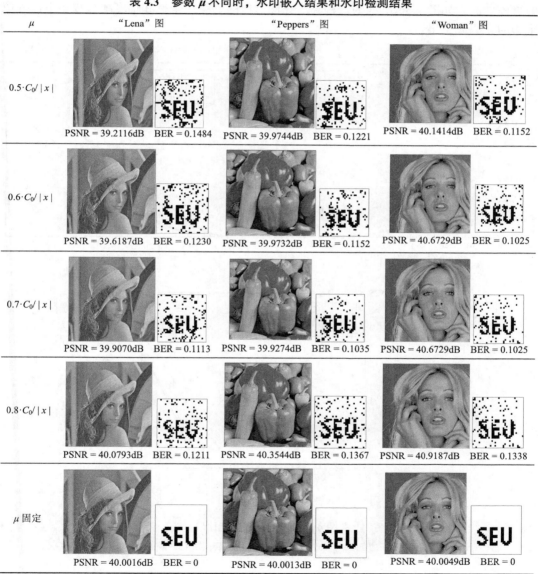

μ	"Lena" 图	"Peppers" 图	"Woman" 图
$0.5 \cdot C_0/|x|$	PSNR = 39.2116dB　BER = 0.1484	PSNR = 39.9744dB　BER = 0.1221	PSNR = 40.1414dB　BER = 0.1152
$0.6 \cdot C_0/|x|$	PSNR = 39.6187dB　BER = 0.1230	PSNR = 39.9732dB　BER = 0.1152	PSNR = 40.6729dB　BER = 0.1025
$0.7 \cdot C_0/|x|$	PSNR = 39.9070dB　BER = 0.1113	PSNR = 39.9274dB　BER = 0.1035	PSNR = 40.6729dB　BER = 0.1025
$0.8 \cdot C_0/|x|$	PSNR = 40.0793dB　BER = 0.1211	PSNR = 40.3544dB　BER = 0.1367	PSNR = 40.9187dB　BER = 0.1338
μ 固定	PSNR = 40.0016dB　BER = 0	PSNR = 40.0013dB　BER = 0	PSNR = 40.0049dB　BER = 0

4.3.9　算法性能比较

为验证基于扩展变换的对数水印算法的抗攻击性能，我们以非均匀量化水印算法
ST-QIM 为对比算法进行仿真实验。为比较不同算法的鲁棒性能，实验通过调节水印嵌入
强度将 PSNR 控制在 40dB，保证水印的不可见性一致，然后进行不同的信号攻击检测。
本节会比较三种算法——ST-QIM、ST-LQIM 和基于 JPEG 量化表改进的 ST-LQIM-J 算法
的鲁棒性能。如图 4.36 所示为三种算法在图像压缩、噪声干扰和幅度缩放攻击下，提取
水印的误码率结果。

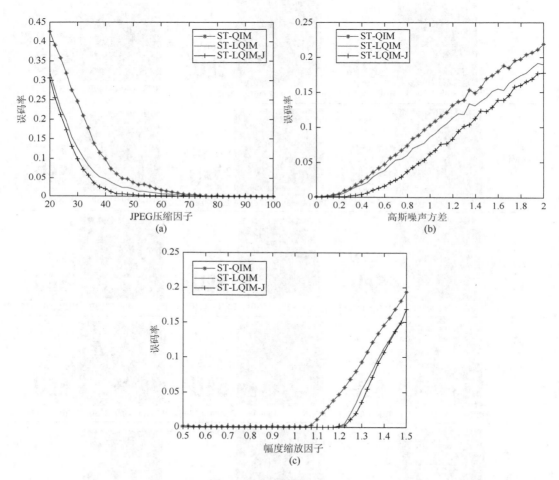

图 4.36　不同算法性能比较

（a）JPEG 压缩攻击下的误码率；（b）高斯噪声攻击下的误码率；（c）幅度缩放攻击下的误码率

图 4.36（a）为 JPEG 压缩处理时，提取水印的误码率。如图 4.36 所示，当压缩因子
小于 70 时，ST-LQIM、ST-LQIM-J 算法的误码率明显低于 ST-QIM 算法，而且 ST-LQIM

算法的误码率要比 ST-QIM 算法低了大约 12%，而 ST-LQIM-J 算法的误码率比 ST-LQIM 算法的还要小。如图 4.36（b）所示，在对抗高斯噪声干扰时，ST-LQIM-J 算法的水印误码率要低于 ST-LQIM 算法和 ST-QIM 算法，即 ST-LQIM-J 算法抗噪声干扰的性能最好。如图 4.36（c）所示，在图像幅度缩放变换后，ST-LQIM-J 和 ST-LQIM 算法的水印误码率相当，但都低于 ST-QIM 算法。表 4.4 记录了三种算法在经历不同滤波攻击后，提取水印的误码率。由表 4.4 可知，ST-LQIM、ST-LQIM-J 算法在对抗滤波攻击时水印误码率都优于 ST-QIM 算法，且 ST-LQIM-J 算法表现出的鲁棒性更强。综上所述，ST-LQIM-J 算法抵抗各种信号攻击干扰的综合鲁棒性最强。

表 4.4　其他攻击下算法的误码率（PSNR = 40dB）

滤波方式	ST-QIM	ST-LQIM	ST-LQIM-J
中值滤波 3×3	0.4757	0.3735	0.3681
高斯滤波 0.5	0.0545	0.0428	0.0349
高斯滤波 0.9	0.3608	0.2526	0.2440

表 4.5 记录了在 JPEG 压缩采取不同压缩比例时，ST-LQIM 与 ST-LQIM-J 算法的水印检测结果。如表 4.5 所示，在 JPEG 压缩攻击下，使用 JPEG 量化表改进的 ST-LQIM-J 算法恢复出的水印图像更加清晰，误码率更低。因此基于量化表改进的扩展变换对数水印算法实现了改善水印性能的目标。

表 4.5　不同算法的水印检测结果比较

算法	JPEG 压缩 30%	JPEG 压缩 40%	JPEG 压缩 50%	JPEG 压缩 70%
无JPEG量化表	BER = 0.1720	BER = 0.0462	BER = 0.1170	BER = 0
有JPEG量化表	BER = 0.1611	BER = 0.0410	BER = 0.0059	BER = 0

4.4　基于视觉模型的多级混合分块 DCT 域水印算法

图像经过一次 DCT 后，信息能量会汇集到系数矩阵的左上部分，这部分常用于存放水印信息。经典 DCT 域水印算法都是在图像进行一次 DCT 后的变换域中嵌入水印。而本节提出基于视觉模型的多级混合分块 DCT 域水印算法，在经过适当的多级 DCT 后，可以得到更聚集的较大的 DCT 系数，更充分地利用 DCT 的能量聚集性进行水印嵌入，然后计算对应系数部分的视觉模型用于投影量化。仿真实验表明，本节提出的水印算法不仅有较高的安全性，而且抗攻击干扰的鲁棒性要优于单级 DCT 水印算法。

4.4.1　DCT 能量聚集特性

通过 2.1.1 节的介绍，我们了解了二维图像 DCT 的定义。DCT 水印算法设计中，会先将图像分成多个分块，然后对每一图像块进行 DCT。水印算法中最常用的 DCT 是基于 8×8 分块的，除此之外还有 4×4 分块。参考文献[22]为更直观地查看 DCT 的能量聚集特性，以一个 8×8 的图像块为例，查看经过多次不同分块的 DCT 后的变换域系数值情况，文献[22]中图 4.1 记录了不同分块变换后的 DCT 系数能量分布。

对于一个 8×8 数据块，在第一次 8×8 DCT 后信息能量主要集中在左上角的（1, 1）位置上，在此基础上直接进行第二次 8×8 DCT，由第二次 DCT 的图像可知，信号能量又分散分布，但若再进行第三次 8×8 DCT，信息能量又再次集中于左上角（82%），而且数值较大的系数也较多。若第一次 8×8 DCT 后进行第二次 4×4 DCT，可知信号能量集中于左上角的 4×4 矩阵；若在此基础上进行第三次 DCT，对比可知 8×8 DCT 后左上角聚集了 75%能量，4×4 DCT 后左上角聚集了 97%的能量，即能量更集中。

4.4.2　基于视觉模型的多级混合分块 DCT 域水印算法流程

已知 Watson 视觉模型和改进 Watson 视觉模型都是基于 8×8 分块的 DCT，Watson 模型常用于 DCT 域的数字水印算法。同样，本节希望引入改进 Watson 模型优化算法性能，因此多级 DCT 的最后一级最好为 8×8 分块。与肖俊等提出的两级 DCT 不同[23]，本节提出基于视觉模型的多级混合分块 DCT 域水印算法。与一级 DCT 的水印嵌入算法相似，本节所提算法的水印嵌入流程见图 4.37，具体过程如下：

（1）读取水印图像信息 W 和载体图像 I；

（2）对 I 作一级分块 DCT 得系数矩阵 I_1，I_1 作二级分块 DCT 得系数矩阵 I_2；

（3）读取系数矩阵 I_2，使用改进 Watson 模型计算出其对应的对比度掩蔽值；

（4）读取系数矩阵 I_2 作三级分块 DCT 得系数矩阵 I_3，从 I_3 中选取用于水印嵌入的系数向量，选择对应位置上的对比度掩蔽值构造投影向量并计算量化步长，利用 ST-QIM 算法中的量化方法嵌入水印；

（5）嵌入水印后的系数矩阵作三级 DCT 逆变换，得到了水印载体图像 I_w。

根据 DCT 的分块情况不同，本节提出的基于视觉模型的多级混合分块 DCT 域水印算法可以分为两种。

算法一：载体图像作三级 DCT，分别为一级 8×8 DCT，二级 4×4 DCT，三级 8×8 DCT。

算法二：载体图像作三级 DCT，分别为一级 8×8 DCT，二级 8×8 DCT，三级 8×8 DCT。

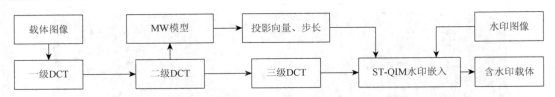

图 4.37　基于视觉模型的三级混合分块 DCT 域水印算法流程图

4.4.3　实验仿真与分析

为验证 4.4.2 节提出的"基于视觉模型的多级混合分块 DCT 域水印算法"在性能上的改进，本小节进行了对比实验，对比算法为基于 DCT 的水印算法。为便于描述，基于DCT 的水印算法记为 STQIM-Single，本节提出的算法一记为 STQIM-Multi-A，算法二记为 STQIM-Multi-B。

仿真实验中，从标准图像库随机选取多幅 256×256 的灰度图像作为载体图像，水印图像选取带有"SEU"字样的大小为 32×32 的二值图像，如图 4.38 所示。根据三种算法的水印嵌入流程进行相应的 DCT，然后利用 ST-QIM 算法的量化方法进行水印嵌入。

峰值信噪比用来度量水印的不可见性，误码率用来判断提取水印的恢复程度。为比较不同算法的鲁棒性能，将峰值信噪比固定为 45dB，使得载体图像对水印保持一致的不可见性。本小节利用三种水印算法进行水印嵌入与提取，嵌入水印后的载体图像见图 4.39～图 4.41。

  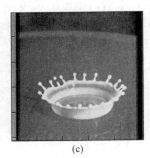

(a)　　　　　　　(b)　　　　　　　(c)　　　　　　　(d)

图 4.38　载体图像与水印图像

图 4.39　STQIM-Single 算法嵌入水印后的载体图像

图 4.40　STQIM-Multi-A 算法嵌入水印后的载体图像

图 4.41　STQIM-Multi-B 算法嵌入水印后的载体图像

　　利用三种算法将水印隐藏到载体图像中，然后对水印载体图像进行攻击处理，如不同比例的 JPEG 压缩、幅度缩放变换、高斯噪声或椒盐噪声干扰，然后从处理后的水印载体图像中将水印提取出来，并计算提取水印的误码率。水印检测结果如图 4.42～图 4.44 所示。

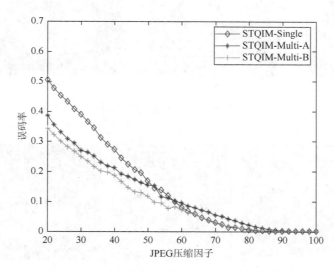

图 4.42　JPEG 压缩后不同算法的水印提取结果

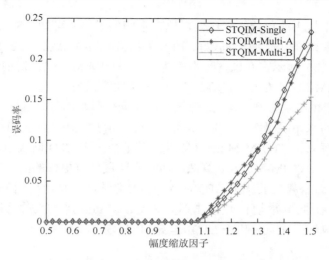

图 4.43　图像幅度缩放后不同算法的水印提取结果

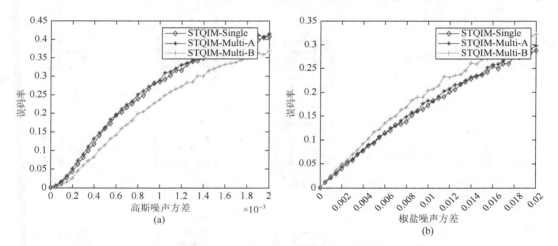

图 4.44　STQIM-Single、STQIM-Multi-A、STQIM-Multi-B 算法的鲁棒性比较

（a）抗高斯噪声的性能；（b）抗椒盐噪声的性能

图 4.42 为 JPEG 压缩后提取水印的误码率结果。从图中可以看出，STQIM-Multi-B 算法的误码率低于 STQIM-Multi-A 算法和 STQIM-Single 算法。这是因为对于 JPEG 压缩来说，主要压缩的是一次 DCT 域的高频部分，由前面的分析可知[24]，STQIM-Multi-B 算法三次 DCT 后，其图像能量集中到左上角，其集中度（85%）要高于 STQIM-Multi-A 算法（72%），因此 STQIM-Multi-B 算法受 JPEG 压缩影响要稍低于 STQIM-Multi-A 算法。

图 4.43 为图像幅度缩放变换后提取水印的误码率结果，因为三种算法都采用了改进 Watson 模型构造投影向量和量化步长，所以它们在图像幅度缩小时提取的水印质量都很高；在图像幅度放大时，会出现"切割失真"现象，使得三种算法提取出的水印误码率都增大。但仍然可以看出，当缩放倍数增大时，STQIM-Multi-B 算法的鲁棒性更优一些。

图 4.44 记录了噪声干扰后，不同算法提取水印的误码率曲线图。图 4.44（a）为三种

算法在高斯噪声干扰下的鲁棒性能比较，比较水印的误码率可知，STQIM-Multi-B 算法提取的水印误码率最低，即鲁棒性较好，而 STQIM-Multi-A 算法与 STQIM-Single 算法性能相当。图 4.44（b）显示在有椒盐噪声干扰时，STQIM-Multi-B 算法提取水印的效果要差一些，而 STQIM-Multi-A 与 STQIM-Single 算法性能相当。

以"Lena"载体图像为例，表 4.6 记录了在不同信号攻击处理后，三种算法提取出的水印图像和相应的水印误码率。由表 4.6 可知，除中值滤波攻击时，STQIM-Multi-A 算法提取水印的误码率低于 STQIM-Multi-B 算法，其他情况下 STQIM-Multi-B 算法提取出的水印误码率都低于 STQIM-Multi-A 算法，而且水印图像有更好的清晰度。因此 STQIM-Multi-B 算法的综合鲁棒性要优于 STQIM-Multi-A 算法，并且明显优于 STQIM-Single 算法。综上所述，在抵抗常规信号攻击时，STQIM-Multi-B 算法的综合鲁棒性要优于 STQIM-Multi-A 算法，而且要优于 STQIM-Single 算法。

表 4.6 不同算法抗攻击水印检测性能比较（PSNR = 45dB）

攻击		STQIM-Single	STQIM-Multi-A	STQIM-Multi-B
放大 1.5 倍	提取的水印			
	BER	0.1436	0.1221	0.0703
压缩 50%	提取的水印			
	BER	0.2451	0.0850	0.0781
压缩 70%	提取的水印			
	BER	0.0166	0.0146	0.0078
高斯噪声	提取的水印			
	BER	0.1377	0.1172	0.0762
高斯滤波	提取的水印			
	BER	0.1084	0.1033	0.0850

攻击		STQIM-Single	STQIM-Multi-A	STQIM-Multi-B
中值滤波	提取的水印			
	BER	0.1051	0.0713	0.0811
剪切	提取的水印			
	BER	0.0449	0.0371	0.0342

4.5　基于混合变换和子块相关的改进 STDM 算法

与 DCT 域相比，离散小波变换域具有良好的时频特性[24]，符合人眼的视觉特征。经过小波变换后，我们将图像分成四个子带，一个低频子带、一个水平子带、一个垂直子带和一个对角子带。在四个子频带中，低频子频带可连续分解。图像的能量集中在低频子带，其他三个子带的能量较小。这意味着低频子带聚集了图像的能量，对外界干扰具有更好的稳定性。

然而，低频子带是原始图像中的低分辨率信息。因此，直接调制低频子带来嵌入水印可能会导致图像的失真。考虑到低频子带中仍有较多细节信息，我们利用 DCT 进一步集中能量。低频子带进行 DCT 后，大部分图像信息集中在低频区域的少量 DCT 系数中。

本节提出了两种改进的基于离散小波变换和离散余弦变换混合的扩展变换抖动调制算法。混合域既具有 DWT 的特性（完美的重构和良好的多分辨率特性），又具有 DCT 特性（去相关和能量压缩）[25]。此外，相邻图像块之间的相关性可以加以应用。提出的两种算法分别被命名为 MSTDM-CO-DD 算法和 MSTDM-PCO-DD 算法。在这两种算法中，首先对图像进行小波分解，并将低频子带分成若干块。MSTDM-CO-DD 算法从前一个块中获取投影向量和量化步长，对后一个块进行调制。因此，MSTDM-CO-DD 算法解决了嵌入和解码之间投影矢量和量化步长的差异问题。该算法要求低频子带相邻块之间的相关性足够高，这在大多数图像中都能满足。针对低频子带内相邻块间相关性较低的特殊图像，在嵌入和解码前对低频子带进行预处理（PCO），以提高相邻块间的相关性。因此，就提出了 MSTDM-PCO-DD 算法。由于采用改进 Watson 模型计算量化步长，发现提出的算法的量化步长随载体图像的亮度自适应地变化。使用常见的主流变换如 DWT 和 DCT，可确保提出的算法对常见的压缩方法，如 JPEG 和 JPEG2000 是鲁棒的。仿真实验的结果证实，提出的算法具有很强的鲁棒性。

4.5.1　算法的理论背景

1. 离散小波变换

2.1.2 小节简介了离散小波变换的基础知识。在小波变换过程中，我们选择四个可分离的滤波器对载波图像进行小波分解。分解后得到 3 个高频子带（LH、HL、HH）和 1 个低频子带（LL），如图 4.45 所示。LL 表示最大尺度和最小分辨率对原图像的最佳近似。LL 的统计特性与原图像相似，图像的大部分能量集中在 LL。高频子带代表了不同尺度和分辨率的细节信息。频带分辨率越低，得到的有用信息就越多。换句话说，最重要的子带是 LL，最不重要的子带是 HH。

(a)　　　　　　　　　　　　　　　(b)

图 4.45　图像的小波分解

（a）原图像；（b）小波分解

2. 离散余弦变换

图像的低频信息大多集中在小波变换的低频子带中。因此，系数的空间分布和统计特性与原始图像相似并高度相关。为了进一步集中图像的能量，对经过离散小波变换后的图像低频子带进行了离散余弦变换。DCT 通常用于图像压缩算法中，本书 2.1.1 小节和文献[26]中给出了二维 DCT 的定义。

4.5.2　基于 DWT 和 DCT 组合变换的两种算法

1. MSTDM-CO-DD 算法

首先，对载波图像进行离散小波变换，将低频子带分成 8×16 像素块，然后将每个块等分成两个子块。对每个子块进行 DCT 后，利用前一子块的位置系数(1, 2), … , (1, 5)；

$(2, 1), \cdots, (2, 4)$；$(3, 1), \cdots, (3, 3)$；$(4, 1), (4, 2), (5, 1)$得到对比度掩蔽阈值 $S_1, S_2, \cdots, S_{14}$。选取后一子块中上述位置对应的系数构成向量 $\boldsymbol{X}$，将掩蔽阈值 $S_1, S_2, \cdots, S_{14}$ 组合成向量 $\boldsymbol{V}$。再将归一化后的向量 $\boldsymbol{V}$ 构成投影向量 $\boldsymbol{S}$。由于使用了前一个图像块的量化步长对后一个图像块进行量化，所以我们保证了嵌入和提取的步长是相同的。计算 $\boldsymbol{X}$ 和 $\boldsymbol{S}$ 的内积，得到要量化的系数 r_X。

量化步长为 $\Delta = G \sum_{i=1}^{14} S_i$。其中 G 为调整嵌入强度的常数，可由用户设置。由于量化步长Δ不随图像的缩放而线性变化，一般 STDM 算法对增益攻击的鲁棒性较差。针对这一问题，对 Watson 模型中的亮度掩蔽阈值进行了改进。因此，当图像的亮度值与β相乘时，STDM 算法的量化步长为其原始值的β倍。量化步长随图像增益线性变化，极大地提高了其抵抗增益攻击的鲁棒性[6, 7]。

1）嵌入过程

应用修正步长Δ_M于 DM 算法的 r_X，得到 $q_E = |r_X|/\Delta_M$，$m_E = \text{round}(q_E)$，$\delta = m_E - q_E$，则，$|\delta| \leqslant 1/2$。

情形 1：$\text{mod}(m_E, 2) = W$，$r = m_E \times \Delta_M$；

情形 2：$\text{mod}(m_E, 2) \neq W$。

（1）如果$\delta \geqslant 0$，$r = (m_E + 1) \times \Delta_M$；

（2）如果$\delta < 0$，$r = (m_E - 1) \times \Delta_M$。

水印向量为 $\boldsymbol{Y} = r\boldsymbol{S} + \boldsymbol{X} - r_X\boldsymbol{S}$。

2）提取过程

提取过程是嵌入的逆过程，只需要根据水印图像计算 r 和Δ_M即可。提取Δ_M的量化步长与嵌入的步长相同。然后，我们得到，$q_D = |r_X|/\Delta_M$，$m_D = \text{round}(q_D)$，$W' = \text{mod}(m_D, 2)$。

2. MSTDM-PCO-DD 算法

MSTDM-CO-DD 算法要求对载体图像进行小波变换后，低频子带的相邻子块之间有较高的相似性。当图像变化平滑时，上述要求在大多数情况下都很容易得到满足，同时这些特征也降低了 MSTDM-CO-DD 算法对 JPEG 压缩的鲁棒性要求。由于 JPEG 压缩，相邻子块之间的相关性降低，我们将在后面的仿真实验中证明这一点。

为了提高相邻子块之间的相关性，在嵌入和提取之前进行了一定的图像重排。对于图 4.46（a）和（b）中相邻图像子块 A 和 B，首先在子块 A 和 B 之间进行隔行交织重排。如图 4.46（c）和（d）所示，分别得到图像子块 A' 和 B'。然后，我们对图像子块 A' 和 B' 的列进行类似的交织重排，得到图像块 A'' 和 B''，如图 4.46（e）和（f）所示。经过行列两次交织重排后，图像块 A'' 和 B'' 之间的相关性得到了增强。

4.5.3　两种算法的性能分析

1. MSTDM-CO-DD 性能分析

STDM 嵌入过程为

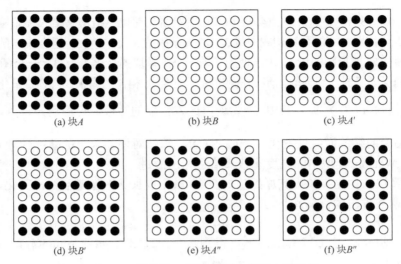

图 4.46　图像块 A 和图像块 B 像素交织重排

$$Y = \begin{cases} X + (Q_0(\langle X, S \rangle) - \langle X, S \rangle)S, & m = 0 \\ X + (Q_1(\langle X, S \rangle) - \langle X, S \rangle)S, & m = 1 \end{cases} \quad (4\text{-}90)$$

其中，$X = \{x_i\}$ 为原始图像系数；$Y = \{y_i\}$ 为水印图像系数；$m = 0$ 或 1 为嵌入的水印信息；$\langle \cdot, \cdot \rangle$ 为欧氏内积运算。量化器 $Q_m(\langle X, S \rangle)$ 为嵌入水印信息 m 的量化器。当 $m = 0$ 或 1 时，分别有两个量化器 $Q_0(\cdot)$ 和 $Q_1(\cdot)$。该算法的失真只存在于投影矢量 S 的方向上。检测器将接收到的矢量投影到 S 方向，以确定使用哪个量化器，Q_0 或者 Q_1。经过这个过程，我们就可以对接收到的图像进行检测并得到水印。对 MSTDM-CO-DD 的性能分析如下（这里使用弧度）。

1）嵌入过程

如图 4.47 所示，给出了二进制调制量化示意图。图 4.47 中的刻度"1"表示使用量化器 $Q_1(\cdot)$ 的量化点，刻度"0"表示使用量化器 $Q_0(\cdot)$ 的量化点。例如，如果我们想将信息 1 嵌入一个子块中，尽管向量 X 到向量 S 的投影接近于刻度"0"，量化器 $Q_1(\cdot)$ 将向量 X 投射到向量 S 上，并产生量化点 P，这是最接近的量化标记 1，根据式（4-90），图 4.47 所示将向量 X 变换为向量 Y 来嵌入该水印信息。向量 Y 到向量 S 的投影是刻度"1"，它是最接近向量 S 的刻度。

2）提取过程

在一般情况下，像 MSTDM-CO-DD 算法从图像参数中提取投影向量时，如果水印图像受到攻击，会发生投影向量旋转。假设向量 Y 在接收端的大小是不变的，分析投影向量旋转的影响。

如图 4.48 所示，假设向量 Y 的长度为 $d = l_{AB}$，向量 Y 与向量 S 的夹角为 θ，在 MSTDM-CO-DD 中 θ 较小。S_1 和 S_2 是两个方向矢量旋转的投影结果。S_1 和 S 的夹角是 α，S_2 和 S 的夹角的绝对值也是 α。其中 AC 长度为 d_C，AD 长度为 d_D，AE 长度为 d_E。当水印图像受到轻微攻击时，通常满足以下条件：

$$\begin{cases} d_C - d_D < 1.5\Delta \\ d_D - d_E < 1.5\Delta \end{cases} \quad (4\text{-}91)$$

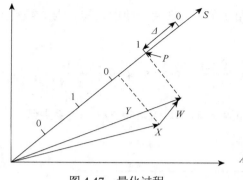

图 4.47　量化过程

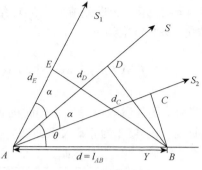

图 4.48　投影向量旋转的影响

因此，水印可以被正确检测的区域为

$$
\begin{cases}
d_C - d_D < 0.5\Delta \\
d_D - d_E < 0.5\Delta
\end{cases}
\tag{4-92}
$$

即

$$
\begin{cases}
d\cos(\theta - \alpha) - d\cos\theta < 0.5\Delta \\
d\cos\theta - d\cos(\theta + \alpha) < 0.5\Delta
\end{cases}
\tag{4-93}
$$

设定 $\begin{cases} 0 < \alpha + \theta < \pi \\ 0 < \theta < \dfrac{\pi}{2} \end{cases}$ ，那么

$$
\begin{cases}
\arccos\left(\dfrac{0.5\Delta}{d} + \cos\theta\right) - \theta < \alpha \\
0 < \arccos\left(\cos\theta - \dfrac{0.5\Delta}{d}\right) - \theta
\end{cases}
$$

则有

$$
\arccos\left(\frac{0.5\Delta}{d} + \cos\theta\right) - \theta < \alpha < \arccos\left(\cos\theta - \frac{0.5\Delta}{d}\right) - \theta
$$

α 所在的区域如图 4.49 所示。在图 4.49 中，我们设置量化步长 Δ 为 10。

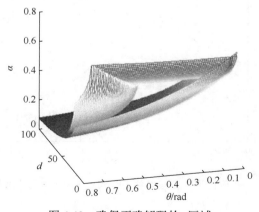

图 4.49　确保正确解码的 α 区域

如图 4.49 所示，无误差解码的旋转角度范围是在两个曲面之间。为了得到正确的水印，旋转角度 α 的范围如下：

$$f_r(\Delta, \theta, d) = \arccos\left(\cos\theta - \frac{0.5\Delta}{d}\right) - \arccos\left(\cos\theta + \frac{0.5\Delta}{d}\right) \qquad (4\text{-}94)$$

其中，f_r 表示从图像参数中提取水印时的正确检测率。图 4.50 为 f_r-Δ 关系曲线。图 4.51 为 f_r-θ 关系曲线。图 4.52 为 f_r-d 关系曲线。

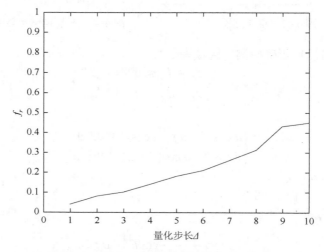

图 4.50　正确检测率 f_r 与量化步长 Δ 的函数关系

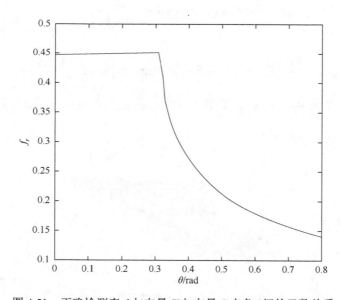

图 4.51　正确检测率 f_r 与向量 $\boldsymbol{Y}$ 与向量 $\boldsymbol{S}$ 夹角 θ 间的函数关系

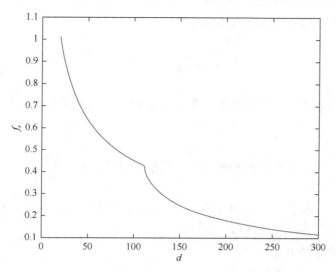

图 4.52　正确检测率 f_r 与向量 Y 长度间函数关系

（1）如图 4.50 所示，随着量化步长的增加，f_r 也随之增加。这意味着如果量化步长增大，可以得到较大的旋转角度 α。结果算法的容错能力增强，算法的鲁棒性提高。然而，在选择量化步长时，必须考虑保真度要求。量化步长不能选得太大。

（2）如图 4.51 所示，当 θ 位于 0～0.31rad 时，正确检测率 f_r 保持不变。但是，当 θ 大于 0.31rad 时，f_r 急剧下降。因为向量 X 和向量 Y 的夹角很小，所以向量 X 和向量 S 的夹角很接近向量 Y 和向量 S 的夹角。也就是说，嵌入水印时，投影向量和原始图像向量的夹角不能选得太大。如果向量 X 与向量 S 接近平行关系，即向量 X 与向量 S 的夹角很小，则检测时不会出现误差。但是，当向量 X 与向量 S 的夹角较大时，水印算法的容错性下降。这就是我们在 MSTDM-CO-DD 算法中选择一个平行投影向量的原因。

（3）由图 4.52 可知，f_r 随 d 的增大而减小。其原因与 f_r 和 Δ 之间的关系本质上相同。当量化步长一定时，算法的嵌入强度随着 d 的增大而减小，容错性降低，算法的鲁棒性降低。

2. MSTDM-PCO-DD 性能分析

基于量化投影方法[13, 27]，分析 MSTDM-PCO-DD 算法的性能。投影函数是水印图像和水印之间的加权互相关，因此投影 r 计算如下：

$$r = \sum_{k=1}^{L} y(k)s(k) = r_X + r_W \tag{4-95}$$

其中，r_W 表示投影水印，计算如下：

$$r_W = \sum_{k=1}^{L} W(k)s(k) \tag{4-96}$$

并具有与投影宿主图像 r_X 类似的定义如下：

$$r_X = \sum_{k=1}^{L} X(k)s(k) \tag{4-97}$$

注意向量 S 的所有元素是统计独立的，$E(s(k)) = 1/L$，其中 $L = |S|$。那么，我们可以得到

$$D_W = \frac{1}{L}\sum_{k=1}^{L} E(W^2(k)) = E(r_W^2)\sum_{k=1}^{L}(s^2(k)) = \frac{E(r_W^2)}{L} \tag{4-98}$$

由于 $s(k)$，$k \in S$ 的统计独立性以及中心极限定理（CLT），r_X 的均值为零，方差为 $\sigma_{r_X}^2 = \sigma_X^2$，当 L 足够大时，$\sigma_X^2 = E(x^2(k))$。

假设水印概率取值 0 或 1，则

$$E(r_W^2) = \frac{E(r_W^2 \mid b=1) + E(r_W^2 \mid b=0)}{2} \tag{4-99}$$

根据参考文献[28]的推导结果，加上通信信道存在加性噪声，且噪声向量独立同分布，嵌入水印和提取水印的归一化相关系数 NC 计算如下：

$$\text{NC} = 1 - 2P_e = 1 - 4\sum_{k=0}^{\infty}\left(Q\left(\frac{(4k+1)\Delta}{2\sigma_n}\right) - Q\left(\frac{(4k+3)\Delta}{2\sigma_n}\right)\right) \tag{4-100}$$

经过进一步推导有

$$\text{NC} \approx 1 - 4Q\left(\frac{\Delta}{2\sigma_n}\right) = 1 - 4Q\left(\frac{\xi \cdot \tau}{2}\right) \tag{4-101}$$

其中，ξ 是水印噪声比（WNR）。

最后，可以推导出，对于不同的增益因子 G，NC 是一个常数，这意味着 MSTDM-PCO-DD 算法对增益攻击具有鲁棒性。

4.5.4 仿真实验结果及讨论

1. 对高斯噪声的鲁棒性

图 4.53 显示了三种算法对高斯噪声的鲁棒性。MSTDM-CO-DD 和 MSTDM-PCO-DD 在低噪声下性能接近，比 MSTDM 更鲁棒。小波域的多分辨率特性使得其低频子带比 DCT 域的低频系数更重要、更稳定，而且 DWT 与 DCT 组合变换的低频区系数比 DWT 的低频子带系数更鲁棒，我们发现 DWT-DCT 的性能优于 DCT。在噪声强度高的情况下，这三种算法的性能都严重恶化，且 NC 值都较低，下降快。

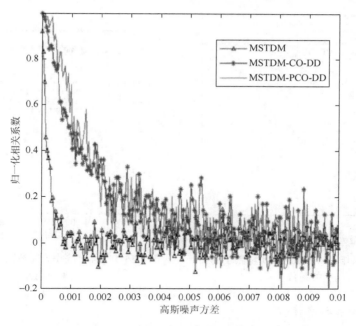

图 4.53　三种算法在加性高斯白噪声情形下的归一化相关系数

2. 对 JPEG 压缩的鲁棒性

图 4.54 显示了对不同压缩因子下 JPEG 压缩的鲁棒性。MSTDM-CO-DD 和 MSTDM-PCO-DD 的性能非常接近。当 JPEG 压缩质量因子大于 40 时，水印的提取几乎没有误差。相比之下，MSTDM 算法的性能较差。

3. 对增益攻击的鲁棒性

图 4.55 显示了三种算法对增益攻击的鲁棒性。当缩放因子在 0.24～1.2 范围内时，MSTDM-CO-DD 的归一化相关系数为 1。当缩放因子在 0.12～1.24 区域时，MSTDM-PCO-DD 的归一化相关系数为 1。虽然 MSTDM 对获得攻击具有鲁棒性，但由于嵌入和提取的量化步长的差别，其 NC 值不能达到 1。这表明我们提出的两种算法对增益攻击都具有较好的鲁棒性，优于 MSTDM 算法。

4. 对旋转攻击的鲁棒性

图 4.56 显示了三种不同算法对旋转攻击的鲁棒性，其中横轴为逆时针旋转角度。首先，我们对图像进行逆时针旋转，为了保持图像的大小，我们必须从图像上切掉一部分。同时，图像需要反向旋转，以恢复原来的方向。这种旋转攻击的性质与剪切攻击相似，当旋转角度很小时，对图像的影响不大。但当旋转角度过大时，两种算法的性能会下降。从图 4.56 中可以看出，我们的两种算法都比 MSTDM 算法具有更好的鲁棒性。

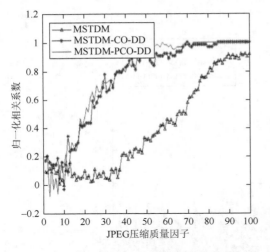 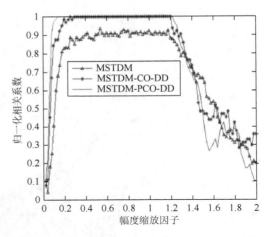

图 4.54　三种算法作为 JPEG 压缩质量因子的归一　　　　图 4.55　三种算法作为缩放因子的归一化相关
化相关系数　　　　　　　　　　　　　　　系数

5. 对缩放攻击的鲁棒性

图 4.57 显示三种算法对缩放攻击的鲁棒性，其中横轴为缩放因子。首先将水印图像缩小为原图像的 50%，然后将水印图像放大到原始大小以提取水印。从图 4.57 可以看出，MSTDM-CO-DD 和 MSTDM-PCO-DD 的性能非常接近。当缩放因子大于 0.5 时，几乎没有误差地提取水印。相比之下，MSTDM 算法的性能较差。当缩放因子减小时，MSTDM 的鲁棒性急剧下降。

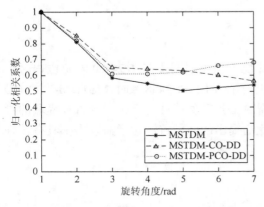 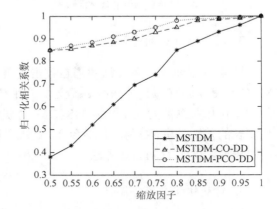

图 4.56　三种算法随旋转角度的归一化相关系数　　　图 4.57　三种算法作为缩放因子的归一化相关
系数

6. 对中值滤波的鲁棒性

图 4.58 显示了三种算法对中值滤波的鲁棒性，其中横轴为窗口大小。这三种算法的性能随窗口大小的增大而线性下降。从图 4.58 可以看出，我们的两种算法都比 MSTDM 算法具有更好的鲁棒性。

7. 对高斯低通滤波的鲁棒性

图 4.59 显示了不同算法对高斯低通滤波器的鲁棒性，其中横轴为窗口大小。本实验的高斯标准差为 0.5。根据图 4.59，可以发现 MSTDM-CO-DD 和 MSTDM-PCO-DD 的性能非常接近。随着窗口的增大，水印的提取几乎没有误差。MSTDM-CO-DD 算法归一化相关收敛性为 0.97，MSTDM-PCO-DD 算法归一化相关收敛性为 0.98。MSTDM 算法鲁棒性较差，归一化相关收敛性为 0.7。

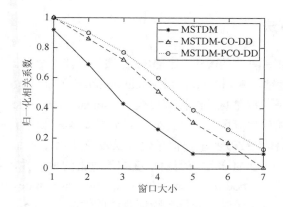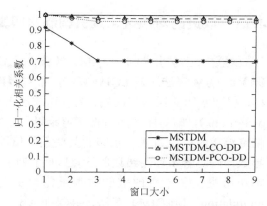

图 4.58　三种算法中值滤波器窗口大小的归一化　　　图 4.59　三种算法随高斯低通滤波器的窗口大小
　　　　　　相关系数　　　　　　　　　　　　　　　　　　的归一化相关系数

8. 对椒盐噪声和剪切攻击的鲁棒性

表 4.7 显示了不同算法对剪切攻击和椒盐噪声攻击的鲁棒性。在剪切过程中，我们把带有水印的图像切掉了 1/4。在椒盐噪声中，我们将噪声密度设置为 0.005。在这两种攻击下，MSTDM-PCO-DD 算法表现最好。

表 4.7　三种算法对剪切攻击和椒盐噪声的鲁棒性

攻击类型	MSTDM	MSTDM-CO-DD	MSTDM-PCO-DD
1/4 剪切攻击	0.79	0.75	0.86
椒盐噪声 0.005	0.68	0.55	0.73

4.6　基于视觉显著性和轮廓波变换对数量化索引调制水印算法

本节提出的基于视觉显著性和轮廓波变换的改进的对数量化索引调制水印算法分为水印嵌入算法和水印提取算法。在水印嵌入算法中，首先对载体图像分别进行显著性检测以及轮廓波变换，并对变换后的低通子带进行分块，根据块内的显著性值以及能量分布决定每一块的量化步长，并作为密钥发送给接收方。同时，为了获得对幅度缩放攻击的鲁棒性，改进了对数量化索引调制算法；再利用改进后的对数量化索引调制算法将水印比特嵌入低通子带块的最大奇异值中，并通过轮廓波逆变换得到嵌入水印后的载体图像；在水印提取算法中，对受攻击后的载体图像进行同样的轮廓波变换和低通子带分块，利用接收的密钥确定每一块的量化步长，并利用改进的对数量化索引调制算法从低通子带块的最大奇异值中提取水印比特，恢复出水印图像。本节重点研究了如何改进对数量化索引调制、如何确定量化步长以及如何选择嵌入位置三个问题。

4.6.1　改进的对数量化索引调制水印算法

对数量化索引调制（LQIM）算法[28]是 QIM 算法的改进，比 QIM 算法的鲁棒性更强。但无论 QIM 算法还是 LQIM 算法，都对幅度缩放攻击（amplitude scaling attack）非常敏感，提取水印的误码率很大。幅度缩放攻击是一种常见的线性幅度失真（linear valumetric distortions），即对图像所有像素值乘以一个缩放尺度因子 β。当对含水印的载体图像进行幅度缩放时，负责嵌入水印的某些系数值同样也被改变了，但量化步长没有变化，从而导致译码时容易使用错误的量化区间。为了使 LQIM 算法获得对幅度缩放攻击的鲁棒性，本小节提出了一种改进的对数量化索引调制（modified logarithmic quantization index modulation，MLQIM）算法，并将在 4.6.6 小节中通过实验仿真验证算法的性能。

早期的 QIM 相关算法都是基于均匀量化，即选择统一量化步长。均匀量化有两个很明显的缺陷，一是对大量嵌入水印的信号取平均（即合谋攻击）后可以轻易地抹除水印信息；二是忽略了载体信号的感知特性，载体信号分布通常是不均匀的，若水印能量均匀地分布在载体信号上，可能会导致某些区域上视觉失真。

为了解决这个问题，Comesana 等[29]提出了一种在对数域中的量化水印算法。该算法使用了一个简单的对数函数，即 $f(x)=\ln(|x|)$ 来帮助量化。这种算法的基本思想为通过对数函数将载体信号转化到对数域，再对数域中进行均匀量化水印嵌入，之后再利用反对数函数将对数域中嵌入水印的载体信号转化为原始域中的载体信号。然而，这个对数函数有一定的缺陷，即对小幅度的量化步长很小，即使强度很小的攻击也容易导致译码错误。而且值为 0 的原始信号是存在的，但在对数域中 0 没有定义。

Kalantari 等[28]对此做了进一步的改进，提出了对数量化索引调制算法。该算法使用了一种基于 μ 律的对数函数对载体信号进行对数变换，即式（4-102）。即使原始载体信号的范围极大，也能使大部分信号的量化结果在[0, 1]区间内。

$$c=\frac{\ln\left(1+\mu\dfrac{|x|}{X_s}\right)}{\ln(1+\mu)},\quad \mu>0; X_s>0 \tag{4-102}$$

其中，μ 是压缩因子，代表着压缩等级；x 是负责嵌入水印的载体信号；c 为对数变换后得到的信号；X_s 表示和载体信号成比例的一个正数。X_s 的最佳取值是能使绝大多数载体信号转换到[0, 1]区间中的值。图 4.60 反映了不同 μ 值下，式（4-102）的曲线示意图。可以看出，当 μ 的值很小时，对数函数近似于恒等函数；当 μ 的值很大时，对数函数近

似于 $f(x) = \ln(|x|)$。基于 μ 律的对数函数的使用，较小信号具有较大的量化步长，较大信号具有较小的量化步长，即使嵌入很强的水印也不会导致较大的视觉失真。

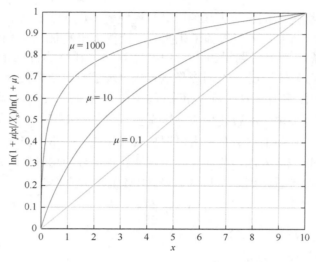

图 4.60　基于 μ 律的对数函数曲线图

在对数域中对 c 可利用式（4-103）进行均匀量化：

$$c_w = Q_b(c, \Delta) = \text{round}\left(\frac{c + b\Delta}{2\Delta}\right) \times 2\Delta - b\Delta \qquad (4\text{-}103)$$

其中，round（·）为四舍五入运算；b 为嵌入的水印 0～1 比特；Δ 为固定的量化步长；c_w 为经过量化后的信号。然后对 c_w 进行对数逆变换，得到原始域中含水印的载体信号 x_w。对数逆变换函数为

$$x_w = \text{sgn}(x) \frac{X_s}{\mu}((1 + \mu)^{c_w} - 1) \qquad (4\text{-}104)$$

其中，sgn（·）表示取符号函数。含水印的载体信号 x_w 在传输的过程中可能会遭到攻击，记水印提取时检测到的载体信号为 x'。对 x' 进行对数变换得到 c'，再利用欧氏距离译码器提取水印信息 b'：

$$c' = \frac{\ln\left(1 + \mu \dfrac{|x'|}{X_s}\right)}{\ln(1 + \mu)} \qquad (4\text{-}105)$$

$$b' = \arg\min_{b' \in \{0,1\}} |c' - Q_{b'}(c', \Delta)| \qquad (4\text{-}106)$$

实验结果表明，LQIM 算法的鲁棒性要优于 QIM 算法以及 Comesana 等[29]提出的对数量化算法。但是，LQIM 算法对幅度缩放攻击异常敏感。当对含水印的载体信号 x_w 进行幅度缩放，即乘上缩放尺度因子 β 时，水印提取时检测到的载体信号为 βx_w，代入式（4-105），得到

$$c' = \frac{\ln\left(1 + \mu\dfrac{|\beta x_w|}{X_s}\right)}{\ln(1+\mu)} = \frac{\ln\left(1 + \beta\mu\dfrac{|x_w|}{X_s}\right)}{\ln(1+\mu)} \qquad (4\text{-}107)$$

容易看出，根据式（4-102）计算的 c 值与根据式（4-107）计算 c' 值相差较大。导致进行最小距离译码时容易掉入错误的量化区间，使得水印提取产生错误。

Wan 等[18]为解决这个问题提出了一种改进方法：计算图像的平均亮度 C_0，并将式（4-102）中的 X_s 替换为 C_0。在对图像进行幅度缩放时，载体信号 x 和图像的平均亮度 C_0 均乘上相同的比例因子 β，两者相除可以约去。然而，使用 C_0 代替 X_s，可能会导致一个问题，即不能使绝大多数载体信号转换到[0, 1]区间中。

本小节提出了一种新的对数量化索引调制改进算法，即 MLQIM 算法。针对分块嵌入的水印算法，可以在嵌入水印前计算各个块的载体信号的均值 $\bar{x}$，并乘上系数 2 以保证大多数载体信号会被量化到[0, 1]区间。MLQIM 的对数变换式为

$$c = \frac{\ln\left(1 + \mu\dfrac{|x|}{2\bar{x}}\right)}{\ln(1+\mu)}, \quad \mu > 0 \qquad (4\text{-}108)$$

对数逆变换函数也相应地改为

$$x_w = \operatorname{sgn}(x)\frac{2\bar{x}}{\mu}((1+\mu)^{c_w} - 1) \qquad (4\text{-}109)$$

在水印提取端，同样计算各个块的载体信号的均值的 2 倍，记为 $2\bar{x}'$，替换 X_s 代入式（4-105）和式（4-106）中进行译码。在对图像进行幅度缩放时，载体信号以及载体信号的均值均乘上了相同的比例因子 β，即

$$c' = \frac{\ln\left(1 + \mu\dfrac{|\beta x|}{2\beta\bar{x}'}\right)}{\ln(1+\mu)} = \frac{\ln\left(1 + \mu\dfrac{|x|}{2\bar{x}'}\right)}{\ln(1+\mu)} \qquad (4\text{-}110)$$

当嵌入的水印导致的载体信号的失真与载体信号本身相比很小时，如在本节提出的算法中，$x/(2\bar{x})$ 与 $x'/(2\bar{x}')$ 相差极小，根据式（4-108）计算的 c 值与根据式（4-110）计算的 c' 值基本一致，能够实现水印的正确提取。在 4.6.6 节中，通过实验仿真也验证了改进的对数量化索引调制算法对幅度缩放攻击的鲁棒性。

4.6.2　量化步长的选择

量化步长是量化索引调制相关算法中最重要的一个参数。为方便讨论，假设载体信号 x 在区间 $[2k\Delta, (2k+1)\Delta)$ 上，其中 k 为整数。对 x 采用式（4-103）进行量化，若水印比特 b 为 1，x 被量化为 $(2k+1)\Delta$；若水印比特 b 为 0，x 被量化为 $2k\Delta$。量化引起的最大失真即为 Δ，因此大的 Δ 值会导致比较大的量化失真。译码时，只要因水印攻击导致的载体信号变化量在区间 $(2l\Delta - \Delta/2, 2l\Delta + \Delta/2]$ 内（l 为任意整数），水印就可以被正确提取。可以只考虑 l 为 0 的情形，即区间 $(-\Delta/2, \Delta/2]$。显然，Δ 越大，区间 $(-\Delta/2, \Delta/2]$ 就越大，攻击引起的变化量在此区间的概率就越高。因此，大的 Δ 值会增强水印的鲁棒性。

　　总的来说，若量化步长过大，虽然水印的鲁棒性得到提高，但水印的不可感知性会显著降低；若量化步长过小，则情况相反。因此，量化步长的选择要十分慎重。本节提出的基于视觉显著性和轮廓波变换的改进的对数量化索引调制水印算法，为了均衡水印的不可感知性和鲁棒性，根据图像块的显著性值以及块内的能量分布决定了每一块的量化步长，实现了水印的自适应嵌入。

　　首先考虑视觉显著性对图像块量化步长的影响。显著性检测可以定位出最吸引人视觉注意的区域，得到相对应的显著性图。本节选择采用文献[30]所提出的双向信息传递模型进行显著性检测，以得到载体图像的显著性图，记为 S。显著性图由原图像中每一像素的显著性值构成。而显著性值通常为[0, 255]区间的整数，主要由颜色、梯度、边缘、边界等图像属性决定。显著性值的大小反映了该像素对人视觉的吸引能力，值越大，则表示该像素点越能引起人的视觉注意。

　　根据所需要嵌入的水印比特数，将载体图像的显著性图 S 分成大小为 $B \times B$ 的、互不重叠的小块，并选择用各图像块显著性值的均值 $\overline{S}$ 来反映图像块的显著性。图像块的 $\overline{S}$ 越大，表示该图像块越显著，越能引起人的视觉注意。而水印的不可感知性则要求水印在感官上是不可感知的。因此，$\overline{S}$ 较大的图像块应考虑使用较小的量化步长，以满足水印的不可感知性；$\overline{S}$ 较小的图像块应考虑使用较大的量化步长，以提高水印的鲁棒性。记由显著性值决定的量化步长为 $\varDelta_S$。那么，图像块显著性值的均值 $\overline{S}$ 应与量化步长 $\varDelta_S$ 呈负相关。可采用式（4-111）决定 $\varDelta_S$：

$$\varDelta_S = k_1 \times \frac{1}{\overline{S} + \delta} + \varDelta_1 \tag{4-111}$$

其中，k_1 为权重系数；$\varDelta_1$ 为基础的量化步长；δ 为避免 $\overline{S}$ 为 0 所添加的常数，这里取 δ 为 1。

　　接下来考虑图像块能量分布对图像块量化步长的影响。图像块的能量越大，表明该图像块的纹理等细节越丰富，视觉掩蔽性就越强，可以采用大的量化步长以提高水印的鲁棒性。图像块的能量越小，表明该图像块越平坦，视觉隐蔽性就越差，应降低量化步长以提高水印的不可感知性。记由能量分布决定的量化步长为 $\varDelta_E$。

　　本节所提算法对载体图像进行轮廓波变换，可以得到载体图像的一个低通子带，记为 I_0。把 I_0 分为大小为 $B' \times B'$ 的、互不重叠的 M 个小块，记为 $L^1, L^2, \cdots, L^M$。计算各块的低通子带系数平方的均值，即为该图像块的能量 E。第 i 个图像块的能量 E^i 为

$$E^i = \frac{\sum_{m=1}^{B'} \sum_{n=1}^{B'} L^i(m,n)}{B' \times B'} \tag{4-112}$$

　　根据上述分析，各图像块的能量 E 应与量化步长 $\varDelta_E$ 呈正相关。可采用式（4-113）决定 $\varDelta_E$：

$$\varDelta_E = k_2 \log_2 E + \varDelta_2 \tag{4-113}$$

其中，k_2 为权重系数；$\varDelta_2$ 为基础的量化步长，对数运算将频域系数的指数增长转变为线性增长方式，更符合人的视觉特性[31]。

综合考虑视觉显著性以及能量分布两方面因素。本节所提算法，使载体图像分块、显著性图的分块、低通子带的分块保持一致，即每一个载体图像小块对应着一个显著性图的小块、一个低通子带的小块。那么，第 i 个图像块的量化步长 Δ^i 应由对应的显著性图块决定的量化步长 Δ_S^i、对应的低通子带块能量决定的量化步长 Δ_E^i 共同决定。可以通过简单的两者相加实现：

$$\Delta^i = \Delta_S^i + \Delta_E^i = k_1 \times \frac{1}{\overline{S}^i + \delta} + k_2 \log_2 E^i + \Delta_0 \qquad (4\text{-}114)$$

其中，$\overline{S}^i$ 为第 i 个图像块显著性值的均值；E^i 为第 i 个图像块的能量；Δ_0 为基础量化步长。在本节，取 $k_1 = 0.001$，$k_2 = 0.0001$。

4.6.3　嵌入位置的选择

嵌入位置的选择对水印算法性能起到了关键性的作用。如果选择在载体图像的高频分量嵌入水印，虽然引起的视觉失真很小，但鲁棒性不强，尤其是对 JPEG 压缩这类对高频分量影响较大的攻击异常敏感。本小节为了在轮廓波域选择合适的嵌入位置，对载体图像进行了 3 层非下采样轮廓波变换，分别取 2 方向、4 方向、8 方向，得到一个低通子带 I_0，两个第一层带通子带 d_1^1 和 d_1^2，四个第二层带通子带 $d_2^1, \cdots, d_2^4$ 以及八个第三层带通子带 $d_3^1, \cdots, d_3^8$。为方便讨论，引入（1）～（6）。

（1）选择低通子带 I_0，并在低通子带块的最大奇异值中嵌入水印的算法为算法 I；

（2）选择低通子带 I_0，并直接在低通子带块中嵌入水印的算法为算法 II；

（3）选择第一层带通子带 d_1^1，并在带通子带块的最大奇异值中嵌入水印的算法为算法III；

（4）选择第一层带通子带 d_1^1，并直接在带通子带块中嵌入水印的算法为算法IV；

（5）选择第二层带通子带 d_2^3（因 d_2^1 和 d_2^2 存在复数，故弃用），并直接在带通子带块中嵌入水印的算法为算法V；

（6）选择第三层带通子带 d_3^1，并直接在带通子带块中嵌入水印的算法为算法VI。

这里选择奇异值的原因是奇异值反映了图像的内在特性，稳定性比较好，在小的扰动下图像的奇异值不会发生大的变化[32, 33]。因此本节考虑了在低通子带块和第一层带通子带的最大奇异值中嵌入水印，但第二层、第三层带通子带受扰动影响较大，奇异值相对不稳定，所以不考虑在二者的奇异值中添加水印。

图 4.61 给出了 512×512 大小的"Lena"灰度图像使用六种算法在不同品质因数（quality factor，QF）的 JPEG 压缩下（图（a））、不同强度的高斯噪声下（图（b））、不同强度的椒盐噪声下（图（c））提取水印的误码率。水印信息为随机生成的 1024bit 二值伪随机序列，并采用 4.6.1 节提出的 MLQIM 算法嵌入水印，设压缩因子 μ 为 6，并采用 4.6.2 节的方法确定每一块的量化步长。调节基础量化步长 Δ_0 使得各算法嵌入水印后图像的峰值信噪比均为 42dB。

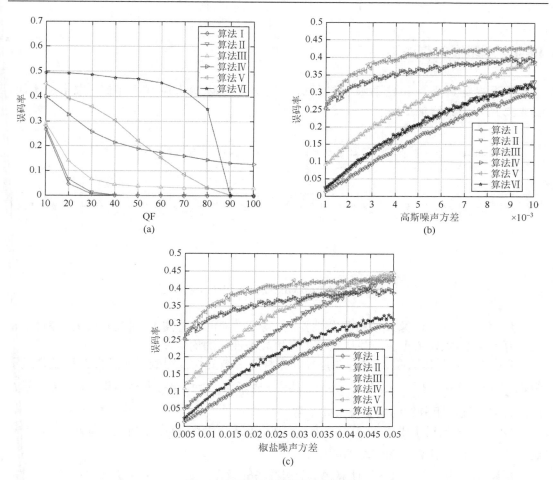

图 4.61　引入六种算法的实验对比

（a）JPEG 压缩实验对比；（b）高斯噪声实验对比；（c）椒盐噪声实验对比

容易看出，在三种攻击下算法Ⅰ的误码率均最低，鲁棒性最强。三种攻击下算法Ⅰ的误码率均低于算法Ⅱ，算法Ⅲ的误码率均低于算法Ⅳ，这反映了使用子带块的最大奇异值确实提升了算法的鲁棒性，说明噪声等攻击对子带块的最大奇异值的扰动要小于对子带块自身的扰动，验证了奇异值的稳定性；选择低通子带嵌入的算法Ⅰ和算法Ⅱ综合来看也要优于选择带通子带的算法Ⅲ～算法Ⅵ，体现了在保证水印不可见性一致的前提下，低通子带对攻击最不敏感；选择第三层带通子带嵌入的算法Ⅵ对高斯噪声、椒盐噪声的鲁棒性较好，仅次于算法Ⅰ，但对 JPEG 压缩的鲁棒性在六种算法中最差，这是因为将水印嵌在高频子带，引起的视觉失真极小，可以用较大的量化步长嵌入，从而提升了算法的鲁棒性，但 JPEG 压缩会压缩掉这些高频分量，导致产生较大的误码率；选择第一层带通子带嵌入的算法Ⅲ和算法Ⅳ的性能相对来说不太理想；选择在第二层带通子带嵌入的算法Ⅴ的鲁棒性最差。

根据本小节的分析，由于其出色的鲁棒性，选择低通子带块的最大奇异值作为本节所提算法嵌入水印的位置。4.6.4 小节和 4.6.5 小节将介绍所提的具体嵌入算法和提取算法。

4.6.4　水印嵌入算法

基于视觉显著性和轮廓波变换的改进的对数量化索引调制水印嵌入算法框图如图 4.62 所示，具体步骤如下。

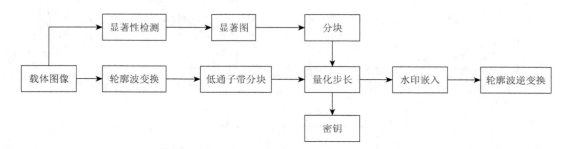

图 4.62　VS-CT-MLQIM 算法水印嵌入算法框图

步骤 1：对载体图像 X 进行显著性检测，得到对应的显著图 S，将其分成大小为 $B \times B$ 的、互不重叠的 M 个小块，并计算各图像块显著性值的均值 $\overline{S}$。

步骤 2：对载体图像 X 进行 3 层非下采样轮廓波变换，得到低通子带 I_0 以及带通子带 d_j^k（$k = 0,1,\cdots,2^{l_j-1}$，$j = 1,2,\cdots,J$），其中 j 表示第 j 级拉普拉斯金字塔分解，k 表示 l_j 层的方向滤波器组分解的第 k 个方向子带。

步骤 3：将低通子带 I_0 分成大小为 $B' \times B'$、互不重叠的 M 个小块，记为 $L^1, L^2, \cdots, L^M$。利用式（4-112）计算各图像块的能量 E。

步骤 4：利用式（4-114）计算第 i 个图像块的量化步长 Δ^i，为了提高系统的安全性，将其作为密钥。

步骤 5：对第 i 个低通子带块 $L^i \in \mathbf{R}^{B' \times B'}$ 进行奇异值分解：

$$L^i = U^i \Sigma^i V^{i\,\mathrm{T}} \tag{4-115}$$

其中，$U^i \in \mathbf{R}^{B' \times B'}$ 和 $V^i \in \mathbf{R}^{B' \times B'}$ 为分解得到的酉矩阵；上标 T 表示转置符号；$\Sigma^i \in \mathbf{R}^{B' \times B'}$ 为分解得到的对角矩阵，对角线上的元素即为 L^i 的奇异值，记最大的奇异值为 σ^i。

步骤 6：利用改进的对数量化索引调制算法嵌入水印。计算所有低通子带块最大奇异值 σ^i 的均值，记为 $\overline{\sigma}$，利用式（4-116）～式（4-118）将水印比特嵌入第 i 个低通子带块：

$$c = \frac{\ln\left(1 + \mu \dfrac{|\sigma^i|}{2\overline{\sigma}}\right)}{\ln(1+\mu)} \tag{4-116}$$

$$c_w = Q_{b^i}(c, \Delta^i) = \mathrm{round}\left(\frac{c + b^i \Delta^i}{2\Delta^i}\right) \times 2\Delta^i - b^i \Delta^i \tag{4-117}$$

$$\sigma_w^i = \mathrm{sgn}(\sigma^i)\frac{2\overline{\sigma}}{\mu}\left((1+\mu)^{c_w} - 1\right) \tag{4-118}$$

其中，μ 为压缩因子；$b^i \in \{0,1\}$ 为第 i 个低通子带块中所要嵌入的水印比特；σ_w^i 即为嵌入水印后的奇异值。

步骤 7：将 $\boldsymbol{\Sigma}^i$ 中的最大奇异值 σ^i 替换为嵌入水印后的奇异值 σ_w^i，得到嵌入水印后的对角矩阵 $\boldsymbol{\Sigma}_w^i$，代入式（4-115），得到嵌入水印后的第 i 个低通子带块 $\boldsymbol{L}_w^i$，即

$$\boldsymbol{L}_w^i = \boldsymbol{U}^i \boldsymbol{\Sigma}_w^i \boldsymbol{V}^{i\mathrm{T}} \tag{4-119}$$

步骤 8：将各嵌入水印后的低通子带块组合，并进行轮廓波逆变换，得到嵌入水印后的载体图像 $\boldsymbol{X}_w$。

4.6.5　水印提取算法

基于视觉显著性和轮廓波变换的改进的对数量化索引调制水印提取算法框图如图 4.62 所示，具体步骤如下。

图 4.63　VS-CT-MLQIM 算法水印提取算法框图

步骤 1：对接收的图像 $\boldsymbol{X}'$ 进行与嵌入阶段相同的 3 层非下采样轮廓波变换，得到低通子带 $\boldsymbol{I}_0'$，将其分成大小为 $B' \times B'$ 的 M 个小块，记为 $\boldsymbol{L}^{1'}, \boldsymbol{L}^{2'}, \cdots, \boldsymbol{L}^{M'}$。

步骤 2：对第 i 个低通子带块 $\boldsymbol{L}^{i'}$ 根据式（4-115）进行奇异值分解，得到最大奇异值 $\sigma^{i'}$。

步骤 3：接收发送端传输的密钥，得到第 i 个图像块的量化步长 Δ^i。

步骤 4：计算所有低通子带块最大奇异值 $\sigma^{i'}$ 的均值，记为 $\bar{\sigma}'$，利用式（4-120）和式（4-121）提取第 i 个图像块的水印比特 $b^{i'}$：

$$c' = \frac{\ln\left(1 + \mu \dfrac{|\sigma^{i'}|}{2\bar{\sigma}'}\right)}{\ln(1+\mu)} \tag{4-120}$$

$$\begin{aligned} b^{i'} &= \arg\min_{b^{i'}\in\{0,1\}} |c' - Q_{b^{i'}}(c',\Delta^i)| \\ &= \arg\min_{b^{i'}\in\{0,1\}} |c' - (\mathrm{round}\left(\frac{c'+b^{i'}\Delta^i}{2\Delta^i}\right) \times 2\Delta^i - b^{i'}\Delta^i)| \end{aligned} \tag{4-121}$$

步骤 5：将各低通子带块提取出的水印比特组合成为提取出的水印图像。

4.6.6　实验仿真与分析

基于视觉显著性和轮廓波变换的改进的对数量化索引调制水印算法，改进了对数量

化索引调制算法，根据图像块内的显著性值以及能量分布决定每一块的量化步长问题，选择将水印比特嵌入低通子带块的最大奇异值中。本节为了验证所提算法的不可感知性、鲁棒性、轮廓波变换以及视觉显著性的有效性，进行了一系列实验仿真。为了方便说明，在本节中，将所提算法称为 VS-CT-MLQIM 算法。

本节所有实验均以 MATLAB 2016a 为平台得到。水印信息为随机生成的二值伪随机序列或如图 4.64 所示的大小为 32×32 的东南大学"SEU" 0~1 水印图像。载体图像为 4 幅具有不同纹理特征的大小为 512×512 的 8bit 灰度图像，包括 Lena、Peppers、Baboon 以及 Barbara 图像，如图 4.65（a）~（d）所示。4 幅载体图像经双向信息传递模型[30]得到的显著图如图 4.65（e）~（h）所示，可以看出此模型很好地检测出了图像的显著性区域，设置显著图分块大小为 16×16。3 层非下采样轮廓波变换采用的拉普拉斯金字塔滤波器结构以及方向滤波器组均为"pkva"滤波器，并设置 64×64 的低通子带的分块大小为 2×2。

图 4.64   "SEU" 水印图像

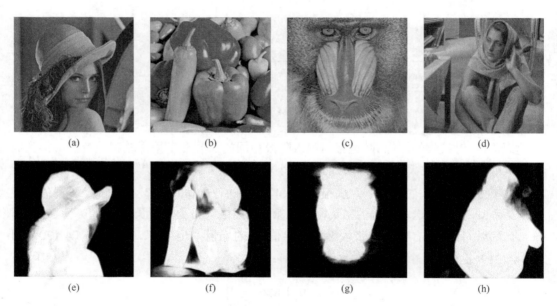

图 4.65   载体图像与对应的显著性图

（a）~（d）载体图像；（e）~（h）对应的显著性图

4.6.7   不可感知性

VS-CT-MLQIM 算法可以通过基础量化步长 Δ_0 调节嵌入水印的强度，从而获得良好的不可感知性。在此小节中，使用 VS-CT-MLQIM 算法将 1024bit 的二值"SEU"水印图像分别嵌入四幅载体图像中，并通过基础量化步长 Δ_0 使得嵌入水印后图像的峰值信噪比均为 42dB。嵌入水印的图像如图 4.66 所示，主观上看均有良好的视觉效果，人眼很难分辨出载体图像中是否嵌入了水印。

(a)　　　　　　　　　(b)　　　　　　　　　(c)　　　　　　　　　(d)

图 4.66　VS-CT-MLQIM 算法嵌入水印后的载体图像

再使用 SSIM 指数衡量原始载体图像以及嵌入水印后图像的相似程度。具体计算见式（4-122）。四幅图像的 SSIM 指数如表 4.8 所示。

$$\text{SSIM}(\boldsymbol{x}, \boldsymbol{y}) = \frac{(2\mu_x \mu_y + C_1)(2\sigma_{xy} + C_2)}{(\mu_x^2 + \mu_y^2 + C_1)(\sigma_x^2 + \sigma_y^2 + C_2)} \tag{4-122}$$

表 4.8　VS-CT-MLQIM 算法嵌入水印后四幅图像的 SSIM 指数

图像	SSIM
Lena	0.9954
Peppers	0.9993
Baboon	0.9989
Barbara	0.9991

SSIM 指数的范围在区间[0, 1]内，数值越大表示两幅图像越相似，数值为 1 时，代表两幅图像完全一致。四幅图像的 SSIM 指数均在 0.99 以上，且接近 1，表明嵌入水印的载体图像和原始载体之间有很高的相似性以及很小的失真。这是由于 VS-CT-MLQIM 算法在显著性值较高、能量较小的图像块选择较小的量化步长，在显著性值较低、能量较大的图像块选择较大的量化步长，而非采用固定步长。因此，VS-CT-MLQIM 算法有良好的不可感知性。

4.6.8　视觉显著性以及轮廓波变换的有效性

在 VS-CT-MLQIM 算法中，视觉显著性以及轮廓波变换的使用，对于提升水印的性能是很有帮助的。为了分别验证视觉显著性的有效性以及轮廓波变换的有效性，本小节进行了一系列对比实验。为了方便比较和说明，这里引入算法 A、算法 B、算法 C 和改进的对数量化索引调制算法四种算法。在轮廓波变换域中，利用改进的对数量化索引调制算法、使用固定步长嵌入水印的算法记为算法 A；在小波变换域中，利用改进的对数量化索引调制算法、使用基于视觉显著性以及能量分布的自适应步长嵌入水印的算法记为算法 B；在小波变换域中，利用改进的对数量化索引调制算法、使用固定步长嵌入水印的算法记为算法 C；以及本节提出的在轮廓波变换域中，利用改进的对数量化索引调制算法、基于视觉显著性以及能量分布的自适应步长嵌入水印的算法为 VS-CT-MLQIM 算法。

水印信息为随机生成的 1024bit 的二值伪随机序列，调节基础量化步长 Δ_0，使得不同载体图像采用不同算法嵌入水印后图像的平均峰值信噪比均等于 42dB。在每个图像块中嵌入 1bit 水印信息，并进行 100 次实验，通过计算平均误码率比较各个算法对加性高斯白噪声以及 JPEG 压缩的鲁棒性。图 4.67（a）反映了不同强度加性高斯白噪声下，各算法的鲁棒性，横坐标为所加噪声的标准差，纵坐标为提取水印的误码率。图 4.67（b）表示经不同 QF 的 JPEG 压缩后，各算法的鲁棒性，横坐标为 QF 的值，纵坐标为提取水印的误码率。

可以看出，在两种攻击下，VS-CT-MLQIM 算法的误码率均最低，鲁棒性最强。其次是算法 A，再次是算法 B，算法 C 的误码率均最高。说明使用基于视觉显著性加上能量分布的自适应步长算法与使用固定步长算法相比，以及使用轮廓波变换算法与使用离散小波变换算法相比，均使得算法的鲁棒性得到提升。可以发现，在两种攻击下，VS-CT-MLQIM 算法和算法 A 的误码率相差不是很大，但与算法 B 的误码率相比有相对明显的下降，说明轮廓波变换对算法鲁棒性的提升是大于视觉显著性的。因此，轮廓波变换、视觉显著性的使用是有效的，提升了算法对加性高斯白噪声以及 JPEG 压缩的鲁棒性。

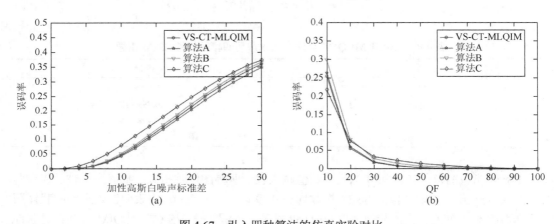

图 4.67　引入四种算法的仿真实验对比

（a）加性高斯白噪声攻击实验对比；（b）JPEG 压缩攻击实验对比

4.6.9　鲁棒性

本小节将着重验证所提 VS-CT-MLQIM 算法的鲁棒性。

VS-CT-MLQIM 算法的基础是 LQIM 算法。为了评价 VS-CT-MLQIM 算法和 LQIM 算法的鲁棒性，比较了两种算法在高斯噪声（噪声方差为 0.001、0.005）、椒盐噪声（强度为 1%）、均值滤波（窗口大小为 3×3）、角度旋转（0.5°）、幅度缩放（缩放比例为 2）、中值滤波（窗口大小为 3×3）以及 JPEG 压缩（品质因数为 30、50）攻击下，"Lena" 图像提取水印的误码率。嵌入的水印是 1024bit 的二值 "SEU" 水印图像，并设置两种算法的峰值信噪比均为 45dB。表 4.9 给出了两种算法提取出的水印图像以及对应的误码率，较低的误码率用粗体标记了出来。

从表 4.9 中可以清楚看到，VS-CT-MLQIM 算法对除椒盐噪声之外的所有攻击的误码率均低于 LQIM 算法，尤其是对均值滤波、幅度缩放以及中值滤波，误码率分别下降了

0.1543、0.2959、0.1641，鲁棒性提升效果显著。但对椒盐噪声的误码率却提升了 0.1621，这是由于椒盐噪声使部分像素值变为 0 或 255，对低通子带块的最大奇异值产生了较大的影响，导致鲁棒性的下降。两种算法对角度旋转攻击的鲁棒性均不太理想。总体来说，VS-CT-MLQIM 算法的鲁棒性要优于 LQIM 算法。

表 4.9　VS-CT-MLQIM 算法与 LQIM 算法在不同攻击下的性能比较

攻击类型	VS-CT-MLQIM 算法		LQIM 算法	
	提取的水印图像	误码率	提取的水印图像	误码率
高斯噪声 （方差为 0.001）		**0.0488**		0.0684
高斯噪声 （方差为 0.005）		**0.2959**		0.3125
椒盐噪声 （1%）		0.1846		**0.0225**
均值滤波 （3×3）		0.0459		0.2002
角度旋转 （0.5°）		0.3320		0.3740
幅度缩放 （2）		**0**		0.2959
中值滤波 （3×3）		0.0566		0.2207
JPEG 压缩 （30）		0.0391		0.0479
JPEG 压缩 （50）		0.0039		0.0039

在表 4.9 中，VS-CT-MLQIM 算法对幅度缩放攻击的误码率为 0，要明显优于 LQIM 算法的误码率 0.2959。这是因为在 VS-CT-MLQIM 算法中，改进了对数量化索引调制算法，将常数 X_s 替换为所有低通子带块最大奇异值均值 $\bar{\sigma}$ 的两倍，含水印图像被幅度缩放攻击后，低通子带块的最大奇异值均值 $\bar{\sigma}$ 以及最大奇异值均乘上了相同的比例因子 β，然后通过相除可以将其约去，即在式（4-120）中：

$$c' = \frac{\ln\left(1 + \mu \dfrac{|\beta\sigma^{i'}|}{2\beta\bar{\sigma}'}\right)}{\ln(1+\mu)} = \frac{\ln\left(1 + \mu \dfrac{|\sigma^{i'}|}{2\bar{\sigma}'}\right)}{\ln(1+\mu)} \tag{4-123}$$

c' 与式（4-116）中的 c 保持一致，水印可以正确提取，从而使算法获得了对幅度缩放攻击的鲁棒性。图 4.68 反映了含水印图像进行不同尺度的幅度缩放后，LQIM 算法以及 VS-CT-MLQIM 算法的鲁棒性，横坐标为缩放因子，纵坐标为提取水印的误码率。容易看出，LQIM 算法受到比较严重的影响，误码率较高；而 VS-CT-MLQIM 算法在不同尺度的缩放下，误码率均为 0，表明了该算法对幅度缩放攻击极好的抵抗性，同时也证明了改进的对数量化索引调制算法相较于原始的对数量化索引调制算法，确实提高了对幅度缩放攻击的鲁棒性，是有效的。

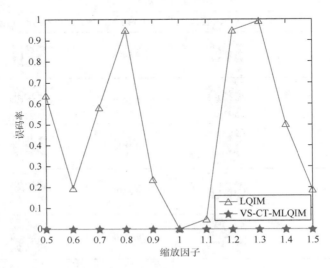

图 4.68　LQIM 算法、VS-CT-MLQIM 算法对幅度缩放攻击实验对比

为了进一步评估 VS-CT-MLQIM 算法在不同攻击下的鲁棒性，将此算法与对幅度缩放攻击同样鲁棒的 GDWM 算法[34]以及 DAQIM 算法[35]进行了对比。为了对比的公平性，将 256bit 随机生成的二值水印嵌入 4 幅载体图像中，并使得嵌入水印后图像的峰值信噪比均为 42dB。在 VS-CT-MLQIM 算法中，随机选取 256 个图像块进行嵌入。表 4.10 为 VS-CT-MLQIM 算法、GDWM 算法以及 DAQIM 算法在加性高斯白噪声（噪声标准差为 10、20）、椒盐噪声（强度为 1%）、均值滤波（窗口大小为 3×3、5×5）、角度旋转（0.5°）、中值滤波（窗口大小为 3×3、5×5）以及 JPEG 压缩（QF 为 20、30）攻击下，不同载体图像提取水印的误码率。每幅图像在每种攻击下最低的误码率用粗体标记了出来。

表 4.10　VS-CT-MLQIM 算法、GDWM 算法以及 DAQIM 算法
在不同攻击下提取水印的误码率　　　　　　　　　　（单位：%）

| 图像 | 算法 | AWGN（σ） | | 椒盐噪声 | 均值滤波 | | 角度旋转 | 中值滤波 | | JPEG 压缩（QF） | |
		10	20	1%	3×3	5×5	0.5°	3×3	5×5	20	30
Lena	GDWM	1.85	13.52	0.03	0.21	1.46	36.37	**0.00**	6.10	1.65	0.41
	DAQIM	1.79	12.66	**0.00**	**0.18**	**0.77**	35.86	0.01	**5.14**	1.71	0.39
	VS-CT-MLQIM	**0.04**	**3.60**	2.42	2.33	5.67	**15.78**	0.06	5.21	**0.19**	**0.00**

续表

图像	算法	AWGN（σ）		椒盐噪声	均值滤波		角度旋转	中值滤波		JPEG 压缩（QF）	
		10	20	1%	3×3	5×5	0.5°	3×3	5×5	20	30
Baboon	GDWM	1.28	12.48	0.54	0.21	**1.24**	36.42	5.03	18.75	1.41	0.62
	DAQIM	0.94	11.62	**0.31**	**0.13**	1.78	36.19	**2.79**	**16.35**	1.39	0.58
	VS-CT-MLQIM	**0.01**	**1.35**	0.52	2.65	6.17	**15.55**	7.38	17.90	**0.04**	**0.00**
Peppers	GDWM	1.32	13.47	0.11	0.11	1.56	35.89	1.17	6.64	1.33	0.18
	DAQIM	1.01	11.29	**0.09**	**0.00**	**0.32**	35.01	1.00	5.37	1.30	0.19
	VS-CT-MLQIM	**0.22**	**3.33**	2.28	2.44	4.49	**24.03**	**0.00**	**1.39**	**0.16**	**0.02**
Barbara	GDWM	1.40	12.87	0.14	0.11	1.47	39.90	1.01	6.49	1.69	0.16
	DAQIM	0.93	10.69	**0.09**	**0.06**	**0.97**	39.49	0.89	**3.59**	1.63	0.10
	VS-CT-MLQIM	**0.09**	**2.83**	1.86	3.62	5.63	**26.01**	**0.47**	5.60	**0.09**	**0.00**

　　从表中可以看出，VS-CT-MLQIM 算法能很好地抵抗多种攻击，并且在加性高斯白噪声、角度旋转、JPEG 压缩攻击下，鲁棒性要明显强于其他两种算法。尤其是在加性高斯白噪声下，误码率与其他两种算法相比有大幅度的下降，当噪声标准差为 20 时，四幅图像的误码率分别下降了 9.06%、10.27%、7.96% 以及 7.86%。对中值滤波的鲁棒性与其余两种算法大致相同。但在抵抗椒盐噪声以及均值滤波方面有所不足，这可能是由于这两种攻击对低通子带块的最大奇异值及其均值造成了比较大的影响，导致了误码率的提高。但总体来说，VS-CT-MLQIM 算法的性能还是要优于 GDWM 算法以及 DAQIM 算法。

　　为进一步验证 VS-CT-MLQIM 算法的有效性，本小节还将该算法与同样在轮廓波变换域中嵌入水印的文献[36]、[37]以及[38]进行了对比。

　　与文献[36]一致，将 1024bit 伪随机二值水印嵌入灰度图像"Peppers"中，使得其峰值信噪比为 40.2dB。表 4.11 展示了 VS-CT-MLQIM 算法与文献[36]的算法的比较结果，在每种攻击下最低的误码率用粗体标记了出来，可以看出，VS-CT-MLQIM 算法对这四种攻击的鲁棒性均要优于文献[36]的算法。

表 4.11　以误码率（%）为标准比较 VS-CT-MLQIM 算法与文献[36]的算法

算法	椒盐噪声	高斯噪声	均值滤波	中值滤波
	1%	方差：0.5%	5×5	5×5
文献[36]	11.7188	15.0391	16.1133	5.3711
VS-CT-MLQIM	**6.8562**	**10.8682**	**7.5313**	**2.7471**

　　与文献[37]一致，将 2048bit 伪随机二值水印分别嵌入灰度图像"Lena""Peppers"中，使得嵌入水印后图像的峰值信噪比分别为 41.87dB、42.28dB。VS-CT-MLQIM 算法选择在每一低通子带块的最大奇异值和最小奇异值中分别嵌入 1bit 水印信息。在表 4.12 中，每幅图像在每种攻击下最低的误码率用粗体标记了出来。可以看出，VS-CT-MLQIM 算法的性能也要明显优于文献[37]的算法。

表 4.12　以误码率（%）为标准比较 VS-CT-MLQIM 算法与文献[37]的算法

图像	算法	幅度缩放 1.5	JPEG QF = 50	高斯噪声 方差：0.03%
Lena	文献[37]	21.26	24.26	11.39
	VS-CT-MLQIM	**0.00**	**2.48**	**4.01**
Peppers	文献[37]	21.92	25.00	11.60
	VS-CT-MLQIM	**0.00**	**3.31**	**4.62**

　　与文献[38]一致，将 128bit 伪随机二值水印分别嵌入灰度图像"Barbara"、"Couple"和"Bridge"中，使得嵌入水印后图像的峰值信噪比分别为 42.89dB、44.06dB 和 41.74dB。在 VS-CT-MLQIM 算法中，随机选择 128 个图像块进行水印嵌入，并且在每个图像块中嵌入 1bit 信息。使用归一化相关系数（NC）来评价原始水印与提取水印的相关性。NC 值在[0, 1]范围内，且 NC 值越大，相关性越强。表 4.13 展示了 VS-CT-MLQIM 算法与文献[38]算法的比较结果，每幅图像在每种攻击下最高的 NC 值用粗体标记了出来。可以看出，在不同方差、不同窗口的高斯滤波下，VS-CT-MLQIM 算法的 NC 值均在 0.99 以上，表明该算法对高斯滤波攻击是高度鲁棒的，且要优于文献[38]的算法。

表 4.13　以 NC 值为标准比较 VS-CT-MLQIM 算法与文献[38]的算法

图像	算法	高斯滤波 方差 = 0.5			方差 = 1			方差 = 2		
		3×3	5×5	7×7	3×3	5×5	7×7	3×3	5×5	7×7
Barbara	文献[38]	1	1	1	0.99	0.99	0.99	0.99	0.85	0.63
	VS-CT-MLQIM	1	1	1	1	1	1	1	1	**1**
Couple	文献[38]	1	1	1	0.98	0.98	0.98	0.98	0.82	0.62
	VS-CT-MLQIM	1	1	1	1	1	1	1	1	**0.99**
Bridge	文献[38]	1	1	1	0.99	0.99	0.99	0.99	0.92	0.76
	VS-CT-MLQIM	1	1	1	1	1	1	1	1	**0.99**

4.7　本 章 小 结

　　4.1 节介绍经典的 QIM 算法，以及 QIM 算法的一系列扩展实现算法及其与视觉模型相结合的技术。4.2 节针对已有 QIM 算法的不足，提出了 B1MW、fMW、MS 等改进的视觉模型，并结合视觉模型提出了 ST-QIM-B1MW-SS、ST-QIM-B2MW-SS、ST-QIM-fMW-SS、ST-QIM-MS-SS 四种改进算法，相较于原算法，提出的四种算法保持了高保真度和提高了算法的鲁棒性，尤其是对抗 JPEG 压缩和高斯噪声等一些常见数字信号处理攻击的鲁棒性，也改善了水印的嵌入率。通过仿真实验证明了所提算法的优越性。另外，也从量化步长、投影向量、量化方式的选择、水印的置乱等角度对所提算法进行了进一步的研究。

4.3 节将扩展变换与对数算法结合提出基于扩展变换的对数水印算法,并针对 μ 律对数变换中参数 μ 的取值问题进行了详细分析。为提高水印算法抗 JPEG 压缩攻击的鲁棒性,本章提出利用 JPEG 压缩表改进 Watson 模型并用于基于扩展变换的对数水印算法。随后本章对具体算法的性能进行了仿真测试。实验表明:ST-LQIM 算法鲁棒性要强于 ST-QIM 算法,相比于这两种算法,基于 JPEG 量化表改进的 ST-LQIM-J 算法具有更优的鲁棒性,尤其体现在抵抗 JPEG 压缩和高斯噪声攻击的性能上。

4.4 节基于 DWT 多级变换的思想,在 DCT 域 ST-QIM 水印算法基础上,提出基于视觉模型的多级混合分块 DCT 域水印算法 STQIM-Multi-A 和 STQIM-Multi-B。所提算法在保证水印不可感知的基础上,其对抗幅度缩放变化、JPEG 压缩、高斯噪声干扰等的鲁棒性明显提高,并且优于基于 DCT 的水印算法,尤其是 STQIM-Multi-B 算法。

4.5 节利用 DWT 和 DCT 两种离散变换的优点,将改进的 STDM 算法应用到 DWT 和 DCT 的组合变换中,提出了 MSTDM-CO-DD 和 MSTDM-PCO-DD 两种算法。利用相邻图像子块之间的相关性,确保嵌入和提取步长相一致。此外,为了提高相邻子块之间的相关性,对子块行和列分别进行交织重排预处理。对提出的算法进行理论分析。实验结果表明,MSTDM-CO-DD 和 MSTDM-PCO-DD 算法对增益攻击、各种几何攻击和滤波处理都具有较好的鲁棒性。

为更好地均衡水印的不可感知性和鲁棒性,4.6 节研究了基于视觉显著性和轮廓波变换的改进的对数量化索引调制水印算法。对于提出的基于视觉显著性和轮廓波变换的改进对数量化索引调制水印嵌入算法和提取算法,着重分析了如何改进对数量化索引调制算法、如何根据图像块的显著性值以及能量分布确定量化步长以及如何选择嵌入位置。最后通过仿真实验验证了算法的不可感知性、轮廓波变换以及视觉显著性的有效性,并且通过与 LQIM、GDWM、DAQIM 等算法对比,体现了所提算法的强鲁棒性。该算法在显著性值较高、能量较小的图像块选择较小的量化步长,在显著性值较低、能量较大的图像块选择较大的量化步长,实现了水印的自适应嵌入,使水印的不可见性显著提高;改进了对数量化索引调制算法,使其获得了对于幅度缩放攻击的鲁棒性;选择在轮廓波域低通子带块的最大奇异值中嵌入水印,噪声等水印攻击对其影响较小,显著提高了水印对攻击的鲁棒性。

参 考 文 献

[1]　Chen B,Wornell G W. Provably robust digital watermarking[C]. Proceedings of SPIE,Boston,1999:43-54.

[2]　Chen B,Wornell G W. Quantization index modulation:A class of provably good methods for digital watermarking and information embedding[J]. IEEE Transaction on Information Theory,2001,47(4):1423-1443.

[3]　王颖,肖俊,王蕴红. 数字水印原理与技术[M]. 北京:科学出版社,2007.

[4]　凌洁,刘琚,孙建德. 基于视觉模型的迭代 AQIM 水印算法[J]. 电子学报,2010,38(1):151-155.

[5]　Watson A B. A technique for visual optimization of DCT quantization matrices for individual images [J]. Society for Information Display Digest of Technical Papers,1993,24:946-949.

[6]　Li Q,Cox I J. Using perceptual models to improve fidelity and provide resistance to volumetric scaling for quantization index modulation watermarking[J]. IEEE Transactions on Information Forensics and Security,2007,2(2):127-139.

[7]　Li Q,Cox I J. Improved spread transform dither modulation using a perceptual model:Robustness to amplitude scaling and

JPEG compression[C]. IEEE International Conference on Acoustics，Speech and Signal Processing，Honolulu，HI，2007：185-188.

[8] Anderson R. Stretching the limits of steganography[C]. International Workshop on Information Hiding，Cambridge，1996：39-48.

[9] Hore A，Ziou D. Image quality metrics：PSNR vs. SSIM[C]. International Conference on Pattern Recognition，Istanbul，2010：2366-2369.

[10] Cox I J，Kilian J，Leighton F T，et al. Secure spread spectrum watermarking for multimedia [J]. IEEE Transactions on Image processing，1997，6（12）：1673-1687.

[11] Jiang Y，Zhang Y，Pei W J，et al. Adaptive image watermarking algorithm based on improved perceptual models [J]. AEU-International Journal of Electronics and Communications，2013，67（8）：690-696.

[12] Xiao J，Wang Y. Project-vector of spread transform dither modulation watermarking algorithm[J]. Journal of Image & Graphics，2006，11（12）：1799-1805.

[13] Li X，Liu J，Sun J，et al. Step-projection-based spread transform dither modulation [J]. IET Information Security，2011，5（3）：170-180.

[14] Xiao J，Wang Y. Adaptive dither modulation image watermarking algorithm[J]. Journal of Electronics & Information Technology，2009，31（3）：552-555.

[15] Kalantari N K，Ahadi S M. Rational dither modulation using logarithmic quantization with optimum parameter[C]. 2010 IEEE International Conference on Acoustics，Speech and Signal Processing，Dallas，2010：1738-1741.

[16] Proakis J G，Hansen J H. Discrete Time Processing of Speech Signals [M]. 3rd ed. New York：MacMillan，1993.

[17] Nima K K，Seyed M A. A logarithmic quantization index modulation for perceptually better data hiding [J]. IEEE Transaction on Image Processing，2010，19（6）：1504-1517.

[18] Wan W，Liu J，Sun J，et al. Logarithmic spread transform dither modulation watermarking based on perceptual model [C]. Proceedings of IEEE International Conference on Image Processing，2013：4522-4526

[19] 张毅锋，卢宏涛，裴文江. 混沌神经信息处理理论与应用[M]. 北京：高等教育出版社，2014.

[20] Wan W，Liu J，Sun J，et al. Improved logarithmic spread transform dither modulation using a robust perceptual model[J]. Multimedia Tools and Applications，2016，75（21）：1-22.

[21] 章毓晋. 图像处理和分析技术[M]. 3 版. 北京：高等教育出版社，2014.

[22] 李莹莹. 基于扩展变换的数字水印算法研究[D]. 南京：东南大学硕士学位论文，2018.

[23] 肖俊，王颖. 基于多级离散余弦变换的鲁棒数字水印算法[J]. 计算机学报，2009，32（5）：1055-1061.

[24] 黄达人，刘九芬，黄继武. 小波变换域图像水印嵌入对策和算法[J]. 软件学报，2003，13（7）：1290-1297.

[25] Jinhua L，Kun S. A hybrid approach of DWT and DCT for rational dither modu-lation watermarking [J]. Circuits Syst Signal Process，2012，31：797-811.

[26] Tziortzios T，Dokouzyannis S. A novel architecture for fast 2D IDCT decoders with reduced number of multiplications[J]. IEEE Trans Consum Electron，2011，57（3）：1384-1389.

[27] Perez-Gonzalez F，Balado F，Martin J R H. Performance analysis of existing and new methods for data hiding with known-host information in additive chan-nels [J]. IEEE Transactions on Signal Process，2003，51（4）：960-980.

[28] Kalantari N K，Ahadi S M. A logarithmic quantization index modulation for perceptually better data hiding[J]. IEEE Transactions on Image Processing，2010，19（6）：1504-1517.

[29] Comesana P，Perez-Gonzalez F. On a watermarking scheme in the logarithmic domain and its perceptual advantages[C]. Proceedings of IEEE International Conference on Image Processing，San Antonio，2007：694-708.

[30] Zhang L，Dai J，Lu H C，et al. A bi-directional message passing model for salient object detection[C]. Proceedings of IEEE Conference on Computer Vision and Pattern Recognition（CVPR），Salt Lake City，2018：1741-1750.

[31] Wang X Y，Zhao H. A novel synchronization invariant audio watermarking scheme based on DWT and DCT[J]. IEEE Transactions on Signal Processing，2006，54（12）：4835-4840.

[32] Xu H C，Kang X B，Wang Y H，et al. Exploring robust and blind watermarking approach of colour images in DWT-DCT-SVD domain for copyright protection[J]. International Journal of Electronic Security and Digital Forensics，2018，10（1）：79-96.

[33] 刘瑞祯，谭铁牛. 基于奇异值分解的数字图像水印方法[J]. 电子学报，2001，29（2）：158-171.

[34] Nezhadarya E，Wang Z J，Ward R K. Robust image watermarking based on multiscale gradient direction quantization[J]. IEEE Transactions on Information Forensics and Security，2011，6（4）：1200-1213.

[35] Cai N，Zhu N N，Weng S W，et al. Difference angle quantization index modulation scheme for image watermarking[J]. Signal Processing：Image Communication，2015，34：52-60.

[36] 朱少敏，刘建明. 基于 Contourlet 变换域的自适应量化索引调制数字图像水印算法[J]. 光学学报，2009，29（6）：1523-1529.

[37] Zhou C. DC-QIM based image watermarking method via the contourlet transform[J]. Journal of Computational Methods in Sciences and Engineering，2016，16（3）：459-468.

[38] Fazlali H R，Samavi S，Karimi N，et al. Adaptive blind image watermarking using edge pixel concentration[J]. Multimedia Tools and Applications，2017，76（2）：3105-3120.

第 5 章 基于压缩感知的数字水印算法

压缩感知理论论证了在满足一定条件下，即使利用很少的采样数据也能实现较理想的信号恢复重建。为了进一步提高水印的鲁棒性和安全性，本章研究了基于分块压缩感知的数字水印算法。前面 2.6 节介绍了压缩感知理论。本章首先介绍了将压缩感知引入图像水印研究的经典论文"基于分块压缩感知的图像半脆弱零水印算法"[1]。接着，研究了基于分块压缩感知的角度量化索引调制及其改进算法。在此基础上，研究了基于分块压缩感知的角度量化索引调制水印嵌入算法和提取算法，重点比较了不同观测矩阵的性能，研究了选取不同压缩比造成的影响，分析并通过实验验证了算法的安全性和鲁棒性。最后，在 DWT 域和 DCT 域图像水印算法基础上，受压缩重构思想的启发，研究将压缩感知算法引入基于 DWT-DCT 变换的数字水印系统。

5.1 基于分块压缩感知的图像半脆弱零水印算法

针对数字图像的内容认证和完整性保护问题，赵春晖等提出了一种基于分块压缩感知（compressive sensing，CS）的图像半脆弱零水印（block compressive sensing based image semi-fragile zero-watermarking，BCS-SFZ）算法[1]。

5.1.1 水印的构造

BCS-SFZ 算法首先将原始图像分块，再将各图像子块经过 CS 处理得到观测值，最后将观测值组合在一起生成水印。水印的构造流程如图 5.1 所示。

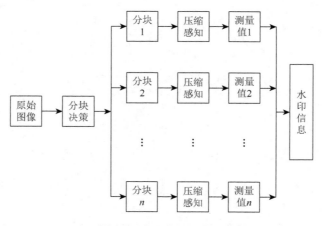

图 5.1 水印构造流程图

图 5.1 中分块决策部分根据期望生成的水印尺寸和对篡改的定位精度制定分块策略。考虑一幅大小为 $I_r×I_c$ 的图像 I，总像素数 $N = I_rI_c$。将图像分成大小为 $B×B$ 的小块（假设 I_r 与 I_c 均能被 B 整除），则图像总共被分成 $S = N/B^2$ 块。按照图 5.2 所示规则对各图像块进行统一编号。在实际应用中，分块尺寸越大则水印数据量就越少，对篡改的定位精度越低，对篡改部分的恢复计算量越大；当分块尺寸减小时，篡改定位的精度随之增加，恢复篡改部分的计算量减少，生成的水印数据量增加。

1	2	⋯	k
$k+1$	$k+2$	⋯	$2k$
⋮	⋮	⋱	⋮
$S-k+1$	$S-k+2$	⋯	S

图 5.2　图像块的编号规则

若要构造数据量为 M 的水印，可以通过 CS 对每个图像子块各取 $m = \lfloor MB^2 / N \rfloor$ 个观测值。用 $Y_i(i = 1, 2, \cdots, S)$ 表示第 i 个图像块的观测值：

$$Y_i = [y_{i1}, y_{i2}, \cdots, y_{im}]^{\mathrm{T}} \tag{5-1}$$

再将所有图像子块的观测值组合到一起生成最终的水印 Y_{wm}，Y_{wm} 可以表示为

$$Y_{wm} = [Y_1, Y_2, \cdots, Y_S]^{\mathrm{T}} \tag{5-2}$$

由于采用了 CS 理论，所以水印的生成仅是一个简单的线性投影过程。根据前面设置的参数，每一个图像块的特征提取所需的时间复杂度都是 $O(mB^2)$，整幅图像具有 $S = N/B^2$ 个分块，所以特征提取的总时间复杂度为 $O(mN)$。

生成 CS 观测矩阵的种子和分块尺寸可以作为水印密钥保存。将水印 Y_{wm} 和密钥注册到相关内容认证和完整性保护数据库中，并获得唯一的注册 ID 号，该 ID 号与图像信息、水印密钥信息以及所有人（或组织）信息均登记在案，如此图像即处在水印技术的保护之下了。在需要使用注册水印信息时，可以根据注册 ID 号进行检索查询。

5.1.2　水印的检测

水印的检测算法是水印构造算法的逆过程。在需要认证图像内容的真实性时，首先，取得密钥信息，确定分块策略并生成分块 CS 的观测矩阵。然后，按照图 5.1 中水印生成步骤操作取得待测图像的水印，将其与相关注册数据库中的注册水印进行比较，确定图像内容的真实性。

参考文献[1]以欧氏距离的平方作为水印相似度的衡量标准，通过设定一个阈值来判断待测图像块是否被恶意篡改或者内容真实。接着，参考文献[1]讨论了选择阈值时遵循的准则。

5.1.3　篡改恢复

在恢复被篡改的图像块时，从注册水印中选择与该图像块对应的那部分观测值，通过第 2 章中式（2-47）采用适当的最优化方法重建该图像块即可。本节通过对像素梯度进行最优化，修正式（2-47）为最小全变分法。令 $\| I \|_{\mathrm{TV}}$ 表示二维图像 I 的全变差，若图像的每一个像素为 $I(t_1, t_2)$，$0 \leqslant t_1$，$t_2 \leqslant 0$，则

$$\| I \|_{\mathrm{TV}} = \sum_{t_1,t_2} \sqrt{\left| D_1 I(t_1,t_2) \right|^2 + \left| D_2 I(t_1,t_2) \right|^2} \tag{5-3}$$

其中，D 为有限差分：

$$D_1 I = I(t_1,t_2) - I(t_1-1,t_2) \tag{5-4}$$

$$D_2 I = I(t_1,t_2) - I(t_1-1,t_2-1) \tag{5-5}$$

为了从观测值 y 中重建图像 I，式（2-47）可改写为

$$I' = \min \| I \|_{\mathrm{TV}}, \quad \Phi f = y \tag{5-6}$$

通过式（5-6）即可精确重建原始图像。

5.1.4　水印检测原理及保密性分析

接着，参考文献[1]在其第三部分"水印检测原理及保密性分析"的 3.1 小节"水印检测原理"中，证明采用压缩感知观测值构造的零水印之所以能够检测篡改，是因为其具有"差异放大"能力，即图像间的细微差别都会被观测值放大。通过一系列公式推导，得出结论：原信号受到的扰动，以加权累加和的形式对观测值向量中所有元素造成影响。扰动对观测值的影响经过取平方后再一次被累加增强，由此实现了观测值对信号差异的放大。由于这种放大是以指数级数体现的，当图像受到篡改时，图像的视觉内容发生了改变，所以图像的改动往往很大，若干个较大的图像改动产生的影响经过叠加后使水印之间的差异程度 D 形成了峰值。所以可通过设定一个合理的阈值有效地区分合法操作与非法篡改。

文献[1]在 3.2 小节"水印保密性分析"中，认为压缩感知过程本身可以看成一个对信号加密的过程，而且这种加密可以在不必负担独立加密协议带来的额外计算消耗的情况下，同时提供信号压缩和加密保证。加密过程中观测矩阵可以被看成完全可靠的一次性密钥。文献[2]中定理 1 及推论 1 证明了"不具备密钥先验知识的攻击者，只能通过穷举的方式逐个尝试密钥的所有可能形式，直到他认为自己重建出了原始图像为止"，这是一个 NP-hard 问题。如果攻击者不知道密钥的生成范围，那么他需要尝试的可能性就有无穷多个；当攻击者尝试错误的密钥时，他将以概率 1 重建出一个无任何实际视觉意义的错误图像。从攻击者对于零水印图像的三种攻击情况——①仅知道图像内容；②仅知道水印内容；③既知道图像内容又知道水印内容，分析说明了基于压缩感知的零水印系统的安全性。

5.1.5　仿真实验及分析

仿真实验中，选取如图 5.3 所示的尺寸为 512 像素×512 像素的灰度图像进行测试。BCS-SFZ 算法中采用的分块大小为 $B = 32$，CS 观测矩阵统一采用 256×1024 的高斯随机矩阵。对如图 5.3 所示的原始图像中的内容进行篡改，篡改后得到的待测图像如图 5.4 所示。详细的篡改信息列于表 5.1。

图 5.3　原始图像　　　　　　　　　　　图 5.4　篡改图像

表 5.1　详细篡改信息

被篡改块	篡改像素数目	最大改变量	平均改变量
第 99 块	30	132	52
第 100 块	275	149	66
第 121 块	223	160	43
第 122 块	421	162	44
第 123 块	117	168	35

　　采用 BCS-SFZ 算法对待测图像进行水印检测，检测结果如图 5.5 所示，可以清楚地看到 BCS-SFZ 算法可以将篡改图像块与未受篡改的图像块区分开。

　　BCS-SFZ 算法对图像的合法操作具有较强的鲁棒性，能够抵抗诸如 JPEG 压缩等操作，并且可以将其与恶意篡改有效区分开来。将图 5.3 所示原始图像经过不同品质因数（QF）JPEG 压缩处理之后进行检测，再对压缩后的图像进行篡改之后的检测如图 5.4 所示，检测结果列于表 5.2 中。在 QF = 80 和 QF = 20 的情况下经过篡改的图像检测效果和未经过篡改的图像检测效果分别如图 5.6～图 5.9 所示。从图中可以看出，JPEG 压缩对于水印的影响表现为水印差异 D_i 不同程度的增加，但其程度远没有恶意篡改的影响明显，可以简单地通过设定阈值 Th 加以区分。

表 5.2　合法操作与非法篡改检测

操作类型	最大检测值 D_{max}	最小检测值 D_{min}	阈值 Th	篡改检测结果
JPEG QF = 80	6.6546×10^4	5.8013×10^4	1.4652×10^5	无篡改
JPEG QF = 80 + 篡改	9.2144×10^5	5.6405×10^4	1.4417×10^5	第 99，100，121，122，123 块被篡改
JPEG QF = 60	7.7690×10^4	5.9406×10^4	1.4856×10^5	无篡改
JPEG QF = 60 + 篡改	9.3323×10^5	5.8462×10^4	1.4718×10^5	第 99，100，121，122，123 块被篡改
JPEG QF = 40	9.7429×10^4	6.2264×10^4	1.5271×10^5	无篡改
JPEG QF = 40 + 篡改	9.4601×10^5	5.8587×10^4	1.4736×10^5	第 99，100，121，122，123 块被篡改
JPEG QF = 20	1.3112×10^5	6.2320×10^4	1.5279×10^5	无篡改
JPEG QF = 20 + 篡改	9.5767×10^5	6.5619×10^4	1.5753×10^5	第 99，100，121，122，123 块被篡改

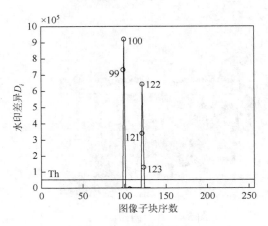

图 5.5　水印检测结果

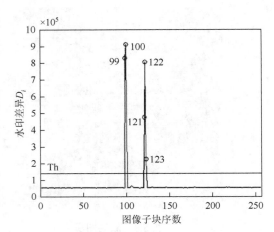

图 5.6　有篡改情况下 QF = 80 的检测结果

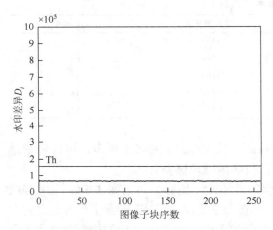

图 5.7　无篡改情况下 QF = 80 的检测结果

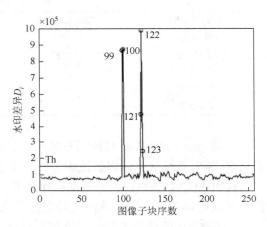

图 5.8　有篡改情况下 QF = 20 的检测结果

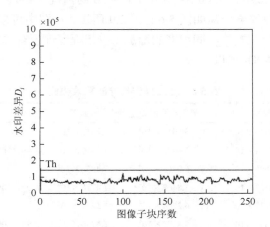

图 5.9　无篡改情况下 QF = 20 的检测结果

对比图 5.6～图 5.9 可知，BCS-SFZ 算法对于局部恶意篡改具有非常明显的放大效果，而对于 JPEG 压缩造成的差异却不十分敏感，这种特性保证了水印半脆弱性的实现。

由于 BCS-SFZ 算法利用了第三方的优势，恢复水印不会由于数据的压缩而去除或者被破坏；再加上 CS 理论的有力支撑，使得被篡改部分可以被精确恢复。在检测到篡改的情况下，根据被篡改位置的编号取得对应位置的原始水印，按照 TV 最小化方法重建该图像块，并替换被篡改部分。对如图 5.3 所示原始图像进行 QF = 20 的 JPEG 压缩，再对压缩后的图像进行如图 5.4 所示的篡改，此时其峰值信噪比（PSNR）为 25.1062dB，效果如图 5.10 所示。对图 5.10 进行恢复，得到如图 5.11 所示的恢复效果（PSNR = 25.0369dB），从图中可以看出被篡改信息得到了有效的恢复。

　　　图 5.10　恢复前效果　　　　　　　　　　图 5.11　恢复后效果

5.2　角度量化索引调制及其改进算法

量化索引调制算法虽然具有良好的鲁棒性，但对幅度缩放攻击异常敏感。为了解决这个问题，Ourique 等[3]提出了角度量化索引调制（angle quantization index modulation，AQIM）算法，对载体信号向量的角度进行量化，而不是量化载体信号本身，因此获得了对幅度缩放攻击的鲁棒性。之后，一系列 AQIM 的改进算法也相继被提出[4-7]，本节将主要介绍 AQIM 算法以及几个改进算法。

5.2.1　角度量化索引调制算法

在通信理论中，在某些情况下调制载体的相位而不是幅度，会大幅提高系统性能，AQIM 算法正是借鉴了这种思想。AQIM 算法舍弃了笛卡儿坐标系，选择在极坐标系下使

用元组 (ρ, θ) 来表示点。其中，ρ 表示半径，θ 表示角度。然后根据水印信息，将角度量化到不同的量化点上。

$$\Lambda_0 = 2\Delta_\theta Z \quad \mathrm{mod}(2\pi) \tag{5-7}$$

$$\Lambda_1 = 2\Delta_\theta Z + \Delta_\theta \quad \mathrm{mod}(2\pi) \tag{5-8}$$

其中，Λ_0、Λ_1 是水印比特 0、1 分别对应的量化点集合；Z 为任意整数；$\mathrm{mod}(\cdot)$ 表示求余运算。AQIM 算法根据用来表示角度的样本个数，可分为二维情形和多维情形，以下仅讨论二维情形，即使用两个样本表示一个角度。

考虑原始载体图像的两个样本 x_1 和 x_2，可以将其看作二维平面的一个点 (x_1, x_2)，此点可由极坐标 (ρ, θ) 表示，半径 ρ 以及角度 θ 分别通过式（5-9）和式（5-10）计算：

$$\theta = \arctan\left(\frac{x_2}{x_1}\right) \tag{5-9}$$

$$\rho = \sqrt{x_1^2 + x_2^2} \tag{5-10}$$

然后，保持半径 ρ 不变，角度 θ 被量化为

$$\theta_w = Q_{m[i]}(\theta, \Delta_\theta) = \left\lfloor \frac{\theta + m[i]\Delta_\theta}{2\Delta_\theta} \right\rfloor 2\Delta_\theta + m[i]\Delta_\theta \tag{5-11}$$

其中，$m[i] \in \{0, 1\}$ 为水印比特；Δ_θ 为角度量化步长。再将 (ρ, θ_w) 分别通过式（5-12）和式（5-13）转为笛卡儿坐标系下 (y_1, y_2)，从而完成了水印嵌入：

$$y_1 = \rho \cos \theta_w \tag{5-12}$$

$$y_2 = \rho \sin \theta_w \tag{5-13}$$

整个嵌入过程如图 5.12 所示。在水印提取阶段，则需要先计算出接收到的两个样本的角度，再根据最小距离译码来提取水印信息。

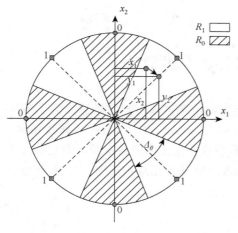

图 5.12　AQIM 算法水印嵌入过程示意图

5.2.2　改进算法

角度量化索引调制虽然获得了对幅度缩放攻击的鲁棒性，但其对加性高斯白噪声的鲁棒性有所下降，因此，一系列改进算法相继被提出[4-7]。

Nezhadarya 等[4]提出了一种基于多级梯度方向量化的鲁棒性水印（gradient direction watermarking，GDWM）算法。首先对原始图像进行 DWT 并计算每级尺度上梯度向量，将梯度向量域划分成小块；然后在每级尺度上扰乱梯度向量的位置，找出每个块中最重要的梯度向量，并将水印利用 AQIM 嵌入其角度上；再增加含水印向量的幅度以减小失真，在每级尺度上将梯度向量进行反扰动，恢复其原来的位置；最后利用 IDWT 得到含水印的载体图像。GDWM 算法虽然对多种攻击都具有很好的鲁棒性，但其失真比较大，水印容量较小。

Cai 等[5]在 GDWM 算法的基础上进行了改进，提出了差分角度量化索引调制（difference angle quantization index modulation，DAQIM）算法。与原始的 AQIM 算法不同，DAQIM 算法量化的是两个角度的差分而不是角度本身，使得因嵌入水印引起的扰动从一个角度分散到更多的角度上。在保持高鲁棒性的基础上，DAQIM 算法与 AQIM、GDWM 算法相比，嵌入失真更小。但该算法的水印容量还是没有提升。

SPA（sample projection approach）[6]通过将线段投影到某些特定线段上来嵌入水印，对包括幅度缩放攻击在内的多种攻击都具有很强的鲁棒性，但对加性高斯白噪声的鲁棒性还是存在不足；Sahraee 等[7]提出的鲁棒性水印算法则是对小波系数的距离进行量化，虽然有非常高的不可感知性，但鲁棒性相对较差。

5.3　基于分块压缩感知的角度量化索引调制水印算法

为了提高 AQIM 相关算法的性能，本节介绍的算法首次将分块压缩感知与角度量化索引调制相结合，提出了基于分块压缩感知的角度量化索引调制水印算法，共分为水印嵌入算法和水印提取算法。首先比较了压缩感知理论中不同观测矩阵的性能以选择最佳的观测矩阵。在水印嵌入算法中，利用混沌序列构建出稀疏随机矩阵作为观测矩阵；然后对载体图像进行分块信号观测，在每一块中选择最优的两个观测值，利用角度量化索引调制算法将水印信息嵌入其中，再利用最小全变分算法重建出嵌入水印的图像块，将混沌序列相关信息以及水印嵌入位置作为密钥。在水印提取算法中，首先根据密钥获得观测矩阵并确定水印嵌入位置，再对载体图像进行分块信号观测，利用角度量化索引调制算法提取出水印信息。最后分析了该算法的安全性以及对加性高斯白噪声、幅度缩放攻击的鲁棒性，并研究了压缩比不同造成的影响。

5.3.1　测量矩阵的选择

常用的观测矩阵包括随机高斯矩阵[8, 9]、随机伯努利矩阵[8, 9]、稀疏随机矩阵[10]、部分随机傅里叶变换矩阵[11]以及特普利茨矩阵和循环矩阵[12]等。对于角度量化索引调制水印算法来说，选择的观测矩阵应有如下特性：噪声等攻击对观测值的扰动应很小，或者与观测值本身相比扰动相对较小（因为角度通过两个观测值相除取正切求得，观测值扰动量与观测值相比越小越好），以保证水印的鲁棒性；应使得重建的精确程度越高越好，即利用重建算法从观测值中恢复出来的图像的峰值信噪比越高越好，以保证水印的不可感知性。本小节通过实验比较了一些常见观测矩阵，包括随机高斯矩阵、随机伯努利矩阵、稀疏随机矩阵、特普利茨矩阵以及使用混沌序列构建的观测矩阵[13]（因部分随机傅里叶变换矩阵使得观测值存在复数，未选择）。

令观测矩阵大小均为 $M \times N$。在随机高斯矩阵中，矩阵的每一元素独立服从于均值为 0，方差为 $1/\sqrt{M}$ 的高斯分布；在随机伯努利矩阵中，矩阵的每一元素独立服从于伯努利分布，即元素值为 $1/\sqrt{M}$、$-1/\sqrt{M}$ 的概率均为 1/2；在稀疏随机矩阵中，在每一列

中随机取 d 个位置为 1，其余为 0，本节取 d 为 16；在特普利茨矩阵中，首先随机生成一行向量 $\boldsymbol{u} \in \mathbf{R}^N$，再利用 $\boldsymbol{u}$ 经过 M 次循环构建剩余的 $M-1$ 个行向量，再对列进行归一化；使用混沌序列构建的观测矩阵，即通过间隔采样混沌序列来构造观测矩阵。

　　对 512×512 的"Lena"灰度图像和经过不同攻击后的"Lena"图像分别进行块大小为 16×16 的分块压缩感知，压缩比均为 0.7，共进行 100 次实验，统计了各矩阵原始图像观测值的均值 $\overline{X}$、攻击后图像观测值的均值 $\overline{Y}$、受攻击前后观测值改变量的绝对值的均值 $\overline{|X-Y|}$ 以及受攻击前后观测值改变量的绝对值与原始图像观测值绝对值的比值的均值 $\overline{|X-Y|/|X|}$，具体结果见表 5.3。还对比了灰度图像利用最小全变分算法从不同矩阵观测值中重建出的图像的峰值信噪比，具体结果见表 5.4。最好的实验结果用黑体标注了出来。

表 5.3　不同攻击对不同观测矩阵观测值的影响对比

观测矩阵	统计量	AWGN ($\sigma=20$)	椒盐噪声 (1%)	均值滤波 (5×5)	中值滤波 (5×5)	JPEG 压缩 (QF=30)
随机高斯矩阵	$\overline{X}$	−1.6861	1.2945	0.1985	−1.1582	0.4923
	$\overline{Y}$	−1.6875	1.2992	0.2000	−1.1533	0.4914
	$\overline{\|X-Y\|}$	19.0571	11.8477	7.9320	6.1333	5.0092
	$\overline{\|X-Y\|/\|X\|}$	4.0580	1.5092	1.1653	0.8009	0.7683
随机伯努利矩阵	$\overline{X}$	−0.5480	0.8186	−0.1655	0.5549	−0.3960
	$\overline{Y}$	−0.5502	0.8229	−0.1679	0.5498	−0.3957
	$\overline{\|X-Y\|}$	19.0872	12.5922	7.9485	6.1408	5.0168
	$\overline{\|X-Y\|/\|X\|}$	1.40×10^{12}	9.08×10^{11}	4.06×10^{11}	3.25×10^{11}	2.95×10^{11}
稀疏随机矩阵	$\overline{X}$	547.218	547.219	547.219	547.219	547.219
	$\overline{Y}$	547.234	549.026	544.368	544.669	547.321
	$\overline{\|X-Y\|}$	18.9936	6.7961	9.3067	6.8147	5.2979
	$\overline{\|X-Y\|/\|X\|}$	**0.0433**	**0.0153**	**0.0195**	**0.0159**	**0.0120**
特普利茨矩阵	$\overline{X}$	−4.1805	4.8624	−10.0157	−10.2751	−4.5375
	$\overline{Y}$	−4.1771	4.8768	−10.0071	−10.2241	−4.5381
	$\overline{\|X-Y\|}$	19.0863	12.5744	7.9598	6.1410	5.0170
	$\overline{\|X-Y\|/\|X\|}$	1.45×10^{12}	8.75×10^{11}	4.10×10^{11}	3.50×10^{11}	3.65×10^{11}
混沌序列矩阵	$\overline{X}$	−2.0981	−2.0981	−2.0981	−2.0981	−2.0981
	$\overline{Y}$	−2.0954	−2.1067	−2.0731	−2.1052	−2.1080
	$\overline{\|X-Y\|}$	19.0818	12.4036	7.9384	6.1472	5.0225
	$\overline{\|X-Y\|/\|X\|}$	1.6217	1.0758	0.7186	0.5669	0.4488

表 5.4　由不同观测矩阵观测值重建出的图像的 PSNR 对比

矩阵	PSNR	矩阵	PSNR
随机高斯矩阵	37.0787dB	特普利茨矩阵	22.9154dB
随机伯努利矩阵	37.0729dB	混沌序列矩阵	36.9011dB
稀疏随机矩阵	36.5938dB		

从表 5.3 可以看出，在相同的攻击下，各观测矩阵的 $\overline{|X-Y|}$ 值相差不是很大，但 $\overline{|X-Y|}/\overline{|X|}$ 值却有着很大的差别。其中，随机伯努利矩阵和特普利茨矩阵的性质较为相近，都是观测值相对较小，攻击导致的观测值扰动量与观测值本身相比相差特别大，从而导致 $\overline{|X-Y|}/\overline{|X|}$ 值极大，抗噪性能不太理想；随机高斯矩阵以及混沌序列矩阵的性质较为相近，也是观测值较小，但 $\overline{|X-Y|}/\overline{|X|}$ 值也相对较小，这说明了攻击导致的观测值扰动量与观测值本身相比不是很大，但攻击还是会造成不小的影响，抗噪性能一般；稀疏随机矩阵的抗噪性能最好，这是因为稀疏随机矩阵的每一列包含 d 个 1 以及 $N-d$ 个 0，由原始图像块和稀疏随机矩阵相乘得到的观测值是某些像素值的和，因此观测值本身较大，在攻击导致的观测值扰动量与其他矩阵相差不大的情况下，观测值扰动量与观测值本身相比极小，抗噪性能较好。从表 5.4 可以看出，随机高斯矩阵的重建效果最好，恢复图像的 PSNR 最高，其后是随机伯努利矩阵、混沌序列矩阵、稀疏随机矩阵，但相差不是很大，特普利茨矩阵的重建效果最差。

综合考虑攻击造成的相对扰动量以及重建精度，选择稀疏随机矩阵作为基于分块压缩感知的角度量化索引调制算法的观测矩阵。

5.3.2　水印嵌入算法

基于分块压缩感知的角度量化索引调制水印嵌入算法框图如图 5.13 所示，本小节将介绍具体实现细节。

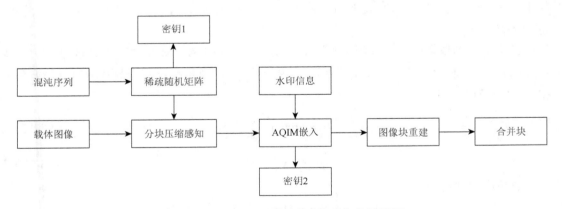

图 5.13　BCS-AQIM 算法的水印嵌入算法框图

根据 5.3.1 节的分析，选择了稀疏随机矩阵作为观测矩阵。稀疏随机矩阵的每一列中

随机的 d 个位置为 1，其余为 0，这里取 d 为 16。为了传输的方便性和安全性，本节提出了采用混沌序列来构建稀疏随机矩阵的方法。

2.3 节介绍了"混沌映射基础知识"。混沌序列是一种在确定系统中的无规则运动，即具有固定的生成函数，但生成的序列却是不可预测、类随机的，在水印算法方面有着广泛的应用[14,15]。本章考虑研究最为广泛且最简单的动力学系统 Logistic 映射：

$$z_{n+1} = \eta z_n (1 - z_n) \tag{5-14}$$

其中，η 是一个正的常数。令 z_0 表示系统的初始状态。有研究表明，当 $\eta > 3.56995$ 时，绝大多数 η 值使得 Logistic 映射展现出混沌特性，且受初始状态影响特别大[16]。也就是说，即使初始状态 z_0 相差不大，得到的序列也是截然不同的。为了使得 Logistic 映射生成的序列均匀分布在[0, 1]区间上，设置 η 值为 4。

设所需观测矩阵大小为 $m \times B^2$，可通过以下步骤构建 $m \times B^2$ 的稀疏随机矩阵 $\boldsymbol{\Phi}_B$：

（1）确定混沌序列初值 z_0 以及 Logistic 参数 η，生成 Logistic 序列 z_n；

（2）确定采样起始点 z_k 以及采样间隔 t，对 z_n 进行采样，共采样 $m \times B^2$ 个元素；

（3）依次选取采样序列的 m 个元素作为观测矩阵的每一列，以生成大小为 $m \times B^2$ 的观测矩阵 $\boldsymbol{\Phi}_B$；

（4）对 $\boldsymbol{\Phi}_B$ 每一列元素根据大小进行排序；

（5）将每一列最大的 d 个元素置为 1，其余元素置为 0。

由于 Logistic 映射产生的序列是完全混沌的，每一列最大的 d 个元素的位置可看作随机的，稀疏随机矩阵每一列元素 1 的位置也可看作随机的，由此构建了稀疏随机矩阵 $\boldsymbol{\Phi}_B$。并将初值 z_0、起始点 z_k 以及采样间隔 t 作为密钥 1。

对载体图像进行分块压缩感知。将载体图像 $\boldsymbol{X}$ 分成大小为 $B \times B$、互不重叠的图像块，再使用稀疏随机矩阵 $\boldsymbol{\Phi}_B$ 对每一块进行信号观测。令 $\boldsymbol{x}^i$ 表示由第 i 个图像块像素值构成的列向量，那么对应的观测向量 $\boldsymbol{x}_s^i$ 可通过式（5-15）求得：

$$\boldsymbol{x}_s^i = \boldsymbol{\Phi}_B \boldsymbol{x}^i \tag{5-15}$$

其中，$\boldsymbol{x}_s^i$ 大小为 $m \times 1$；$\boldsymbol{\Phi}_B$ 大小为 $m \times B^2$；$\boldsymbol{x}^i$ 大小为 $B^2 \times 1$，设压缩比为 M/N，则 $m = \lfloor MB^2/N \rfloor$。

在第 i 个图像块中，选取两个观测值 x_{s1}^i 以及 x_{s2}^i 利用 AQIM 算法进行水印嵌入。将 (x_{s1}^i, x_{s2}^i) 转化为极坐标表示形式 (ρ^i, θ^i)，其中半径 ρ^i 以及角度 θ^i 可分别由式（5-16）和式（5-17）计算得到：

$$\theta^i = \arctan\left(\frac{x_{s2}^i}{x_{s1}^i}\right) \tag{5-16}$$

$$\rho^i = \sqrt{x_{s1}^{i2} + x_{s2}^{i2}} \tag{5-17}$$

对角度 θ^i 进行量化：

$$\theta_w^i = Q_{b^i}(\theta^i, \Delta_\theta) = \text{round}\left(\frac{\theta^i + b^i \Delta_\theta}{2\Delta_\theta}\right) \times 2\Delta_\theta - b^i \Delta_\theta \tag{5-18}$$

其中，$b^i \in \{0,1\}$ 为嵌入在第 i 块的水印比特信息；θ_w^i 为嵌入水印后第 i 块的角度；Δ_θ 为

角度的量化步长。从 (ρ^i,θ_w^i) 中恢复出嵌入水印的两个观测值 y_{s1}^i、y_{s2}^i：

$$y_{s1}^i = \rho^i \cos\theta_w^i \tag{5-19}$$

$$y_{s2}^i = \rho^i \sin\theta_w^i \tag{5-20}$$

y_{s1}^i、y_{s2}^i 和未嵌入水印的观测值共同组成了嵌入水印后的观测向量 $\boldsymbol{y}_s^i$。

在每个块中，应从观测向量 $\boldsymbol{x}_s^i$ 选取两个最优的观测值嵌入水印，然后将选择的观测值位置作为密钥 2。设计一准则函数 F，选择使准则函数最小的两个观测值。考虑到水印的鲁棒性以及不可感知性，将嵌入水印后的 PSNR 以及加入不同强度的高斯噪声后提取水印的平均 BER 的线性组合作为准则函数，即

$$F = k_1 \times \mathrm{PSNR} + k_2 \times \mathrm{BER} \tag{5-21}$$

其中，k_1、k_2 为比例系数，取 $k_1 = -0.15$，$k_2 = 1$。为了减少计算量，也可只考虑选择嵌入水印后的使 PSNR 最大的观测值。

考虑到大多数图像的梯度是稀疏的，选择最小全变分法从嵌入水印的观测向量 $\boldsymbol{y}_s^i$ 中恢复出嵌入水印的第 i 个图像块 $\boldsymbol{Y}^i$。最小全变分法不仅可以恢复稀疏的信号或图像，还可以恢复密集的楼梯信号或分段不变的图像[17]。通过最小全变分法恢复出的图像边缘更精确，非常适合二维图像的重建。记二维图像 $\boldsymbol{I}$ 的全变分为

$$\| \boldsymbol{I} \|_{\mathrm{TV}} = \sum_{p,q} \| D_{p,q}\boldsymbol{I} \|_2 \tag{5-22}$$

$$D_{p,q}\boldsymbol{I} = \begin{bmatrix} \boldsymbol{I}(p+1,q) - \boldsymbol{I}(p,q) \\ \boldsymbol{I}(p,q+1) - \boldsymbol{I}(p,q) \end{bmatrix} \tag{5-23}$$

将式（2-46）修改为

$$\begin{cases} \tilde{\boldsymbol{Y}}^i = \min \| \boldsymbol{Y}^i \|_{\mathrm{TV}} \\ \text{s.t. } \boldsymbol{y}_s^i = \boldsymbol{\Phi}_B \boldsymbol{Y}^i \end{cases} \tag{5-24}$$

其中，$\tilde{\boldsymbol{Y}}^i$ 即为重建的嵌入水印的第 i 个图像块。再将各图像块组合，形成嵌入水印后的载体图像 $\boldsymbol{Y}$。

5.3.3　水印提取算法

基于分块压缩感知的角度量化索引调制水印提取算法框图如图 5.14 所示，本小节将介绍具体实现细节。

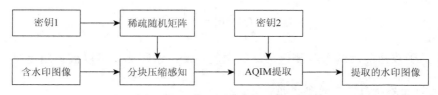

图 5.14　BCS-AQIM 算法的水印提取算法框图

嵌入水印的图像 $\boldsymbol{Y}$ 在传输过程中可能会遭到攻击，假设提取端获得的含水印图像为 $\boldsymbol{R}$。首先根据密钥 1 中的 Logistic 映射产生的序列的相关参数构建出稀疏随机矩阵 $\boldsymbol{\Phi}_B$，再将含水

印图像 $\boldsymbol{R}$ 划分成大小为 $B \times B$、互不重叠的图像块，对每一块利用 $\boldsymbol{\Phi}_B$ 进行信号观测，令 $\boldsymbol{r}^i$ 表示由第 i 个图像块像素值构成的列向量，那么对应的观测向量 $\boldsymbol{r}_s^i$ 可通过式（5-25）求得：

$$\boldsymbol{r}_s^i = \boldsymbol{\Phi}_B \boldsymbol{r}^i \tag{5-25}$$

根据密钥 2 确定第 i 块嵌入水印的两个观测值 r_{s1}^i、r_{s2}^i，并计算角度 $\theta^{i'}$：

$$\theta^{i'} = \arctan\left(\frac{r_{s2}^i}{r_{s1}^i}\right) \tag{5-26}$$

然后利用最小距离译码提取出嵌在第 i 块的水印比特 $b^{i'}$：

$$b^{i'} = \arg\min_{b^i \in \{0,1\}} |\theta^{i'} - Q_{b^i}(\theta^{i'}, \Delta_\theta)| \tag{5-27}$$

最后将各块提取出的水印比特组合，形成提取的水印图像。

5.3.4　算法性能分析

本小节将主要分析基于分块压缩感知的角度量化索引调制算法对幅度缩放攻击、加性高斯白噪声的鲁棒性以及算法的安全性。

1. 对幅度缩放攻击的鲁棒性

本节所提算法基于 AQIM 算法，虽然进行了分块压缩感知操作，依然保持着对幅度缩放攻击的鲁棒性，证明如下。

嵌入水印的载体图像受到幅度缩放攻击，像素值乘上一个缩放比例因子 β，即 $\boldsymbol{R} = \beta \boldsymbol{X}$。观测向量 $\boldsymbol{r}_s^i$ 为

$$\boldsymbol{r}_s^i = \boldsymbol{\Phi}_B \boldsymbol{r}^i = \boldsymbol{\Phi}_B \beta \boldsymbol{x}^i = \beta \boldsymbol{\Phi}_B \boldsymbol{x}^i = \beta \boldsymbol{x}_s^i \tag{5-28}$$

那么，$r_{s1}^i = \beta x_{s1}^i$，$r_{s2}^i = \beta x_{s2}^i$，角度 $\theta^{i'}$ 即为

$$\begin{aligned}\theta^{i'} &= \arctan\left(\frac{r_{s2}^i}{r_{s1}^i}\right)\\ &= \arctan\left(\frac{\beta x_{s2}^i}{\beta x_{s1}^i}\right)\\ &= \arctan\left(\frac{x_{s2}^i}{x_{s1}^i}\right) = \theta^i\end{aligned} \tag{5-29}$$

可以看出，受攻击前后两个观测值形成的角度不变，水印比特可以被正确提取。

2. 对加性高斯白噪声的鲁棒性

为了分析所提算法对 AWGN 的鲁棒性，需要计算两个正态变量 $a \sim N(\mu_a, \sigma_a^2)$ 和 $b \sim N(\mu_b, \sigma_b^2)$ 的比值 c 的分布。根据文献[18]，当 μ_a 和 μ_b 非零，且 $\sigma_a/\mu_a \ll 1$，$\sigma_b/\mu_b \ll 1$ 时，c 可以被

看作近似服从高斯分布，均值 μ_c 以及方差 σ_c^2 可通过式（5-30）和式（5-31）计算：

$$\mu_c = \frac{\mu_a}{\mu_b}(1+A) \tag{5-30}$$

$$\sigma_c^2 = \frac{\mu_a^2}{\mu_b^2}(A+2A^2) + \frac{\sigma_a^2}{\mu_b^4} \tag{5-31}$$

其中，$A = \sigma_b^2 / \mu_b^2$。

对于加性高斯白噪声，有 $\boldsymbol{R} = \boldsymbol{X} + \boldsymbol{V}$，其中 $\boldsymbol{V}$ 为噪声形成的矩阵。为了方便分析，假设第 i 个嵌入水印后的图像块的像素灰度值服从高斯分布，且均值为 μ_y，方差为 σ_y^2。

稀疏观测矩阵 $\boldsymbol{\Phi}_B$ 的每一列元素中，有 d 个 1，其余元素为 0。根据式（5-15），观测值由 $\boldsymbol{\Phi}_B$ 的行乘以列向量 $\boldsymbol{x}^i$ 得到，因此观测值即为某些像素灰度值的和。假设 y_{s1}^i 是由 a_1 个灰度值相加，y_{s2}^i 是由 a_2 个灰度值相加，因此有

$$y_{s1}^i \sim N(a_1\mu_y, a_1\sigma_y^2) \tag{5-32}$$

$$y_{s2}^i \sim N(a_2\mu_y, a_2\sigma_y^2) \tag{5-33}$$

根据 $\tan\theta_w^i = y_{s2}^i / y_{s1}^i$，$y_{s2}^i = y_{s1}^i \tan\theta_w^i$，有

$$y_{s2}^i \sim N(a_1\tan\theta_w^i\mu_y, a_1\tan^2\theta_w^i\sigma_y^2) \tag{5-34}$$

假设噪声的均值为 0，方差为 σ_n^2，即 $\boldsymbol{V} \sim N(0, \sigma_n^2)$。对于接收到的观测值 r_{s1}^i、r_{s2}^i，有

$$\tan\theta^{i\prime} = \frac{r_{s2}^i}{r_{s1}^i} = \frac{y_{s2}^i + n_2}{y_{s1}^i + n_1} \tag{5-35}$$

其中，n_1 为对应的 a_1 个噪声值的和；n_2 为对应的 a_2 个噪声值的和，且满足 $n_1 \sim N(0, a_1\sigma_n^2)$，$n_2 \sim N(0, a_2\sigma_n^2)$，因为噪声和载体信号是独立的，可以得到 r_{s1}^i、r_{s2}^i 的分布：

$$r_{s1}^i \sim N(a_1\mu_y, a_1(\sigma_y^2 + \sigma_n^2)) \tag{5-36}$$

$$r_{s2}^i \sim N(a_1\tan\theta_w^i\mu_y, a_1\tan^2\theta_w^i\sigma_y^2 + a_2\sigma_n^2) \tag{5-37}$$

根据文献[18]、式（5-30）以及式（5-31），$\tan\theta^{i\prime}$ 的分布可看作近似服从高斯分布，均值 $\mu_{\theta^\prime}$ 以及方差 $\sigma_{\theta^\prime}^2$ 可以计算出来。因为观测值 y_{s1}^i、y_{s2}^i 是某些像素灰度值的和，与噪声 n_1、n_2 相比很大，因此噪声对 $\tan\theta^{i\prime}$ 的值只有很小的影响。

当噪声使得量化后的角度掉入错误的量化区间时，水印提取会发生错误，发生错误的概率可通过式（5-38）求得：

$$Pe = \sum_{k=1}^{\infty} Pr\{\theta_w^i = c_k\} \times \sum_{m=-\lfloor k/2 \rfloor}^{\infty} Pr\{t_{2m+k} < \theta^{i\prime} < t_{2m+k+1}\} \tag{5-38}$$

其中，c_k 以及 t_k 被定义为

$$c_k = k\Delta_\theta, \quad t_k = \frac{c_k + c_{k+1}}{2}, \quad k \text{为整数} \tag{5-39}$$

对于 $\tan\theta_w^i = y_{s2}^i / y_{s1}^i = \tan c_k$，$k \approx round(\arctan(a_2 / a_1) / \Delta_\theta)$，利用 $\tan\theta^{i\prime}$ 的分布以及正切函数的单调性，式（5-38）可被表示为

$$\mathrm{Pe} = \sum_{m=-\lfloor k/2 \rfloor}^{\infty} \left(Q\left(\frac{\tan(t_{2m+k}) - \mu_{\theta'}}{\sigma_{\theta'}^2} \right) - Q\left(\frac{\tan(t_{2m+k+1}) - \mu_{\theta'}}{\sigma_{\theta'}^2} \right) \right) \qquad (5\text{-}40)$$

其中，$Q(\alpha) = \dfrac{1}{\sqrt{2\pi}} \displaystyle\int_{\alpha}^{\infty} \mathrm{e}^{-\frac{u^2}{2}} \mathrm{d}u$ 为 Q 函数。

3. 安全性

所提算法将观测矩阵 $\boldsymbol{\Phi}_B$ 以及嵌入水印的观测值位置作为密钥，极大提升了算法的安全性，实现了高保密级别，即未经授权的用户既不能读取或解码嵌入的水印，也不能检测给定的载体数据中是否包含水印。事实上，压缩感知过程相当于一个加密过程，观测矩阵承担了非常重要的作用，并可看作安全的、值得信任的密钥的实现方式。算法的安全性体现在攻击者如果没有密钥 1，将无法从 Logistic 映射中构建出观测矩阵 $\boldsymbol{\Phi}_B$，从而无法判断载体中是否含有水印，更别说提取水印。当然，如果攻击者没有密钥 2，将不会知道水印的具体嵌入位置，也无法提取水印。

5.3.5 压缩比的影响

在压缩感知理论中，观测向量的维数 M 以及原始向量的维数 N 的比值，即压缩比 M/N 是重要的参数。直观上说，压缩比越高，使用重建算法恢复出的信号精度也越高。但在水印算法中，不仅要考虑重建精度，即水印的不可感知性，还要考虑提取水印的误码率，即水印的鲁棒性。本节将通过实验，研究对比不同压缩比对噪声下提取水印的误码率以及重建图像的峰值信噪比的影响。

分别选取压缩比 M/N 为 0.5、0.6、0.7、0.8 和 0.9，选择载体图像为 512×512 大小的 "Lena" 灰度图像，水印信息为随机生成的 1024bit 二值伪随机序列，量化步长设置为 $\pi/16$。表 5.5 给出了不同压缩比下，经 100 次实验重建图像的平均峰值信噪比。图 5.15 给出了在所提算法中使用上述压缩比在不同强度的高斯噪声下（a）、不同强度的椒盐噪声下（b）经 100 次实验提取水印的平均误码率。从图 5.15 可以看出，两种攻击下，都是当压缩比 M/N 较低时，提取水印的误码率较低。这是由于稀疏随机矩阵每一列元素有 d 个 1，$M-d$ 个 0，观测值是对应于稀疏随机矩阵每行中元素为 1 的某些像素灰度值的和。当 M/N 降低，即 M 值减小时，稀疏随机矩阵每行中元素为 1 的个数增加，观测值数值变大，噪声造成的扰动与观测值相比变得更小了，因此误码率随之降低。M/N 为 0.7、0.8、0.9 时算法的性能相差不大。从表 5.5 可以看出，M/N 越大，重建图像的 PSNR 越高，符合压缩感知理论。

表 5.5　不同压缩比对应的重建图像的平均 PSNR

压缩比	PSNR	压缩比	PSNR
0.5	32.93dB	0.8	38.22dB
0.6	34.77dB	0.9	40.14dB
0.7	36.54dB		

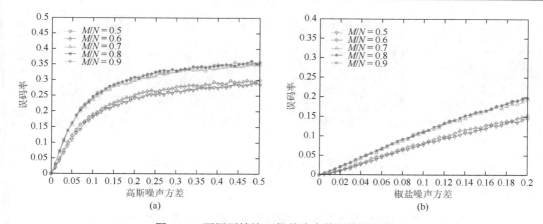

图 5.15 不同压缩比下信号攻击的平均误码率

（a）高斯噪声实验对比；（b）椒盐噪声实验对比

5.3.6 实验仿真及分析

基于分块压缩感知的角度量化索引调制算法，在每一个图像块最优的两个观测值中利用角度量化索引调制算法嵌入水印信息，具有鲁棒性高、安全性强的特点。本节为了验证所提算法的不可感知性、安全性以及鲁棒性，进行了一系列实验仿真。为了方便说明，在本节中，将所提算法称为 BCS-AQIM 算法。

本节所有实验均以 MATLAB 2016a 为平台得到。水印信息为随机生成的二值伪随机序列或大小为 32×32 的东南大学"SEU"0-1 水印图像（见图 5.16）。载体图像为 20 幅具有不同纹理特征的大小为 512×512 的 8bit 灰度图像，并设置分块大小为 16×16。

1. 不可感知性

在本小节中，利用 BCS-AQIM 算法将 1024bit 的二值"SEU"水印图像分别嵌入 20 幅载体图像中，量化步长设置为 $\pi/16$，压缩比 M/N 取 0.9。嵌入水印后的部分载体图像及其原始图像如图 5.17 所示，主观上看嵌入水印的图像均有良好的视觉效果，人眼很难分辨出载体图像中是否嵌入了水印。

图 5.16 "SEU"水印图像

进一步地，使用 PSNR 以及 SSIM 指数来衡量嵌入水印前后的图像的相似程度，具体计算公式见第 1 章中式（1-8）以及第 4 章中式（4-31）～式（4-33）。这四幅图像的 PSNR 值以及 SSIM 指数如表 5.6 所示。

(a) (b) (c) (d)

（e）　　　　　　　　　　（f）　　　　　　　　　　（g）　　　　　　　　　　（h）

图 5.17　四幅原始载体图像及嵌入水印后载体图像

（a）～（d）原始载体图像；（e）～（h）BCS-AQIM 算法嵌入水印后的载体图像

表 5.6　BCS-AQIM 算法嵌入水印后四幅图像的 PSNR 值以及 SSIM 指数

图像	PSNR	SSIM	图像	PSNR	SSIM
Jet	41.155dB	0.9989	Boat	38.202dB	0.9977
Peppers	40.079dB	0.9989	Airfield	35.162dB	0.9972

可以看出，除了对纹理比较复杂的 Airfield 图像恢复的 PSNR 值较低以外，其余三幅图像均取得了良好的 PSNR 值以及 SSIM 指数。20 幅图像的平均 PSNR 值为 38.012dB，SSIM 指数为 0.9975，表明嵌入水印的载体图像和原始载体之间有很高的相似性以及很小的失真，BCS-AQIM 算法有良好的不可感知性。

2. 安全性

BCS-AQIM 算法将用于构建观测矩阵的混沌序列相关信息以及每个图像块嵌入水印的位置作为密钥信息，显著提高了算法的安全性。为了验证 5.3.4 小节中对算法安全性的分析，进行了两个对比实验。图 5.18 给出了攻击者对观测矩阵 $\boldsymbol{\Phi}_B$ 未知（a）以及对嵌入位置未知（b）的情形下，在不同强度加性高斯白噪声下的提取水印误码率，并给出了已知密钥情形下的对比。载体图像为 20 幅灰度图像，水印信息为 1024bit 随机生成的二值伪随机序列，量化步长设置为 $\pi/16$，图像 PSNR 值设置为 38dB。

图 5.18 中，横坐标为所加加性高斯白噪声的标准差，纵坐标为提取水印的误码率。可以看出，当算法拥有完整密钥信息，即既知道观测矩阵，又知道每个图像块嵌入水印的位置时，提取水印的误码率很小。一旦不知道任意一种密钥，误码率的值在 0.5 附近波动，相当于随机猜测，即使在没有噪声的情况下也一样。攻击者既不能读取或解码嵌入的水印，也不能检测给定的载体数据中是否包含水印，因此，BCS-AQIM 算法具有很高的安全性。

3. 鲁棒性

对 BCS-AQIM 算法进行幅度缩放攻击实验。图 5.19 反映了含水印图像做不同尺度的幅度缩放后，BCS-AQIM 算法的鲁棒性，横坐标为缩放因子，纵坐标为提取水印的误码率。

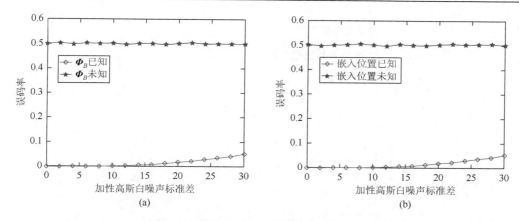

图 5.18　BCS-AQIM 算法在两种情形下的高斯白噪声攻击下的误码率对比

（a）观测矩阵已知、未知的实验对比；（b）嵌入位置已知、未知的实验对比

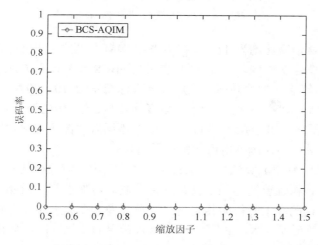

图 5.19　BCS-AQIM 算法在幅度缩放攻击下的提取水印误码率

可以发现 BCS-AQIM 算法在不同尺度的缩放下，误码率均为 0，表明了该算法对幅度缩放攻击极好的抵抗性。同时也验证了 5.3.4 小节中 BCS-AQIM 算法对幅度缩放攻击具有鲁棒性的证明。

BCS-AQIM 算法是对 AQIM 算法的改进。为了评价 BCS-AQIM 算法和 AQIM 算法的鲁棒性，同时也为了验证 5.3.4 小节中 BCS-AQIM 算法对加性高斯白噪声的鲁棒性的分析，进行了对比实验。图 5.20 展示了 AQIM 算法与 BCS-AQIM 算法在不同标准差的 AWGN 攻击下提取水印的误码率，以及由 5.3.4 小节中的分析计算出来的误码率理论值。载体图像等设置和 5.3.6 小节一致。可以看出 BCS-AQIM 算法对 AWGN 的鲁棒性要明显优于 AQIM 算法，且和计算出来的理论值相差不大，从而验证了 5.3.4 小节的分析。

为了进一步评估 BCS-AQIM 算法的鲁棒性，将此算法与 AQIM 算法及其改进算法 GDWM 算法[4]以及 DAQIM 算法[5]进行了对比。为了对比的公平性，将 256bit 随机生成的二值水印嵌入 4 幅载体图像中，包括 Lena、Peppers、Baboon 以及 Barbara。并使得嵌

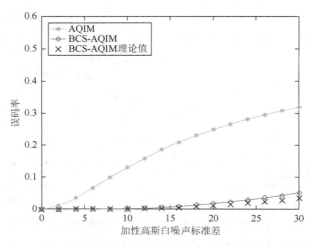

图 5.20　AQIM 算法与 BCS-AQIM 算法
在不同标准差的 AWGN 攻击下提取水印的误码率

入水印后图像的峰值信噪比均为 42dB。在 BCS-AQIM 算法中，随机选取 256 个图像块进行嵌入并且在每个图像块中嵌入 1bit 水印。表 5.7 为 BCS-AQIM 算法、AQIM 算法、GDWM 算法以及 DAQIM 算法在加性高斯白噪声（噪声标准差为 10、20）、椒盐噪声（强度为 1%）、均值滤波（窗口大小为 3×3、5×5）、角度旋转（0.5°）、中值滤波（窗口大小为 3×3、5×5）以及 JPEG 压缩（QF 为 20、30）攻击下，不同载体图像提取水印的误码率。每幅图像在每种攻击下最低的误码率用粗体标记了出来。

　　可以看出，BCS-AQIM 算法能很好地抵抗多种攻击，对除椒盐噪声之外的所有攻击的误码率均最低，鲁棒性要明显强于其余三种算法。对加性高斯白噪声、角度旋转以及中值滤波三种攻击误码率下降得尤其明显。这是因为大多数水印攻击对观测值的角度 θ^i 影响很小，不足以使得嵌入水印后的角度 θ_w^i 掉入错误的量化区间。但 BCS-AQIM 算法对椒盐噪声的鲁棒性不是很理想，这是由于椒盐噪声使部分像素灰度值变为 0 或 255，而观测值是由某些像素灰度值相加得到的，因此对观测值产生相对较大的影响。GDWM 算法以及 DAQIM 算法的鲁棒性相较于 AQIM 算法，也有了一定程度的提升。

表 5.7　AQIM、GDWM、DAQIM 以及 BCS-AQIM 在不同攻击下提取水印的误码率（单位：%）

图像	算法	AWGN（σ）		椒盐噪声	均值滤波		角度旋转	中值滤波		JPEG 压缩（QF）	
		10	20	1%	3×3	5×5	0.5°	3×3	5×5	20	30
Lena	AQIM	8.52	19.48	12.20	1.95	46.6	20.31	3.52	7.42	21.88	10.16
	GDWM	1.85	13.52	0.03	0.21	1.46	36.37	0.00	6.10	1.65	0.41
	DAQIM	1.79	12.66	**0.00**	0.18	0.77	35.86	0.01	5.14	1.71	0.39
	BCS-AQIM	**0.00**	**1.36**	0.96	**0.00**	**0.00**	**0.39**	**0.00**	**0.00**	**0.00**	**0.00**
Baboon	AQIM	5.04	13.55	7.93	2.34	10.94	32.42	6.64	16.41	5.86	3.13
	GDWM	1.28	12.48	0.54	0.21	1.24	36.42	5.03	18.75	1.41	0.62
	DAQIM	0.94	11.62	**0.31**	0.13	1.78	36.19	2.79	16.35	1.39	0.58
	BCS-AQIM	**0.00**	**0.56**	0.44	**0.00**	**1.14**	**1.95**	**0.00**	**0.78**	**0.00**	**0.00**

续表

图像	算法	AWGN (σ)		椒盐噪声	均值滤波		角度旋转	中值滤波		JPEG 压缩（QF）	
		10	20	1%	3×3	5×5	0.5°	3×3	5×5	20	30
Peppers	AQIM	14.21	19.53	16.66	1.95	10.55	26.17	2.74	7.42	18.36	12.11
	GDWM	1.32	13.47	0.11	0.11	1.56	35.89	1.17	6.64	1.33	0.18
	DAQIM	1.01	11.29	**0.09**	0.00	0.32	35.01	1.00	5.37	1.30	0.19
	BCS-AQIM	**0.25**	**1.09**	0.51	0.00	**0.01**	**0.31**	**0.00**	**0.00**	**0.00**	**0.00**
Barbara	AQIM	17.35	24.94	18.88	2.34	10.16	19.53	1.17	8.98	16.41	14.45
	GDWM	1.40	12.87	0.14	0.11	1.47	39.90	1.01	6.49	1.69	0.16
	DAQIM	0.93	10.69	**0.09**	0.06	0.97	39.49	0.89	3.59	1.63	0.10
	BCS-AQIM	**0.09**	**1.47**	0.62	0.00	**0.01**	1.12	**0.00**	**0.00**	**0.00**	**0.00**

为了进一步评估 BCS-AQIM 算法的鲁棒性，与文献[6]的 SPA 算法和文献[19]的 LQIM 算法进行了对比。

与文献[6]一致，将 256bit 伪随机二值水印分别嵌入灰度图像"Boat"和"Pirate"中，并使得嵌入水印后图像的峰值信噪比分别为 42.53dB 和 41.63dB。在 BCS-AQIM 算法中，随机选择 256 个图像块进行水印嵌入。在表 5.8 中，每幅图像在每种攻击下最低的误码率用粗体标记了出来。可以看出，BCS-AQIM 算法对攻击的误码率均为 0，明显优于文献[6]的算法，体现了 BCS-AQIM 算法极强的鲁棒性。

表 5.8　以误码率（%）为标准比较 BCS-AQIM 算法与文献[6]算法

图像	算法	幅度缩放（比例=0.75）	JPEG 压缩（QF=20）	中值滤波（3×3）
Boat	文献[6]	0.00	6.27	3.34
	BCS-AQIM	0.00	**0.00**	**0.00**
Pirate	文献[6]	0.00	6.13	4.08
	BCS-AQIM	0.00	**0.00**	**0.00**

与文献[19]一致，将 128bit 伪随机二值水印嵌入灰度图像"Lena"中，并使得嵌入水印后图像的峰值信噪比为 45.7dB。在 BCS-AQIM 算法中，随机选择 128 个图像块进行水印嵌入。比较结果如表 5.9 所示，在每种攻击下最低的误码率用粗体标记了出来，可以看出，BCS-AQIM 算法在三种攻击下的鲁棒性也要明显优于文献[19]算法。

表 5.9　以误码率（%）为标准比较 BCS-AQIM 算法与文献[19]的算法

算法	AWGN (σ)			中值滤波	高斯滤波	
	5	20	35	3×3	$\sigma^2=0.7$	$\sigma^2=0.9$
文献[19]	**0.00**	10.16	23.44	5.39	4.38	10.31
BCS-AQIM	**0.00**	**1.06**	**7.95**	**0.00**	**0.00**	**0.00**

5.4　　基于压缩感知噪声重构的 DWT-DCT 域水印算法

5.4.1　基于 DWT-DCT 变换的水印算法

离散小波变换（DWT）是变换域水印算法的另一主要变换域。小波变换是一种时-频变换，具备多分辨率分析特性，可以将信号分析在多尺度上进行，是近年来科学研究的热点。结合 DCT 的能量集中特性和 DWT 的时频与多分辨率分析特性，研究者提出基于混合变换域的水印算法[20-23]。文献[20]提出在 DWT-DCT 的混合域中嵌入水印。文献[21]对 DWT-DCT，包括 SVD 分解的各种组合域水印嵌入算法进行了攻击检测仿真分析。文献[22]提出另一种 DWT-SVD 和 DCT 相结合的水印算法，载体图像进行 DWT-SVD 分解，水印图像进行 DCT 后利用 Arnold 映射置乱加密，然后进行水印嵌入，改善水印综合性能。DWT-DCT 联合变换的数字水印算法涉及 DWT 基础知识，有关 DWT 的基础知识，在 2.1.2 小节中有基本介绍。

DWT-DCT 联合变换水印算法结合 DWT 与 DCT 来嵌入水印。算法首先对载体图像进行 L 级的小波分解，取 L 层中某一子图进行 $a \times b$ 的分块并进行 DCT 用于水印嵌入。假设载体图像的尺寸为 $M \times N$，水印图像的尺寸为 $m \times n$，经过 L 级 DWT 后的分块大小为 $(M/2^L m) \times (N/2^L n)$，$M \geqslant 2^{L+1}m, N \geqslant 2^{L+1}n$。

DWT-DCT 联合变换水印算法水印嵌入流程如图 5.21 所示，具体过程如下：

（1）读取水印图像 W 和载体图像 I；

（2）利用 Haar 小波对载体图像 I 进行 L 级小波分解，得到不同分辨率下的细节子图与逼近子图，选取最后一级分解的某个子图（通常选取低频子图）；

（3）对选取的子图进行分块 DCT，读取 DCT 块中除了（1，1）的其他系数作为向量 x，（1，1）系数可以用来决定量化步长，然后使用 Logistic 混沌序列构造投影向量 v，投影变换后得到待量化系数 y：

$$y = x^T v \tag{5-41}$$

（4）利用 QIM 算法将水印信息嵌入系数 y 中：

$$q_e = \frac{y}{\Delta} \tag{5-42}$$

$$m_e = \text{round}(q_e) \tag{5-43}$$

$$\delta e = m_e - q_e \tag{5-44}$$

$$\text{if} \quad \text{mod}(m_e, 2) \equiv w_i \\ y_w = m_e \cdot \Delta \tag{5-45}$$

$$\text{else if} \quad \text{mod}(m_e, 2) \neq w_i \\ \text{if} \quad \delta e > 0, \quad y_w = (m_e - 1) \cdot \Delta \\ \text{if} \quad \delta e < 0, \quad y_w = (m_e + 1) \cdot \Delta \tag{5-46}$$

其中，w_i 表示水印信息；y_w 为嵌入水印后的系数；Δ 表示量化步长。

（5）由式（5-47）的变换得到嵌入水印后的 DCT 系数向量 $\boldsymbol{x}_w$，然后进行 DCT 逆变换得到含水印信息的小波系数矩阵，再进行 L 级小波重构，最后得到水印载体图像 $\boldsymbol{I}_w$。

$$x_w = (y - y_w) \cdot \boldsymbol{v} + \boldsymbol{x} \tag{5-47}$$

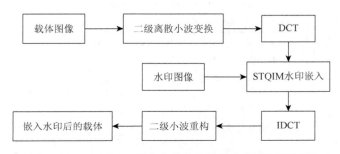

图 5.21　DWT-DCT 联合变换水印算法水印嵌入流程图

水印检测时，接收的载体图像进行 L 级 DWT，然后选择子图进行分块 DCT，读取系数向量 $\boldsymbol{x}_D$ 进行投影变换，并进行水印检测。

$$q_D = \frac{\boldsymbol{x}_D^{\mathrm{T}} \boldsymbol{v}}{\varDelta} \tag{5-48}$$

$$m_D = \text{round}(q_D) \tag{5-49}$$

$$w_i' = \text{mod}(m_D, 2) \tag{5-50}$$

其中，w_i' 表示提取的水印信息。比特误码率用来衡量提取水印的恢复情况，其值越小说明水印恢复得越好，计算方法为

$$\text{BER} = 传输中的误码/传输的总码数 \tag{5-51}$$

5.4.2　正交匹配追踪重构算法

目前，压缩感知重构算法包括凸优化算法、贪婪算法、组合算法三类[24]。正交匹配追踪（OMP）算法[25]由匹配追踪（MP）算法[26]改进而来，属于贪婪追踪算法，具有较高的重构精度和较低的计算复杂度，下面主要介绍 OMP 算法。

假设待重构信号的长度为 n。在 n 维空间内，有字典矩阵 $\boldsymbol{D} = \{\boldsymbol{d}_1, \boldsymbol{d}_2, \cdots, \boldsymbol{d}_n\}$，$\| \boldsymbol{d}_i \| = 1$，$\boldsymbol{d}_i$ 表示 $i(i < n)$ 维列向量。观测值信号 $\boldsymbol{y}$ 被表示为 $\boldsymbol{y} = \boldsymbol{D}\boldsymbol{a}$。OMP 算法的实现过程如图 5.22 所示。

在 t 次迭代后，$\boldsymbol{y}$ 可表示为

$$\boldsymbol{y} = \sum_{i=1}^{t} a_i^t \boldsymbol{d}_{\lambda_i} + \boldsymbol{e}_t \tag{5-52}$$

则 $t+1$ 次迭代后，$\boldsymbol{y}$ 表示为

$$\boldsymbol{y} = \sum_{i=1}^{t+1} a_i^{t+1} \boldsymbol{d}_{\lambda_i} + \boldsymbol{e}_{t+1}, \quad \boldsymbol{a} = [a_1, a_2, \cdots, a_n] \tag{5-53}$$

两式相减有

$$\sum_{i=1}^{t}(a_i^{t+1}-a_i^t)\boldsymbol{d}_{\lambda_i}+a_{t+1}^{t+1}\boldsymbol{d}_{\lambda_{t+1}}+\boldsymbol{e}_{t+1}-\boldsymbol{e}_t=0 \qquad (5\text{-}54)$$

输入：感知矩阵 $\boldsymbol{\theta}=\boldsymbol{\varphi\Psi}$；观测向量$\boldsymbol{y}$；稀疏度$k$

输出：信号稀疏表示系数估计$\hat{a}$

(1) 初始化：残差$\boldsymbol{e}_0=\boldsymbol{y}$，迭代次数$t=0$，$V_t=\{\}$，$D_t=\{\}$；

(2) 找到索引，使得

$$\lambda_{t+1}=\arg\max|\langle \boldsymbol{e}_t,\boldsymbol{d}_i\rangle|,\boldsymbol{d}_i\in\boldsymbol{\theta};$$

(3) 令

$$V_{t+1}=V_t\bigcup\{\lambda_{t+1}\},D_{t+1}=D_t\bigcup\{\boldsymbol{d}_{\lambda_{t+1}}\};$$

(4) 求最小二乘解：

$$\hat{a}_{t+1}=\arg\min\|\boldsymbol{y}-\boldsymbol{D}\hat{a}_t\|$$

(5) 更新残差：

$$\boldsymbol{e}_{t+1}=\boldsymbol{y}-\boldsymbol{D}_{t+1}\hat{a}_{t+1}$$

(6) $t=t+1$，若$t<K$，则继续执行步骤（2），否则迭代终止。

图 5.22   OMP 算法实现过程

因为向量$\boldsymbol{d}_{\lambda_{t+1}}$与其他向量不一定正交，即$\boldsymbol{d}_{\lambda_{t+1}}$无法全部由$\{\boldsymbol{d}_{\lambda_1},\boldsymbol{d}_{\lambda_2},\cdots,\boldsymbol{d}_{\lambda_t}\}$表示，即

$$\boldsymbol{d}_{\lambda_{t+1}}=\sum_{i=1}^{t}\chi_i^t\boldsymbol{d}_{\lambda_i}+\boldsymbol{\gamma}_i \qquad (5\text{-}55)$$

将式（5-55）代入式（5-54）得

$$0=\sum_{i=1}^{t}(a_i^{t+1}-a_i^t)\boldsymbol{d}_{\lambda_i}+a_{t+1}^{t+1}\sum_{i=1}^{t}\chi_i^t\boldsymbol{d}_{\lambda_i}+a_{t+1}^{t+1}\boldsymbol{\gamma}_t+\boldsymbol{e}_{t+1}-\boldsymbol{e}_t$$
$$=\sum_{i=1}^{t}(a_i^{t+1}-a_i^t+a_{t+1}^{t+1}\chi_i^t)\boldsymbol{d}_{\lambda_i}+a_{t+1}^{t+1}\boldsymbol{\gamma}_t+\boldsymbol{e}_{t+1}-\boldsymbol{e}_t \qquad (5\text{-}56)$$

当且仅当式（5-56）的右边两项为零时等式成立。

$$a_i^{t+1}-a_i^t+a_{t+1}^{t+1}\chi_i^t=0 \qquad (5\text{-}57)$$
$$a_{t+1}^{t+1}\boldsymbol{\gamma}_t+\boldsymbol{e}_{t+1}-\boldsymbol{e}_t=0 \qquad (5\text{-}58)$$

式（5-58）两边同时对$\boldsymbol{d}_{\lambda_{t+1}}$求内积并将残差项移至右侧，得到

$$\langle a_{t+1}^{t+1}\boldsymbol{\gamma}_t,\boldsymbol{d}_{\lambda_{t+1}}\rangle=\langle \boldsymbol{e}_t,\boldsymbol{d}_{\lambda_{t+1}}\rangle-\langle \boldsymbol{e}_{t+1},\boldsymbol{d}_{\lambda_{t+1}}\rangle \qquad (5\text{-}59)$$

其中，$\langle \boldsymbol{e}_{t+1},\boldsymbol{d}_{\lambda_{t+1}}\rangle=0$，得到

$$\langle a_{t+1}^{t+1}\boldsymbol{\gamma}_t,\boldsymbol{d}_{\lambda_{t+1}}\rangle=\langle \boldsymbol{e}_t,\boldsymbol{d}_{\lambda_{t+1}}\rangle \qquad (5\text{-}60)$$

则

$$a_{t+1}^{t+1}=\frac{\langle \boldsymbol{e}_t,\boldsymbol{d}_{\lambda_{t+1}}\rangle}{\langle \boldsymbol{\gamma}_t,\boldsymbol{d}_{\lambda_{t+1}}\rangle} \qquad (5\text{-}61)$$

式（5-55）两边对$\boldsymbol{\gamma}_t$求内积，得

$$\langle \boldsymbol{\gamma}_t, \boldsymbol{d}_{\lambda_{t+1}} \rangle = \left\langle \boldsymbol{\gamma}_t, \sum_{i=1}^{t} \chi_i^t \boldsymbol{d}_{\lambda_t} + \boldsymbol{\gamma}_t \right\rangle = \langle \boldsymbol{\gamma}_t, \boldsymbol{\gamma}_t \rangle \tag{5-62}$$

故 OMP 算法的系数更新公式表示为

$$\begin{cases} a_i^{t+1} = a_i^t - a_{t+1}^{t+1} \chi_i^t \\ a_{t+1}^{t+1} = \dfrac{\langle \boldsymbol{e}_t, \boldsymbol{d}_{\lambda_{t+1}} \rangle}{\langle \boldsymbol{\gamma}_t, \boldsymbol{d}_{\lambda_{t+1}} \rangle} = \dfrac{\langle \boldsymbol{e}_t, \boldsymbol{d}_{\lambda_{t+1}} \rangle}{\langle \boldsymbol{\gamma}_t, \boldsymbol{\gamma}_t \rangle} \end{cases} \tag{5-63}$$

根据 $\boldsymbol{e}_t = a_{t+1}^{t+1} \boldsymbol{\gamma}_t + \boldsymbol{e}_{t+1}$，因为 $\boldsymbol{\gamma}_t$ 与 $\boldsymbol{e}_{t+1}$ 正交，求其二范数的平方，并代入 a_{t+1}^{t+1} 的值，有

$$\| \boldsymbol{e}_t \|^2 = \| \boldsymbol{e}_{t+1} \|^2 + \frac{|\langle \boldsymbol{e}_t, \boldsymbol{d}_{\lambda_{t+1}} \rangle|^2}{\| \boldsymbol{\gamma}_t \|^2} \tag{5-64}$$

由分析可知，OMP 算法每次迭代计算出的残差要小于上一次迭代，因此可以判定残差是收敛的。而且 OMP 收敛速度要快于 MP 算法，在所选列向量构造的子空间上，OMP 算法重构得到的结果更近似。

5.4.3　基于 OMP 噪声重构的 DWT-DCT 域水印算法

在水印算法中运用压缩感知的方法[27-30]可以分为以下两种：①水印信息预处理，降低水印的信息量或实现水印加密；②载体图像嵌入水印后的重建。但水印信息或载体信息的重建过程往往是比较复杂的，而且重建的精度易受测量矩阵和重建算法的影响。基于此，本节提出了压缩感知在水印系统中的一种新应用，即压缩感知噪声重构。所提算法不需重建水印信息或载体图像信息，而是借用载体信息对含噪的水印载体进行噪声重构，然后对水印载体图像进行去噪预处理，从而使得算法有效抵抗噪声攻击。而且实验表明，所提算法不仅能更好地抵抗噪声攻击，抵抗 JPEG 压缩和滤波攻击等的性能也得到了提高。

本节在水印算法中引入 OMP 重构算法，提出基于 OMP 噪声重构的 DWT-DCT 域水印算法。构造合适的观测矩阵是压缩重构部分的核心，对重构的精确度至关重要。随机观测矩阵的 RIP 特性具有随机性，不能保证每次都能精确地重构信号。而且在水印算法中，需要将观测矩阵作为密钥存储并传输，这对系统的要求很高。基于此，我们选择构造一种确定性测量矩阵，即特普利茨矩阵来进行观测采样。

Bryc 等于 2006 年提出的特普利茨矩阵是一种 T 型矩阵[31]，Bajwa 等证明服从特定分布的特普利茨矩阵能以较大概率满足 RIP，将特普利茨矩阵用于有压缩感知算法中，不仅具有较好的重构结果，还可以加快运算时间、减少密钥存储空间。

设 $\boldsymbol{T} = [t_{i,j}] \in \mathbf{C}^{n \times n}$，如果 $T_{i,j} = T_{i+1,j+1} (i, j = 1, 2, \cdots, n)$，即

$$\boldsymbol{T} = \begin{bmatrix} t_0 & t_1 & t_2 & \cdots & t_{n-1} \\ t_{-1} & t_0 & t_1 & \cdots & t_{n-2} \\ t_{-2} & t_{-1} & t_0 & \cdots & t_{n-3} \\ \vdots & \vdots & \vdots & & \vdots \\ t_{-n+1} & t_{-n+2} & t_{-n+3} & \cdots & t_0 \end{bmatrix} \tag{5-65}$$

则称 $\boldsymbol{T}$ 为特普利茨矩阵。

特普利茨矩阵构造方法如下：首先生成一个随机向量 $\boldsymbol{u}=(u_1,u_2,\cdots,u_N)\in\mathbf{R}^N$ 作为矩阵第一行，然后向量 $\boldsymbol{u}$ 进行 $N\text{--}1$ 次循环右移得到矩阵剩余的 $N\text{--}1$ 行向量，最后将列向量进行归一化。其中，随机向量通常是由高斯函数产生的，但本节算法选择混沌系统产生一组伪随机序列来构造特普利茨矩阵。混沌序列是一种确定性、类随机的序列，即混沌序列的生成函数是固定的，但生成的序列是不可预期、非周期的，而且初始条件可以作为密钥保存。

Logistic 映射是一种非常简单的动力系统，其定义形式为

$$X_n = \eta \cdot X_{n-1}(1 - X_{n-1}), \quad X_k < 1 \tag{5-66}$$

研究表明：当 $3.5699 < \eta \leqslant 4$ 时，Logistic 映射处于混沌态，其混沌域为（0，1）。本节使用 Logistic 映射产生一组伪随机序列，将其作为特普利茨矩阵的第一行的确定元素，然后生成特普利茨矩阵其余元素。

基于 OMP 噪声重构的 DWT-DCT 域水印算法的水印嵌入流程如图 5.23 所示。

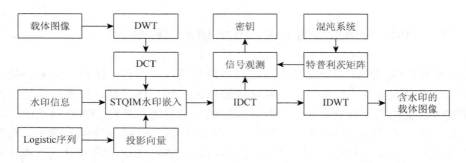

图 5.23　基于 OMP 噪声重构的 DWT-DCT 域水印算法水印嵌入框图

水印嵌入步骤如下：

（1）读取载体图像 $\boldsymbol{I}_w$ 和水印图像 $\boldsymbol{W}$；

（2）载体图像进行一级 DWT 分解后得到低频子图 $\boldsymbol{LL}$，对低频子图进行二次 DWT 得到变换矩阵 $\boldsymbol{X}$；

（3）对变换矩阵 $\boldsymbol{X}$ 进行分块 DCT，选取相应的 DCT 系数组成系数向量 $\boldsymbol{x}$，将 DCT 系数向量 $\boldsymbol{x}$ 投影到权重向量 $\boldsymbol{v}$ 上得到待嵌入水印的变量 y：

$$y = \boldsymbol{x}^{\mathrm{T}}\boldsymbol{v} \tag{5-67}$$

（4）根据 ST-QIM 算法的自适应 QIM 算法进行水印嵌入，得到嵌入水印后的变量 y_w；

（5）对 y_w 进行变换得到嵌入水印后的系数向量 $\boldsymbol{x}_w$：

$$\boldsymbol{x}_w = (y - y_w) \cdot \boldsymbol{v} + \boldsymbol{x} \tag{5-68}$$

将系数回放到对应的 DCT 块中，然后进行 IDCT 得到含水印信息的小波系数矩阵 $\boldsymbol{X}_w$；

（6）生成 Logistic 序列，构造特普利茨矩阵作为观测矩阵 Phi，与嵌入水印后的 DWT 系数矩阵 $\boldsymbol{X}_w$ 相乘产生伪观测矩阵，记为 $\boldsymbol{B}$。记录矩阵 $\boldsymbol{B}$ 作为密钥用于水印提取时的压缩感知噪声重构；

$$\boldsymbol{B} = \text{Phi} * \boldsymbol{X}_w \tag{5-69}$$

其中，∗表示两个矩阵的点积运算。

（7）对得到的小波系数矩阵进行二级小波重构，得到嵌入水印后的载体图像 I_w。

水印提取是水印嵌入的逆过程，但本节所提算法在水印提取时加入了去噪预处理的过程，水印提取的完整流程见图 5.24。

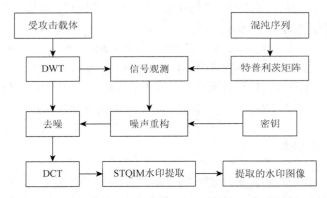

图 5.24　基于 OMP 噪声重构的 DWT-DCT 域水印算法水印提取框图

水印提取的具体过程如下：

（1）读取接收到的载体图像 I_w，对其进行一次 DWT 分解，选择一次 DWT 分解后的低频子图进行二次 DWT 分解，得到变换矩阵 X'_w；

（2）构造特普利茨矩阵作为观测矩阵 Phi，对矩阵 X'_w 进行伪观测，得到观测值矩阵 B_1；

$$B_1 = \text{Phi} * X'_w \tag{5-70}$$

（3）接收到密钥 B，假设载体图像受到噪声攻击，噪声为 E，则可以表示为

$$X'_w = X_w + E \tag{5-71}$$

将式（5-71）代入式（5-70），则有

$$
\begin{aligned}
B_1 &= \text{Phi} * X'_w \\
&= \text{Phi} * (X_w + E) \\
&= \text{Phi} * X_w + \text{Phi} * E \\
&= B + \text{Phi} * E
\end{aligned} \tag{5-72}
$$

于是得到

$$B_e = B_1 - B = \text{Phi} * E \tag{5-73}$$

已知噪声信息是具备稀疏性的，因此 B_e 可以看作观测矩阵 Phi 对稀疏性噪声进行观测得到的观测值矩阵；

（4）由观测矩阵 Phi 和噪声 E 的观测值矩阵 B_e，利用 OMP 重构算法恢复噪声信号 E'；

$$E' = \text{OMP}(\text{Phi}, B_e) \tag{5-74}$$

（5）重构出噪声信号 E' 后，对载体信息进行去噪：

$$X''_w = X'_w - E' \tag{5-75}$$

其中，X''_w 即为去噪后的水印载体图像 DWT 后的稀疏信号。

（6）系数矩阵 X''_w 进行分块 DCT，然后利用 ST-QIM 算法提取水印信息。

在本节算法中，载体信号（$M \times N$）进行一级小波变换后得到低频子图（$(M/2) \times (N/2)$），由稀疏性原理可知，整个 DWT 域是稀疏矩阵，但低频子图不一定是稀疏的。因此将低频子图再进行二次 DWT 得到子图变换矩阵，此时的子图变换矩阵是稀疏的。对于噪声信息也是如此。因为算法选择在图像 DWT 的稀疏域中作相关处理，可以认为稀疏基矩阵为单位矩阵，此时测量矩阵等同于感知矩阵。

$$Y = \varphi \psi A, \quad \psi = I, \quad 即 \theta = \varphi \psi = \varphi \tag{5-76}$$

因为只在一级 DWT 后的低频子图中进行压缩重构相关操作，故观测矩阵大小为 $k \times (M/2) \times (N/2)$，其中 $k \leqslant 1$ 表示压缩率。相比于直接在一次 DWT 进行稀疏观测所需的观测矩阵 $k \times M \times N$，观测矩阵小了至少四倍，减少了密钥存储和传输时所需的内存和带宽。

5.4.4　实验仿真与分析

实验仿真时，从图像库中选取多幅灰度图像作为载体图像，带有"SEU"字样的二值图像作为水印图像，如图 5.25 所示。在基于 OMP 噪声重构的 DWT-DCT 域水印算法中，令观测采样时的压缩率 k 为 0.8。为了验证加入去噪预处理的水印算法恢复出的水印信息正确率更高，仿真将以 STQIM-DWCT-PSO 算法为基础算法，比较加入 OMP 噪声重构并进行去噪预处理的水印算法（The algorithm with OMP）与未加入 OMP 噪声重构的水印算法（The algorithm without OMP）的性能。通过调节水印嵌入强度，将峰值信噪比控制在 45dB。利用 STQIM-DWCT-PSO 算法嵌入水印得到的水印载体图像见图 5.26，它们对水印都有较好的不可见性。

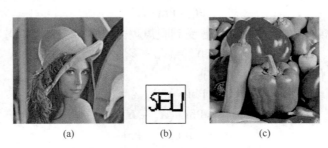

图 5.25　载体原图和水印图像（中间）

图 5.26　嵌入水印后的载体图像

　　为验证进行 OMP 噪声重构和图像去噪处理的水印算法在抵抗噪声攻击时性能得到了改进，对 The algorithm without OMP 和 The algorithm with OMP 算法进行噪声干扰实验，仿真结果如图 5.27 所示。

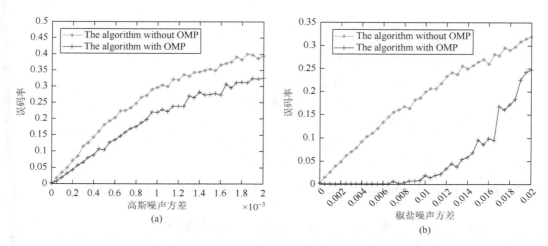

图 5.27　The algorithm without OMP 与 The algorithm with OMP 抗噪声性能比较

（a）抗高斯噪声性能；（b）抗椒盐噪声性能

　　图 5.27 记录了 The algorithm without OMP 和 The algorithm with OMP 算法在受到高斯噪声和椒盐噪声干扰后提取水印的误码率结果。从图中的结果对比可以看出，The algorithm with OMP 算法提取水印的误码率明显小于 The algorithm without OMP 算法，尤其是在对抗椒盐噪声时，The algorithm with OMP 算法的误码率比 The algorithm without OMP 算法的误码率最多降低了 80%，在抵抗高斯噪声时，水印误码率也降低了 20%。由此可见，本节提出的基于 OMP 噪声重构的水印算法至少在抵抗噪声攻击时性能明显改进。为了验证 The algorithm with OMP 算法在抵抗其他攻击时的鲁棒性能是否有改进，对算法进行了抗 JPEG 压缩、滤波等攻击仿真，实验结果见图 5.28 和表 5.10。

　　图 5.28 给出了两种算法抗 JPEG 压缩攻击的水印误码率比较，由实验对比可以看出，加入 OMP 噪声重构去噪处理的 The algorithm with OMP 算法不仅在抵抗噪声方面性能有所改进，在抵抗 JPEG 压缩时，其误码率比 The algorithm without OMP 算法也降低了 20% 左右。

　　表 5.10 为 "Lena" 图像为载体图像时，两种算法在各种信号攻击后的水印提取结果。由表 5.10 中提取的水印图像可以直观地看出，The algorithm with OMP 算法提取出的水印图像质量更好，可辨识度更高。将误码率结果以曲线图形式绘制出来，结果如图 5.29 所示。结果表明，所提的基于 OMP 噪声重构的 DWT-DCT 域水印算法不仅在抵抗噪声攻击方面有较好的鲁棒性，在抵抗 JPEG 压缩、滤波、剪切等攻击时也都体现了较强的鲁棒性。

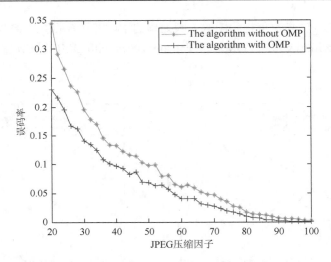

图 5.28　The algorithm without OMP 与 The algorithm with OMP 抗 JPEG 压缩性能比较

表 5.10　不同算法抗几何攻击水印检测结果

攻击	The algorithm without OMP		The algorithm with OMP	
高斯噪声 0.001		BER = 0.2607		BER = 0.1885
椒盐噪声 0.01		BER = 0.1602		BER = 0.0137
JPEG 压缩 40%		BER = 0.0908		BER = 0.0615
JPEG 压缩 60%		BER = 0.0370		BER = 0.0156
中值滤波		BER = 0.1289		BER = 0.0928
高斯滤波		BER = 0.1699		BER = 0.1387
剪切		BER = 0.0684		BER = 0.0674

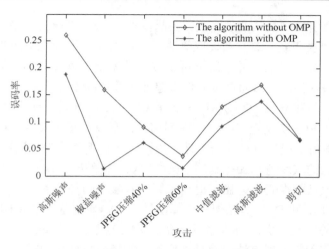

图 5.29　不同算法抗几何攻击水印检测误码率比较

为验证本节所提出的基于 OMP 噪声重构的 DWT-DCT 域水印算法的良好性能，将其与传统的压缩感知域水印方法[30]进行仿真比较，实验结果见表 5.11。从仿真结果可以看出，本节所提出的基于压缩感知噪声重构的水印算法，不仅保证了水印的不可感知性，还明显提高了水印抗图像处理攻击的能力。

表 5.11　不同算法抗几何攻击性能比较（NC）

攻击	本节算法	文献[30]
PSNR/dB	45	32
JPEG 压缩 80%	0.9912	0.8071
高斯噪声 0.0012	0.8115	0.8665
椒盐噪声 0.01	0.9863	0.8101
高斯滤波 0.5	0.9521	0.546

5.5　本 章 小 结

本章首先介绍了将压缩感知引入图像水印研究的赵春晖等的经典论文"基于分块压缩感知的图像半脆弱零水印算法"。该论文提出了一种基于分块压缩感知的图像半脆弱零水印（BCS-SFZ）算法，BCS-SFZ 算法将压缩感知理论与零水印技术相结合，实现了一种新的半脆弱水印策略。图像通过压缩感知获得的观测值包含原图像携带的所有信息，可以简洁而全面地表征图像的全部特征。以观测值作为水印具有操作简单（仅需要通过一个线性变换即可）、对恶意篡改敏感和对合法操作容忍度高、保密性好等优点，而且被篡改内容可以通过水印信息恢复。

为了进一步提高水印的鲁棒性和安全性，5.2 节和 5.3 节将分块压缩感知和角度量化索引调制算法结合，研究了基于分块压缩感知的角度量化索引调制水印算法。5.2 节首先介绍了角度量化索引调制及其改进算法。在此基础上，5.3 节研究了基于分块压缩感知的角度量化索引调制水印嵌入算法和提取算法，重点比较了不同观测矩阵的性能，研究了选取不同压缩比造成的影响，并系统分析了算法的安全性以及对幅度缩放攻击和加性高斯白噪声攻击的鲁棒性。最后通过实验仿真验证了算法的不可感知性、安全性和鲁棒性，并且通过与 AQIM、GDWM、DAQIM、SPA 等算法对比，体现了所提算法极强的鲁棒性。该算法将包括用于构建观测矩阵的混沌序列相关信息以及每个图像块嵌入水印的位置作为密钥，不易被破解，提高算法的安全性；由稀疏随机矩阵作为观测矩阵得到的观测值，是通过多个像素点的灰度值相加得到的，噪声对观测值的改变量与观测值自身相比很小，使提取的水印有很低的误码率，显著提高了算法对噪声的鲁棒性。

5.4 节在 DWT 域和 DCT 域图像水印算法基础上，研究基于 DWT-DCT 的水印算法。受压缩重构思想的启发，提出将压缩感知算法引入上述水印系统。不同于常规算法中将水印嵌入观测值信息的处理方法，而是利用噪声的稀疏特性，通过 OMP 算法重构噪声，然后对受攻击的水印载体图像进行去噪处理，进而提高水印算法恢复水印信息的准确度。仿真结果表明，所提出的基于 OMP 噪声重构的 DWT-DCT 域水印算法不仅在对抗噪声攻击时的鲁棒性有了明显的增强，在抵抗其他信号攻击如压缩、滤波等方面的鲁棒性也得到了提高。并且，基于 OMP 的噪声重构方法可通用于其他水印算法。

参 考 文 献

[1]　赵春晖，刘巍. 基于分块压缩感知的图像半脆弱零水印算法 [J]. 自动化学报，2012，38（4）：609-617.

[2]　Rachlin Y，Baron D. The secrecy of compressed sensing measurements[C]. Proceedings of the 46th Annual Allerton Conference on Communication，Control and Computing，Urbana-Champaign，2008：813-817.

[3]　Ourique F，Licks V，Jordan R，et al. Angle QIM: A novel watermark embedding scheme robust against amplitude scaling distortions[C]. International Conference on Acoustics Speech and Signal Processing，Philadelphia，2005：797-800.

[4]　Nezhadarya E，Wang Z J，Ward R K. Robust image watermarking based on multiscale gradient direction quantization[J]. IEEE Transactions on Information Forensics and Security，2011，6（4）：1200-1213.

[5]　Cai N，Zhu N N，Weng S W，et al. Difference angle quantization index modulation scheme for image watermarking[J]. Signal Processing：Image Communication，2015，34：52-60.

[6]　Akhaee M A，Sahraeian S M E，Jin C. Blind image watermarking using a sample projection approach[J]. IEEE Transactions on Information Forensics and Security，2011，6（3）：883-893.

[7]　Sahraee M J，Ghofrani S. A robust blind watermarking method using quantization of distance between wavelet coefficients[J]. Signal Image & Video Processing，2013，7（4）：799-807.

[8]　Candès E J，Romberg J，Tao T. Robust uncertainty principles: Exact signal reconstruction from highly incomplete frequency information[J]. IEEE Transactions on Information Theory，2006，52（2）：489-509.

[9]　Donoho D L. Compressed sensing[J]. IEEE Transactions on Information Theory，2006，52（4）：1289-1306.

[10]　Gilbert A，Indyk P. Sparse recovery using sparse matrices[J]. Proceedings of the IEEE，2010，98（6）：937-947.

[11]　Candès E J. Compressive sampling[C]. proceedings of the International Congress of Mathematicians，Madrid，2006：1433-1452.

[12]　Bajwa W U，Haupt J D，Raz G M，et al. Toeplitz-structured compressed sensing matrices[C]. Proceedings of the IEEE Workshop on Statistical Signal Processing，Washington，2007：294-298.

[13]　Yu L，Barbot J P，Zheng G，et al. Compressive sensing with chaotic sequence[J]. IEEE Signal Processing Letters，2010，17（8）：731-734.

[14] Parah S A，Loan，N A，Shah A A，et al. A new secure and robust watermarking technique based on logistic map and modification of DC coefficient[J]. Nonlinear Dynamics，2018，93（4）：1933-1951.

[15] Wang C P，Wang X Y，Chen X J，et al. Robust zero-watermarking algorithm based on polar complex exponential transform and logistic mapping[J]. Multimedia Tools and Applications，2017，76（24）：26355-26376.

[16] Strogatz S，Steven H. Nonlinear Dynamics and Chaos[M]. Cambridge：Perseus，1994.

[17] Li C B. An efficient algorithm for total variation regularization with applications to the single pixel camera and compressive sensing[D]. Houston：Rice University，2009.

[18] Zareian M，Tohidypour H R，Wang Z J. A novel quantization-based watermarking approach，invariant to gain attack[C]. IEEE International Conference on Acoustics Speech and Signal Processing（ICASSP），Vancouver，2013：2945-2948.

[19] Kalantari N K，Ahadi S M. A logarithmic quantization index modulation for perceptually better data hiding[J]. IEEE Transactions on Image Processing，2010，19（6）：1504-1517.

[20] Mardolkar S B，Shenvi N. A blind digital watermarking algorithm based on DWT-DCT transformation[J]. International Journal of Innovative Research in Electrical，Electronics，Instrumentation and Control Engineering，2016，3（2）：212-216.

[21] Saini L K，Shrivastava V. Analysis of attacks on hybrid DWT-DCT algorithm for digital image watermarking with MATLAB[J]. International Journal of Computer Science Trends and Technology，2014，2（3）：123-125.

[22] Singh D，Singh S K. DWT-SVD and DCT based robust and blind watermarking scheme for copyright protection[J]. Multimedia Tools & Applications，2016，76：13001-13024.

[23] Laskar R H，Choudhury M，Chakraborty K，et al. A joint DWT-DCT based robust digital watermarking algorithm for ownership verification of digital images [M]. Berlin：Springer，2011：482-491.

[24] 杨真真，杨震，孙林慧.信号压缩重构的正交匹配追踪类算法综述[J].信号处理，2013，29（4）：486-496.

[25] Tropp J A，Gilbert A C. Signal recovery from random measurements via orthogonal matching pursuit[J]. IEEE Transactions on Information Theory，2007，53（12）：4655-4666.

[26] Mallat S G，Zhang Z. Matching pursuits with time-frequency dictionaries[J]. IEEE Transaction on Signal Processing，1993，41（12）：3397-3415.

[27] Xiao D，Chang Y，Xiang T，et al. A watermarking algorithm in encrypted image based on compressive sensing with high quality image reconstruction and watermark performance[J]. Multimedia Tools & Applications，2016，76（7）：1-32.

[28] Wang Q，Zeng W，Tian J. A compressive sensing based secure watermark detection and privacy preserving storage framework[J]. IEEE Transaction on Image Processing，2014，23（3）：1317-1328.

[29] Veena V K，Lal G J，Prabhu S V，et al. A robust watermarking method based on compressed sensing and Arnold scrambling[C]. Proceedings of IEEE International Conference on Machine Vision and Image Processing，Coimbatore，2012：105-108.

[30] Chen G，Guo S，Li Y，et al. Digital image watermark algorithm based on compressive sensing [J]. Modern Electric Technique，2012，35（13）：98-104.

[31] Bryc W，Dembo A，Jiang T. Spectral measure of large random Hankel，Markov and Toeplitz matrices[J]. Annals of Probability，2006，34（1）：1-38.

第 6 章　二值图像信息隐藏算法

从第 1 章我们了解到信息隐藏系统的基本组成部分、信息隐藏的主要方法、衡量信息隐藏算法的性能指标以及信息隐藏的应用领域。随着全球信息化、数字化的进程日益加快，很多重要的文本资料被扫描成数字化文档，以二值图像的方式存储起来。二值图像上的每一个像素点只有两种可能的取值结果，具有存储简单、结构紧凑的独特优势，是一种有着非常广泛应用范围的图像格式[1]。在传真通信系统中，其传输的文件大多是中文或者外文的文本文件。因此，传真通信领域也是二值图像信息隐藏技术应用的一个重要领域。

本章首先概述二值图像信息隐藏的常见算法。接着，我们对分块嵌入方法作详细的介绍。然后重点讨论如何评价二值图像信息隐藏算法的优劣，即二值图像信息隐藏算法中最主要的三个技术指标：嵌入容量、视觉失真度和计算复杂度。最后，综合讨论了经典的分块二值图像信息隐藏算法仿真实现过程，对仿真实验结果进行了详细的分析。

6.1　二值图像信息隐藏常见算法

二值图像信息隐藏主要有以下六种较为常见的算法。

1. 分块嵌入法

分块嵌入法是二值图像信息隐藏方法中目前运用较为广泛的一种，其优势在于算法较为简单且隐藏信息量较大。该算法的基本原理是将完整的图像分为数个相同大小的图像块，之后对划分好的图像块按一定规则进行运算以确定嵌入位置并修改相应像素值。对于分块嵌入法的研究 20 余年来取得了较多研究成果。2001 年，Tseng 等[2]首次详细描述了分块嵌入的基本思想，提出了矩阵分块并通过一定的运算来确定嵌入位置的算法，但该方法在分块较小时会造成较为明显的视觉失真。2004 年，Wu 等[3]提出了"可翻转性"的概念，强调了通过判决像素点 3×3 邻域内所有像素点的取值来决定嵌入位置，通过视觉失真评分表来评价嵌入信息后的视觉效果。2007 年，Yang 等[4]在之前研究的基础上提出了"连通性保护模型"进一步优化可翻转像素点的判决，突出考虑了像素点的 4-连通性和 8-连通性。2011 年，刘九芬等[5]提出了在选取可翻转像素点评分的过程中引入判决阈值以根据不同需要调节嵌入容量和视觉失真度的方法，该方法的应用也相对更加灵活。

2. 游程嵌入法

游程是指连续出现的相同像素点的长度，而游程嵌入法的核心是对二值图像进行游程编码。游程嵌入法的主流方法[6]是把大小为 $M \times N$ 的二值图像按行扫描成一个长度为

$M \times N$ 的行向量；之后将连续出现的"1"像素点和"0"像素点分别记下长度并进行二进制编码；解码时只需根据连续数据串的编码长度便可恢复原二值图像；秘密信息根据游程长度的奇偶性携带。游程嵌入法适用于所有二值图像，其最大的局限性在于游程较长时，图像的视觉失真较为明显。

3. 文字特征修改法

文字特征修改法主要适用于基于字符为载体的二值图像，其嵌入规则与文字特征有关。Amano 等提出的方法[7]是将文字进行相应的笔画分解，将一个笔画块中的一组笔画变粗或变细来嵌入相反的信息。这种方法的视觉失真较小但适用面相对有限，近年来的研究成果也相对较少。

4. 文本行移位、字符移位法

文本行移位、字符移位法就是对文本信息进行整体移位来携带某种信息。修改字符间距、行间距来嵌入信息的方式有较高的鲁棒性，但是嵌入的水印在处理过程中可能会引入量化噪声，所以需要使用极大似然方法来恢复水印[8]。

5. 边界修改法

边界修改法主要通过对图像中某个像素的边界进行有规律的操作从而达到携带信息的目的，这主要是因为对二值图像的边界进行细微的修改往往只会引起较小的视觉差异。Mei 等[9]将字符分成了 8 个相连边界，并且使用一对固定边界长度为 5 个像素点的图案来嵌入信息。这一方案的最大优点在于一对用来嵌入信息的图案是对称的，无须参考原始文本即可提取嵌入信息。

6. 基于半色调图像修改法

基于半色调图像修改法的实质是利用空间分辨率来代替亮度分辨率，通过黑色像素模拟出多种灰度级的像素，它的技术核心为数字抖动，被广泛应用于纸质刊物的印刷[10]。

6.2　基于分块嵌入的二值图像信息隐藏算法

6.2.1　分块嵌入的基本概念

6.1 节简单介绍了目前二值图像信息隐藏用到的六种主流算法，这里我们对分块嵌入算法作详细的介绍。所谓分块嵌入指的是将一幅完整的图片分成大小相等的若干图像块，在每一图像块内分别按照一定的规律对像素点进行处理。被分块处理的图像称为载体图像，待嵌入信息通常也为二值图像。

如图 6.1 所示，载体图像由单个像素点构成，所谓的嵌入分块就是将整个图片按照像素点划分为一些大小相等的图像块以方便后续处理。图中 8×8 的载体图像按照 2×2 分块的方式进行分块，在对图像块进行进一步处理时，不同的图像块之间是完全独立的，对图像块 1 进行某种运算不会对图像块 2 造成任何影响。在实际处理中，载体图像往往尺寸较大，如 300×300 的载体图像按照 3×3 分块方式进行分块时总的图像块个数达到了 10000 个，对 10000 个图像块分别进行处理相比于对整幅图像进行处理相对容易许多[11]，具体的分块方式的选择下面会进一步详细分析。

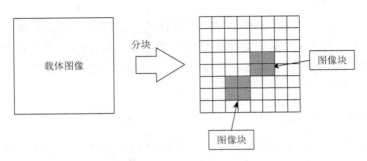

图 6.1　分块嵌入示意图

6.2.2　信息嵌入和提取过程

　　二值图像信息隐藏主要分为信息嵌入和信息提取两个过程，信息的发送方按照一定的规律将待嵌入信息嵌入在载体图像中并发送给接收方。在嵌入之前，为了提高嵌入信息的安全性可以对待嵌入信息进行置乱处理。信息的接收方通过发送方提供的一些关键参数信息及提取算法，可以无失真地将被嵌入的信息提取出来。而其他试图获取被嵌入信息的人由于无法得到发送方提供的信息，即使得到了嵌入信息后的图像也无法将被嵌入的信息提取出来[12]。

　　图 6.2 和图 6.3 简要概述了二值图像信息隐藏中嵌入和提取两个主要过程。信息嵌入过程主要分为三个步骤：载体图像分块、可翻转像素点判决（选取）和隐藏信息的嵌入。首先，载体图像通过图像分块被划分成许多图像块；其次，在各个图像块内分别通过可翻转像素点判决准则选取可翻转像素点；最后，依次在每个图像块中的可翻转像素点的位置处，完成待嵌入信息的嵌入。信息提取的过程为嵌入过程的逆过程，需要利用信息嵌入过程中的分块信息参数即可翻转像素点判决准则来实现信息的提取[13]。以上三个主要步骤中嵌入或提取的过程相对简单，一般主要是通过直接嵌入或是计算图像块奇偶性后嵌入的方法实现。而分块方式和可翻转像素点的选取这两个步骤可选取的方法较多，对于嵌入结果的影响也最为明显[14]。接下来重点对这两个步骤的实现展开讨论。

6.2.3　分块方式选择

　　载体图像的分块方式对载体图像的进一步处理有着重要的影响，分块方式的不同对可翻转像素点的选取范围起了决定性的作用。需要指出的是，理论上载体图像块可以为任意的 $M×N$ 的矩形，图像块选取过大会导致分块的效果不够明显，一般图像块的选取从 2×2 大小开始。为了计算方便,我们的图像块一般选取正方形的形式,下面将具体分析几种不同分块方式各自的特点。

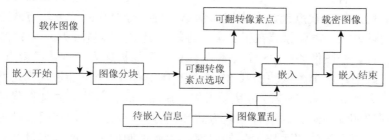

图 6.2 信息嵌入过程流程图

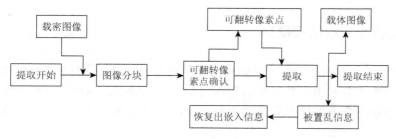

图 6.3 信息提取过程流程图

1. 固定 2×2 分块[15]

固定 2×2 分块指的是将载体图像分成大小为 2×2 的图像块,其最大优点是图像块较小,块内处理简单。通过对块内四个像素点的横纵坐标进行处理可以较为便利地选取可翻转像素点,图像块的奇偶性也易于计算,嵌入过程简单。

2. 固定 3×3 分块

固定 3×3 分块指的是将载体图像分成大小为 3×3 的图像块,相比于 2×2 分块,固定 3×3 分块的分块规则与像素点的连通性相关,即分块后的每个 3×3 图像块中只有中心像素点可能被选为可嵌入像素点。可嵌入像素点的选取范围相对较小可以使算法的计算复杂度显著降低,不过付出的代价是嵌入容量的降低,只有 1/9 的像素点可能被翻转。

3. 逐行分块和隔行分块

逐行分块(non-interlaced block,NIB)和隔行分块(interlaced block,IB)两种分块方式与前两种最大的不同是不再规定具体的分块大小,可以任意设定分块大小。在仿真实验中选取了 4×4 分块和 5×5 分块两种分块方式进行测试。逐行分块的特点是将载体图像分成不重叠的相同图像块,如 8×8 大小的载体图像就可以分成 4 个 4×4 大小的图像块。而可嵌入像素点的选取要求则是分块后的边界像素点都无法用来嵌入,以 4×4 大小的图像块为例,其中间 4 个像素点可能被选为可翻转像素点而外侧的 12 个像素点则无法用来嵌入信息。隔行分块的特点是将载体图像分为可共用一条边的相同图像块，如 7×7 大小的载体图像按照隔行分块的方式进行分块就可以分为 4 个 4×4 大小的图像块，原因在于各图像块之间有共用边的存在。可嵌入像素点的要求是分块后原载体图像的边界像素点及组成共用边的像素点无法用来嵌入信息。逐行分块和隔行分块方式适用范围远远超过前面的两种方法，主要原因在于其灵活性较高且嵌入容量较大。以 5×5 大小逐行分块方式为例，每一个图像块中 25 个像素点有 9 个可能被选为可翻转像素点，而 5×5 大小隔行分块方式中，四个图像块的共 81 个像素点中有 36 个可能被选为可翻转像素点，因此嵌入容量会远高于固定 3×3 分块的方式。显然，隔行分块方式的图像块总数要大于逐行分块方式的图像块总数。隔行分块方式和逐行分块方式中，利用移动窗口可以选择更多的像素点以提高该块"可嵌入"的概率。需要说明的是，嵌入容量与分块大小的关系并不是简单的线性关系[16]，最终结果也与可翻转像素点选取准则有很大的联系。

6.2.4　可翻转像素点选取准则

"可翻转像素点"指的是那些在信息嵌入和提取过程中取值发生变化的像素点，选取可翻转像素点的主要要求是翻转前后造成的视觉失真较小。因此，可翻转像素点的选取对于二值图像信息隐藏的视觉失真大小紧密相关，研究人员也提出了多种算法以不断优化可翻转像素点的选取。

1. 基于分块奇偶性判决

最初，可翻转像素点的选择是根据图像块内所有像素值之和的奇偶性来判决的，2003 年刘春庆等[15]提出了一种利用分块奇偶性嵌入信息的方法，具体步骤如下：

（1）将载体图像按照 2×2 分块方式进行分块；

（2）判断各个图像块内像素值，若四个像素点取值相同则认为该图像块不可嵌入，否则视为该图像块可嵌入；

（3）计算可嵌入图像块内各像素点之和（只有 1、2、3 三种可能）；

（4）将图像块内所有像素值之和的奇偶性与待嵌入信息序列的奇偶性相比较，若不相同则在保证图像块像素点不全部相同的前提下改变图像块内任一像素点取值，否则像素点保持不变。

这种判决方法的最大优势在于可嵌入块的选择相对简单，仅需要考虑排除同色图像块。由于图像块选取较小，嵌入过程和提取过程都相对容易，在翻转像素点的时候一般从左上方开始判断，选择翻转第一个满足条件的像素点，也可以获得较大的嵌入容量。但是，这种方法中的可嵌入像素点的选择未能考虑人眼视觉特征，仅排除同色图像块不能有效排除翻转前后造成的视觉失真，因此不适用于对视觉失真要求较高的情况。

2. 基于分块连通性判决

为了进一步减小视觉失真，Wu 等[3]在 2004 年首次提出了"可翻转度"的概念，即考虑中心像素点的 3×3 邻域内各个像素点的值与中心像素点值的关系。

如图 6.4 所示，P_c 为中心像素点，考虑 P_c 是否为可翻转像素点需要判断 $P_1 \sim P_8$ 像素点与 P_c 之间的关系。所谓"连通性"的定义具体如下，一般称 P_1，P_3，P_5，P_7 为 P_c 的 4-连通性像素点，P_2，P_4，P_6，P_8 为 P_c 的 8-连通性像素点。总的来说若两侧像素点不同，中心像素点可翻转的概率就会显著提高。

Yang 等[4]于 2007 年在 Wu 等[3]的基础上提出了"连通性保护"模型（图 6.5），判决像素点是否可翻转主要基于定义的以下三种变换。

P_2	P_3	P_4
P_1	P_c	P_5
P_8	P_7	P_6

$(i-1,j-1)$ w_6	$(i-1,j)$ w_7	$(i-1,j+1)$ w_8
$(i,j-1)$ w_5	(i,j) P_c	$(i,j+1)$ w_1
$(i+1,j-1)$ w_4	$(i+1,j)$ w_3	$(i+1,j+1)$ w_2

图 6.4　中心像素点 P_c 及其 3×3 邻域像素点示意图　　图 6.5　Yang 等方法[4]中 3×3 邻域内像素点示意图

定义 6.1　将 3×3 图像块中沿水平和垂直方向均匀白变换 N_{vw} 的值和均匀黑变换 N_{vb} 的值记为 "VH 变换" 值，定义为

$$N_{vw} = \sum_{k=1,3} \overline{P}_c \cdot \overline{w}_k \cdot \overline{w}_{k+4}, \qquad N_{vb} = \sum_{k=1,3} P_c \cdot w_k \cdot w_{k+4} \qquad (6\text{-}1)$$

其中，$\overline{w}$ 表示逻辑上的 "非 w"；"$\cdot$" 表示二进制逻辑与运算。

定义 6.2　将 3×3 图像块中拐角变换 N_{ir} 值记为 "IR 变换" 值，定义为

$$N_{ir} = \sum_{k=1}^{4} \overline{P}_c \cdot w_{2k} \cdot \overline{w}_{2k-1} \cdot \overline{w}_{2k+1} \qquad (6\text{-}2)$$

当 $2k+1 > 8$ 时，$\overline{w}_{2k+1} = \overline{w}_1$。

定义 6.3　将 3×3 图像块相邻边变换 N_c 的值记为 "C 变换" 值，定义为

$$N_c = \sum_{k=1}^{4} P_c \cdot w_{2k} \cdot w_{2k+1} \cdot w_{2k+2} \cdot w_{2k+3} \cdot w_{2k+4} \qquad (6\text{-}3)$$

其中，$w_9 = w_1$；$w_{10} = w_2$；$w_{11} = w_3$；$w_{12} = w_4$。

如果该像素点翻转后相应的 VH 变换值 N_{vw} 和 N_{vb}、IR 变换值 N_{ir}、C 变换值 N_c 保持不变，我们称 3×3 图像块的中心像素点是可翻转的。这种判决方式是基于对图像块中像素点"连通性"的比较，考虑了人眼的视觉特征，因此可以获得较小的视觉失真。在算法实现过程中，按照固定 3×3 分块的方式处理较为简单，因为默认只有中心像素点可以嵌入，其 3×3 邻域内的所有像素点恰好在同一个图像块中。

3. 基于分块奇偶性及连通性判决

基于 Yang 等[4]提出的可翻转性评分的思想，刘九芬等[5]在 2011 年又提出了一种改进算法。对于中心像素点 P_c 及其 3×3 邻域像素点来说，文献[5]中提出的失真度值 S 的计算方式简述如下：

（1）若任意一组的 4-连通性像素点（P_1 和 P_5、P_3 和 P_7）取值相同，那 P_c 的评分即为 0 并不再改变，视为不可嵌入；

（2）若任意一组的 8-连通性像素点（P_2 和 P_6、P_4 和 P_8）取值不同，S 值加 1；

（3）若 3×3 邻域中出现同色的拐角（如 P_1，P_2，P_3 像素点取值相同），S 值加 1；

（4）若 3×3 邻域中出现两组同色的 L 形图案（如 P_1，P_2，P_3，P_4 均为"1"，而 P_5，P_6，P_7，P_8 均为"0"），S 值加 2（图 6.6）。

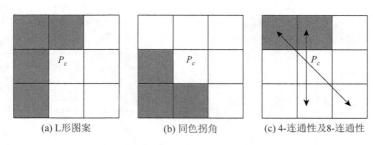

(a) L形图案　　　　　　(b) 同色拐角　　　　　(c) 4-连通性及8-连通性

图 6.6　S 失真评分示意图

载体图像中除外围边界像素点及分块的边界像素点外，每一个像素点均可以计算失真度值 S，每一个像素点按照前面内容的失真度值 S 计算方式（按照上述方式（1）至方式（4））计算，失真度值越大代表像素点的可嵌入性越高。这种判决方法一个显著的优点是，失真度值 S 可以被用来作为阈值在嵌入容量和视觉失真度之间选取不同的平衡点。若要求较大的嵌入容量，可以适当降低可翻转像素点的选取阈值，使得更多像素点满足可翻转条件；若要求较小的视觉失真则可以相应地提高可翻转像素点的选取阈值。

综合以上三种可翻转像素点选取准则，图像块的奇偶性及连通性是判决的关键所在。第一种方法简单易懂，后面两种方法因为考虑了中心像素点和其 3×3 邻域像素点连通性的关系，可以结合人眼的视觉特征有效降低视觉失真。

6.3　二值图像信息隐藏算法性能指标

6.2 节较为详细地介绍了分块方式和可翻转像素点选取的各种不同方法，本节重点在于如何评价二值图像信息隐藏算法的优劣。二值图像信息隐藏算法中最主要的两个技术指标分别是嵌入容量和视觉失真度，本节的重点也在于分析这两个技术指标的含义。在此基础上，本节也结合仿真过程对于计算复杂度给出了定性的判断。

6.3.1　嵌入容量

嵌入容量即载体图像在信息嵌入和信息提取过程中像素值发生改变的像素点数目。嵌入容量是二值图像信息隐藏算法中非常重要的技术指标，采用一种嵌入容量较大的算法意味着利用相同的载体图像可以嵌入更多的信息，在传递更多信息的同时进一步降低了风险。这里主要讨论嵌入容量与分块方式及视觉失真之间的关系。

1. 嵌入容量与分块方式之间的关系

分块方式对于嵌入容量的影响主要在于 6.2 节提到的评价中心像素点的可翻转性需要考虑其 3×3 邻域像素点的取值。因此，一个位于载体图像边界或者分块边界的像素点就不具备可嵌入的资格。若采取固定分块 3×3 的方式，仅每个图像块的中心像素点满足要求；而采取逐行分块和隔行分块方式时，需要排除分块的边界像素点，当图像块选取较小时，一旦去除边界像素点会导致大量像素点被归为不可嵌入。具体的数据分析会在 6.4 节详细讨论。

2. 嵌入容量与视觉失真的关系

一般来说，二值图像信息隐藏算法实现的嵌入容量较大会引起较明显的视觉失真。改变较多像素点取值自然会引起载密图像与载体图像之间存在一定的视觉差异，所以在大多数情况下我们要在这两个重要技术指标中折中选择。举例而言，在判决可翻转像素点的过程中，会出现某一像素点及其右侧和下方相邻像素点都满足条件的情况。理论上，我们可以翻转全部三个像素点，但是这种小范围内连续改变像素值很容易引起人眼的察觉，因此在实际翻转过程中要避免小范围内的连续翻转。这也是为了保证较小的视觉失真而牺牲嵌入容量的必要操作。

6.3.2　视觉失真度量化

二值图像信息隐藏算法的视觉失真也是评价算法的重要技术指标。传统的失真测量参数如均方误差（MSE）、信噪比（SNR）、峰值信噪比（PSNR）由于未考虑二值图像像素点之间的连通性和平滑度，并不适用于二值图像。即使 MSE、SNR、PSNR 是相等的，在同一载体图像的不同位置翻转相同数目的像素点还是会导致不同的视觉失真。我们可以简单地通过肉眼观察不同嵌入算法载体图像和载密图像的失真情况来定性地做出自己的评价[17]。不过，为了进一步定量评价算法嵌入前后造成的视觉失真大小，我们需要引入相应的评分机制。

这里我们需要引用 Wu 等[3]提出的视觉失真表来评价二值图像不同图案下翻转中心像素点引起的视觉失真情况。

观察图 6.7 可以发现，该视觉失真表主要给出了五种不同的评分（0.01 近似于 0）：0，0.125，0.25，0.375，0.625。分值越高代表该图案对应的情况下翻转中心像素点造成的视觉失真越小。需要指出的是，这个失真表是 Wu 等[3]在结合人眼视觉特征和大量图像测试后得出的结果，自发布之后多次被同类文章引用来评价视觉失真情况，具有一定的科学性[18]。需要注意的是，该表中列举出的情况不包括旋转、对称后得到的同源图形，需要在仿真实现时补充完整。在下面仿真实验中，尝试过运用文献[5]中的 S 评分系统来对嵌入后的视觉失真情况加以评价，不过该评分仅对特定算法有一定的参考价值，得到的结果与肉眼视觉的感受有较大差异，因此最后还是应用 Wu 等[3]提出的视觉失真表来定量评价视觉失真。

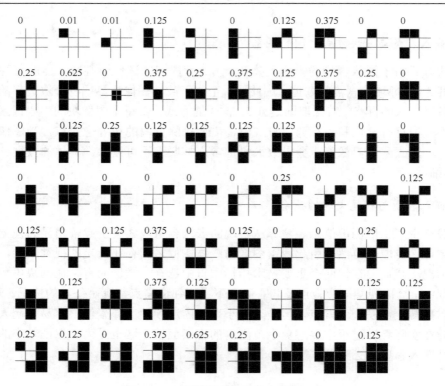

图 6.7　Wu 等[3]提出的视觉失真表评分

6.3.3　计算复杂度

由于载体图像和待嵌入信息都为二值图像，相比于灰度图像和彩色图像，利用一个二进制数即可代表一个像素点的取值带来的最大好处就是计算量相对较小。因此，计算复杂度的考虑相对没有前两个技术指标那么重要。由于固定 2×2 分块和固定 3×3 分块的分块方式较为简单，其运算时间很短。而运用逐行分块和隔行分块需要用到矩阵分块，特别是隔行分块调用的 nlfilter 函数需要较大的运算量，其计算复杂度要高于其他分块方式。而引入视觉失真表评价视觉失真后也会进一步增加整个程序的计算复杂度。不过，以上讨论的算法的计算复杂度总体来说还是相对可控的，最长的仿真时间也在 5min 之内。而传真系统由于发送端和接收端是完全独立的，对嵌入和提取的实时性也没有任何要求，因此以上算法的计算复杂度是完全在可接受范围内的。

6.4　仿真实验及分析

本节首先将以连通性保持二值图像信息隐藏算法步骤为例，详细介绍该算法的 MATLAB 仿真实现的各个过程。其次，对于各种算法实现的技术指标进行相应的比较，找出不同算法的不同适用条件。

6.4.1　连通性保持二值图像信息隐藏算法步骤

该算法的仿真实现过程主要分为六个部分：图像置乱、分块处理、可翻转像素点选取、视觉失真计算、信息嵌入、信息提取等。下面将讨论算法的每个过程具体实现。

1. 图像置乱

刘九芬等[5]提出的二值图像隐藏算法，其算法提出翻转点选择标准，利用 STC（syndrome trellis codes）编码实现信息的嵌入。STC 编码是文献[19]提出的一种在给定载体中隐藏消息的隐写编码，即 STC 编码算法。该算法在已知载体序列和序列中每个元素失真值的情况下，使消息嵌入后载体序列的平均失真最小化。为了提高信息嵌入的安全性和隐蔽载体的鲁棒性，本节在之前研究[3-5]的基础上添加了图像置乱的步骤，即嵌入信息前对待嵌入信息进行"混洗"以达到图像置乱的作用。这里采用的图像置乱方法为Arnold 图像置乱，具体定义如下[18]：

$$\begin{bmatrix} x_{n+1} \\ y_{n+1} \end{bmatrix} = \begin{bmatrix} 1 & b \\ a & ab+1 \end{bmatrix} \begin{bmatrix} x_n \\ y_n \end{bmatrix} \mathrm{mod}(N) \tag{6-4}$$

其中，a 和 b 为待设置参数；n 代表迭代次数；N 是待嵌入信息的宽或高。而在接收端提取到置乱后的待嵌入信息之后，我们需要通过逆变换将原待嵌入信息提取出来，具体过程如下：

$$\begin{bmatrix} x_{n+1} \\ y_{n+1} \end{bmatrix} = \begin{bmatrix} ab+1-b & b \\ -a & 1 \end{bmatrix} \begin{bmatrix} x_n \\ y_n \end{bmatrix} \mathrm{mod}(N) \tag{6-5}$$

经过该处理后，待嵌入信息的安全性得到了显著的提高，具有重要的实用价值。

2. 分块处理

在仿真实现过程中，本节利用像素点的横坐标及纵坐标来表示像素点取值：以 300×300 的载体图像为例，记 k 为像素点序号，定义中心像素点的坐标为（floor（k/300）+1，mod（k,300）），基于此可以很容易地得到中心像素点 3×3 邻域内各个像素点的坐标值。在对载体图像进行分块处理时需要用到相应的分块函数，逐行分块条件下各个图像块互不重合，需要用到 blkproc 函数；而隔行分块条件下各个图像块之间存在公共边，需要用到 nlfilter 函数。在选定分块方式后，同时需要根据分块大小，在用可翻转像素点准则进一步判断之前去除所有图像块的边界像素点，因为根据前面内容讨论的结果，这些像素点均不能用来嵌入信息。对于 5×5 逐行分块方式来说，除去载体图像的边界外，所有序号可以被 5 整除或被 5 除余 1 的像素点都位于图像块的边界上而无法来嵌入。而对于 5×5 隔行分块方式来说，除去载体图像的边界外，所有序号被 4 除余 1 的像素点位于图像块的边界而无法用来嵌入。

3. 可翻转像素点选取

这部分的算法是依照 6.2.3 小节提出的第三种方法实现的，确定像素点可翻转性的过程分为三个小的步骤：首先，考虑中心像素点及其 4-连通性像素点，若中心像素点两侧的一对 4-连通性像素点取值相同，该中心像素点被认为是不可翻转的，满足两侧一对 4-连通性像素点取值的中心像素点的集合记为 blocknum1；其次，依照算法对 blocknum1 中的像素点进行失真度评分，设定判决阈值 S 值并将失真度评分大于 S 的像素点集合记为 blocknum2；最后，本节还在原有算法的基础上排除了小区域内连续翻转像素点的情况，设置两个空的集合 r_1，r_2 分别用来统计 blocknum2 序列中像素点序号 + 1 和 + 300 的像素点。通过 blocknum2 集合分别依次与 r_1 和 r_2 做差集的方式，排除有可能出现的连续翻转像素点的情况。

表 6.1 比较了排除小区域内连续翻转像素点情况后嵌入容量和视觉失真度的变化情况。可以看出进行了相应排除之后，视觉失真得到了有效的减小，进一步优化视觉效果，付出的代价则是嵌入容量的减少，可适用于对视觉失真要求较高的应用场景。

表 6.1　排除前后视觉失真及嵌入容量变化比较表

分块方式	视觉失真度	嵌入容量
NIB55 英文 $S>0$ 排除前	0.3545	3154
NIB55 英文 $S>0$ 排除后	0.3695	2536
NIB55 中文 $S>0$ 排除前	0.1479	2483
NIB55 中文 $S>0$ 排除后	0.1514	2244

4. 视觉失真计算

在完成了判决一个像素点可以用来嵌入信息的过程之后，接下来需要定量评价该嵌入过程造成的视觉失真大小。与刘九芬等提出的方法不同的是，本节采取的方法是利用 Wu 等提出的视觉失真表，把各种图案的失真分值分别输入数据库以便调用。特别需要注意的是，需要完整考虑一种图案旋转或镜像后得到的图案与原图相比，具有相同的视觉失真得分。例如，图 6.7 中右下角所示的 0.125 得分的图案经过旋转、镜像处理后可以得到八种不同但性质完全相同的图案，在输入数据的时候需要保证不能遗漏所有的同源图案。

5. 信息嵌入

信息嵌入的过程需要考虑图像块的奇偶性，可以通过内联的求和 sum 函数实现。分块情况记为 blocknum4 序列，在具体嵌入过程中需要考虑带嵌入信息与载体图像之间的关系，按照一定顺序依次嵌入。

6. 信息提取

信息提取是信息嵌入的逆过程，需要用到嵌入端的 blocknum2 序列以及 blocknum4

序列的部分信息。这也保证了只有信息的接收方才可以正确将被嵌入信息无失真地提取出来。完成嵌入信息的提取后需要进行置乱恢复以无失真恢复原嵌入信息。

6.4.2　仿真实验结果分析

二值图像信息隐藏所用的载体图像一般为英文文本图像及中文文本图像，而待嵌入信息本次试验中选择的则是 20 像素×20 像素的随机二值图像。该图像是将一幅灰度图像通过 im2bw 函数二值化，再通过 imresize 函数改变图像尺寸得到的。在嵌入过程中可以根据嵌入容量的大小适当调整所用待嵌入二值图像的尺寸。

嵌入之前首先对待嵌入二值图像进行置乱处理，置乱前后结果如图 6.8 所示。可以看出置乱后像素点的分布更加均匀，且所携带的信息已经很难直接提取。因此，若接收端接收信息时没有掌握置乱过程中设置的参数（即式（6-4）Arnold 图像置乱中的系数 a、b 及迭代次数 n），也无法实现信息的有效提取，从而进一步提高了系统的安全性。

图 6.8　置乱前后待嵌入二值图像示意图

本次实验仿真一共考虑了七种情况：固定 2×2 分块基于奇偶性判决可翻转像素点（FB22）、固定 3×3 分块基于连通性判决可翻转像素点（FB33Yang）、逐行分块 5×5 基于连通性判决可翻转像素点（NIB55Yang）、逐行分块 4×4、5×5，隔行分块 4×4、5×5 基于连通性和奇偶性判决可翻转像素点（NIB44、NIB55、IB44、IB55）。以下的讨论分析中为了方便起见运用各种方法的简称来进行讨论。

1. 基于嵌入容量的比较

首先需要比较二值图像信息隐藏的嵌入容量大小情况，载体图像选择为 300 像素×300 像素的英文文本图像和 300 像素×300 像素的中文文本图像（图 6.9 和图 6.10）。

如图 6.11 所示，各种情况下载体图像嵌入容量（排除小区域内连续翻转像素点之前）存在较大差别，具体可以从以下几个方面展开分析。

1）从分块方式和可翻转像素点判决准则来说

之前在介绍算法时提到了 FB22 算法判决可嵌入像素点的方法相对于后面两种方法要简单得多，因此应用该算法处理图像容易获得较大的嵌入容量。在图 6.11 中，载体图像在应用 FB22 算法进行处理时得到的英文文本和中文文本图像的嵌入容量分别为 7788bit 和 8922bit，是各种情况中嵌入容量最大的。

Here, please forgive me to use some words to express
He has been working in the industry for more than 30
irregular waveguide. Even though I was curious abou
anything about what he did at that time. Perhaps my c
the initiative to teach me something about the structu
dissembled and reassembled a telephone or a mainfra
familiar with the function of each component and the
initial impression of Electrical Engineering in my me.

In 2012, I was admitted by the school of Information
the top 5 of schools of engineering in China. And fur
College, meaning the top class for gifted students. Al
regular classes. And I was required to learn some inte
Physics. From the 4-year undergraduate program, wh
capacity to do any experiment, and particular insights
characteristics of negative refractive index material w
problems of speech recognition system. Digital water
experiments, I, under the guide of professors in the la
core value and developing trend of this major, especia

数字文件的认证授权由于其在法律文件，证
吸引了研究人员的广泛兴趣。此外，更重要的文
储。如何确保数字文档的真实性和完整性已经变
编辑软件的普遍使用使得复制和编辑图像变得更
成为人们首要的关注。数据隐藏或二值图像水印
法。先前大多数关于数据隐藏及数字水印的工作
值范围比较广，像素值的略微扰动不会让人察觉
"0"或"1"。在无边界的二值图像的区域随意
制图像信息隐藏既可以在一个较低层级完成例如
较高层级完成例如修改空白的宽度以及字符和字

在本文中，我们的重点是以图像认证为目的
我们定义了一个"连通性保护"的标准来评估一
于通过观察发现像素之间的连通性对于视觉质量
中的连通性，那么视觉质量将确保不受影响。在
由连通性和平滑度都被考虑在内。在这里，我们

图 6.9　英文载体图像　　　　　　　　图 6.10　中文载体图像

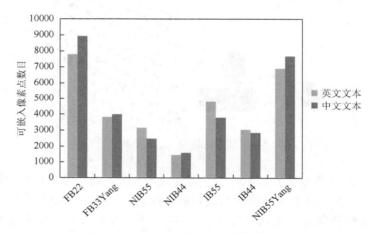

图 6.11　不同算法嵌入容量比较示意图

　　另外，比较逐行分块和隔行分块两种分块方式差异的时候，我们可以发现在载体图像、可翻转像素点判决准则及图像块大小都相同时，隔行分块可以获得比逐行分块更大的嵌入容量。这也是由算法设计上的不同引起的，假设载体图像的宽和高分别记为 M 和 N，$\lfloor X \rfloor$ 表示小于等于 X 的最大整数。固定 3×3 分块方式中，块数 L 为 $\lfloor M/3 \rfloor \times \lfloor N/3 \rfloor$；分块大小为 $n \times n$ 时，逐行分块方式与隔行分块方式块数分别为 $\lfloor M/n \rfloor \times \lfloor N/n \rfloor$ 和 $\lfloor M/(n-1) \rfloor \times \lfloor N/(n-1) \rfloor$。显然，隔行分块方式的总块数要大于逐行分块方式的总块数。隔行分块方式和逐行分块方式中，利用移动窗口可以选择更多的像素点以提高该块"可嵌入"的概率。

　　最后，关于分块后图像块大小对嵌入容量的影响，从 FB33Yang 和 NIB55Yang 两种情况下嵌入容量存在的差距可以看出，分块大小的不同在可翻转像素点判决准则一致的情况下依然对嵌入容量的大小有着重要的影响，可以从图中看出后者的嵌入容量

是前者的两倍多。这主要是由于分块较小时，由于图像块的所有边界像素点均无法用来嵌入信息，会造成大量本可以用来嵌入的像素点被排除掉。而固定 3×3 分块其实就是逐行分块的一种特殊情况，只不过中心像素点的 3×3 邻域刚好与图像块大小相等，这种情况下图像块中只有中心像素点可以嵌入信息。而图中 NIB55 和 NIB44 两种情况下嵌入容量的差距也可以说明这一问题，分块后图像块较小会对嵌入容量产生一定的影响。

2）从中文文本图像和英文文本图像差异来说

从前面分析可以看出，应用不同的算法对于中文文本和英文文本图像的嵌入容量有不同的影响。利用基于奇偶性判决可翻转像素点和利用基于连通性判决可翻转像素点的方法中文文本图像的嵌入容量均高于英文文本图像；而基于奇偶性和连通性判决可翻转像素点的方法中，英文文本的嵌入容量大多高于中文文本的嵌入容量。这个结果也是由与算法中对于 4-连通性、8-连通性以及"L 形"评分不同引起的。

3）从改变判决阈值 S 来说

以上讨论中，失真度 S 设置的阈值均为 $S>0$，即为对失真度要求最低而对嵌入容量要求最高的情况。图 6.12 为在 NIB55 情况下，定量给出了改变 S 阈值对于嵌入容量造成的影响。可以看出，我们可以根据 S 的取值来控制嵌入容量的大小。尤其可以发现，当阈值设定为 $S>3$ 时，中文文本的嵌入容量会变得非常小。这是因为按照该算法的评分标准，要想使失真得分超过 3 分，一定需要出现"L 形"图案，而中文文本图像不会出现如"E"、"T"和"F"等大量自然"L 形"字母。因此，在这种要求下中文文本图像作为载体图像的嵌入容量就会显著降低，这也是在设置阈值时需要考虑的问题。

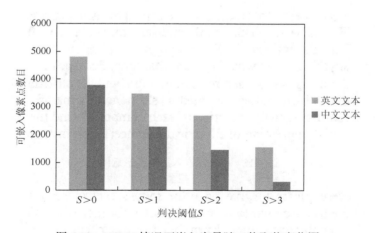

图 6.12　NIB55 情况下嵌入容量随 S 值取值变化图

2. 基于视觉失真的比较

对于嵌入后视觉失真的比较，前面内容已经提出通过视觉失真表的方式进行评价，不过在此之前，我们还是应该从肉眼直接观察的角度来看一下各种情况的嵌入效果。以下仿真实验是对载体图像（图 6.9）处理的结果。

图 6.13～图 6.19 所示为七种情况下嵌入后结果示意图，从直观上感觉图 6.15～图 6.18 的视觉失真小于其他三种情况，即基于奇偶性和连通性的可翻转像素点判决带来的视觉失真较小。

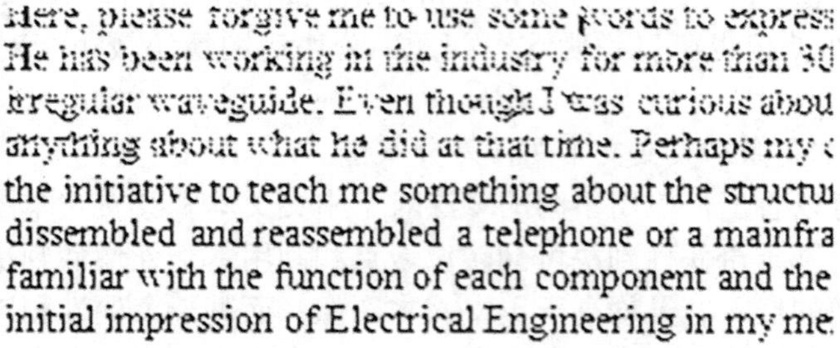

Here, please forgive me to use some words to express
He has been working in the industry for more than 30
irregular waveguide. Even though I was curious abou
anything about what he did at that time. Perhaps my a
the initiative to teach me something about the structu
dissembled and reassembled a telephone or a mainfra
familiar with the function of each component and the
initial impression of Electrical Engineering in my me

图 6.13　FB22 嵌入后结果示意图

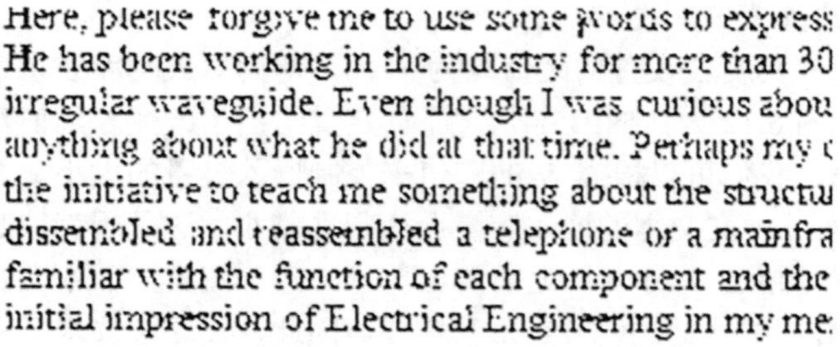

Here, please forgive me to use some words to express
He has been working in the industry for more than 30
irregular waveguide. Even though I was curious abou
anything about what he did at that time. Perhaps my a
the initiative to teach me something about the structu
dissembled and reassembled a telephone or a mainfra
familiar with the function of each component and the
initial impression of Electrical Engineering in my me

图 6.14　FB33Yang 嵌入后结果示意图

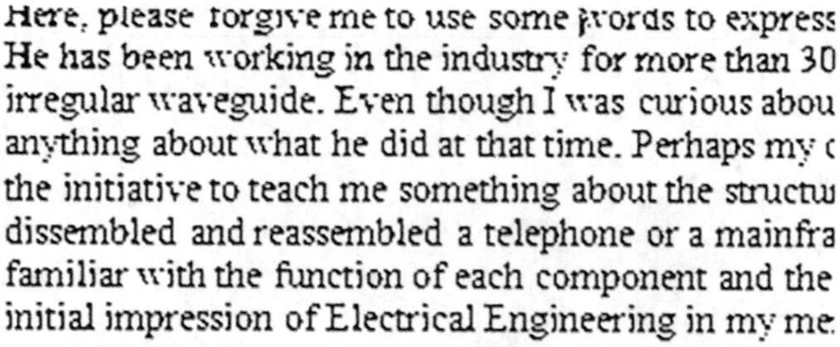

Here, please forgive me to use some words to express
He has been working in the industry for more than 30
irregular waveguide. Even though I was curious abou
anything about what he did at that time. Perhaps my a
the initiative to teach me something about the structu
dissembled and reassembled a telephone or a mainfra
familiar with the function of each component and the
initial impression of Electrical Engineering in my me

图 6.15　NIB55 嵌入后结果示意图

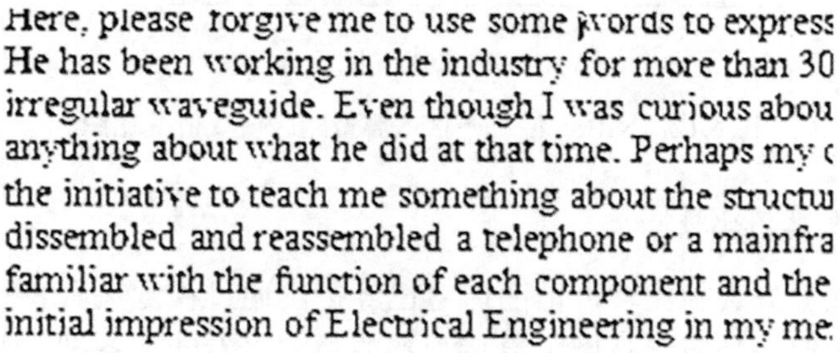

Here, please forgive me to use some words to express
He has been working in the industry for more than 30
irregular waveguide. Even though I was curious abou
anything about what he did at that time. Perhaps my a
the initiative to teach me something about the structu
dissembled and reassembled a telephone or a mainfra
familiar with the function of each component and the
initial impression of Electrical Engineering in my me

图 6.16　IB55 嵌入后结果示意图

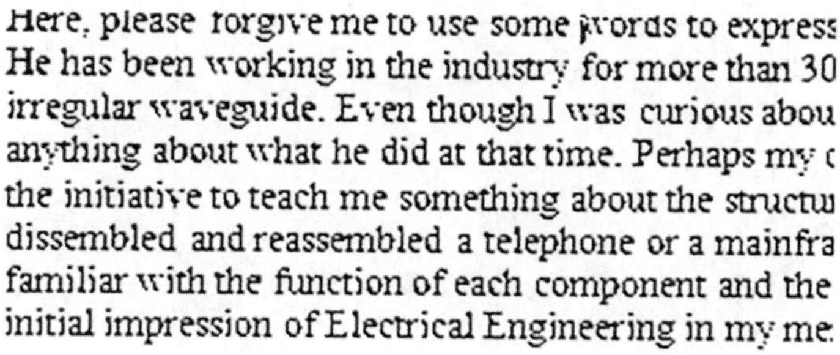

Here, please forgive me to use some words to express
He has been working in the industry for more than 30
irregular waveguide. Even though I was curious abou
anything about what he did at that time. Perhaps my c
the initiative to teach me something about the structu
dissembled and reassembled a telephone or a mainfra
familiar with the function of each component and the
initial impression of Electrical Engineering in my me

图 6.17　NIB44 嵌入后结果示意图

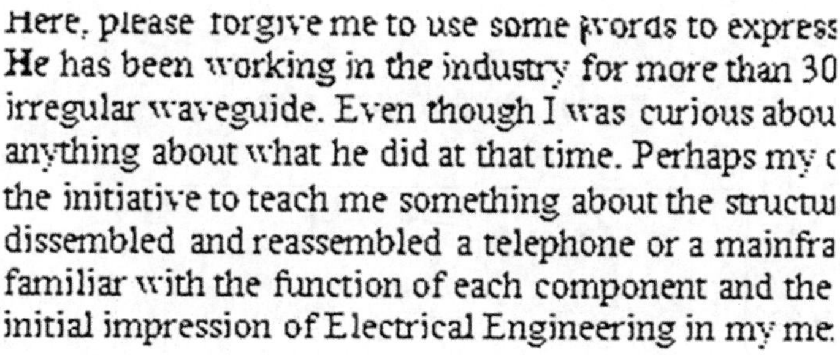

Here, please forgive me to use some words to express
He has been working in the industry for more than 30
irregular waveguide. Even though I was curious abou
anything about what he did at that time. Perhaps my c
the initiative to teach me something about the structu
dissembled and reassembled a telephone or a mainfra
familiar with the function of each component and the
initial impression of Electrical Engineering in my me

图 6.18　IB44 嵌入后结果示意图

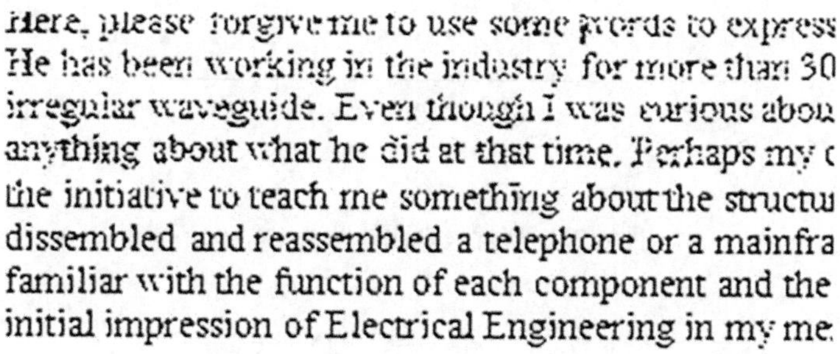

Here, please forgive me to use some words to express
He has been working in the industry for more than 30
irregular waveguide. Even though I was curious abou
anything about what he did at that time. Perhaps my c
the initiative to teach me something about the structu
dissembled and reassembled a telephone or a mainfra
familiar with the function of each component and the
initial impression of Electrical Engineering in my me

图 6.19　NIB55Yang 嵌入后结果示意图

在仿真过程中，失真表中得分为 0.01 的图案被当作得分为 0 来处理，失真值得分的计算为经过判决得到的所有可翻转像素点失真值得分的平均值。如图 6.20 和图 6.21 所示，视觉失真比较图 6.20 中阈值 S 取值为 $S>2$，视觉失真比较图 6.21 中阈值 S 取值为 $S>0$。

参考嵌入效果图结果，FB22 情况下的视觉失真明显过大且其分块过程中并未考虑中心像素点的 3×3 邻域内像素点取值，导致其不适用此视觉失真评分。其他六种情况的失真值得分比较如图 6.20 和图 6.21 所示，与肉眼感觉类似的是，中间四种情况的失真值得分明显较高，体现出这些嵌入算法引入的视觉失真较小。通过对图 6.20 和图 6.21 的比较，我们可以发现增大 S 的取值可以有效减小中间四种算法的整体视觉失真度，这也进一步印证了 S 对于嵌入容量和视觉失真的控制作用。

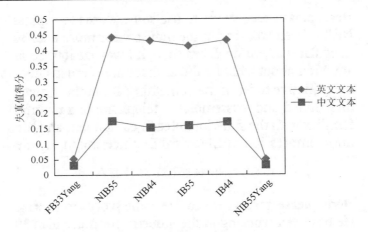

图 6.20　视觉失真比较图 1（$S>2$）

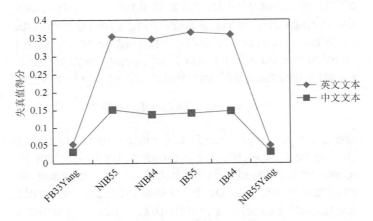

图 6.21　视觉失真比较图 2（$S>0$）

6.5　本章小结

　　本章首先介绍了二值图像信息隐藏六种常见算法。接着，6.2 节详细介绍了分块嵌入的基本思想，其相对简单的算法实现和较大的嵌入容量使得该方法从六种二值图像信息隐藏方法中脱颖而出，成为使用最为普遍的一种方法。在这一节中以流程图的形式展示了信息嵌入和信息提取的全过程，并对信息嵌入和信息提取两个主要的过程展开了详细的分析讨论。分块方式和可翻转像素点选取准则是分块嵌入二值图像信息隐藏算法的核心部分，6.2 节详细分析了各种分块方式对于嵌入结果的影响，讨论了各种可翻转像素点判决准则的各自特点。6.3 节主要讨论对二值图像信息隐藏算法进行评价的三个技术指标。其中嵌入容量和视觉失真度作为最主要的两个评价标准，对于嵌入和提取过程起着重要的影响。其中，视觉失真表的引入可以实现对于嵌入前后的视觉失真进行定量评估，结合嵌入容量的大小比较可以使对于算法的评价更加具体翔实。最后，6.4 节重点概述了前述分块二值图像信息隐藏算法仿真实现过程，对仿真结果进行了详细的分析。总的来说，我们需要在嵌入容量及视觉失真度上寻找合适的平衡点，如 NIB55 算法可以获得最小的视觉失真但嵌入容量较为有限；FB22 或 FB33Yang 算法可以获得很大的嵌入容量，但视觉失真却十分明显，很难起到隐藏信息不让人察觉的作用。因此，如 IB55 算法这样既可以保持较小的视觉失真又可以适当提高嵌入容量的算法在实际应用中往往可以获得更大的价值。

参 考 文 献

[1]　申载强. 二值图像信息隐藏方法研究及设计[D]. 广州：中山大学，2014.

[2]　Tseng Y C，Pan H K. Secure and invisible data hiding in 2-color images[C]. INFOCOM 2001 Twentieth Annual Joint Conference of the IEEE Computer and Communications Societies，Anchorage，2001：887-896.

[3]　Wu M，Liu B. Data hiding in binary image for authentication and annotation[J]. IEEE Transactions on Multimedia，2004，6（4）：528-538.

[4]　Yang H，Kot A C. Pattern-based data hiding for binary image authentication by connectivity-preserving[J]. IEEE Transactions on Multimedia，2007，9（3）：475-486.

[5]　刘九芬，付磊，张卫明. 基于二值图像的信息隐藏算法[J]. 计算机工程，2011，37（18）：121-123.

[6]　杨全周，蔡晓霞，陈红. 一种基于游程编码的二值图像隐藏方案[J]. 舰船电子对抗，2008，31（2）：86-88.

[7]　Amano T，Misaki D. A feature calibration method for watermarking of document images[C]. International Conference on Document Analysis and Recognition，Bangalore，1999：91-94.

[8]　周琳娜，杨义先，郭云彪，等. 基于二值图像的信息隐藏研究综述[J]. 中山大学学报（自然科学版），2004，43（2）：71-75.

[9]　Mei Q G，Wong E K，Memon N D. Data hiding in binary text documents[C]. Photonics West 2001-Electronic Imaging. International Society for Optics and Photonics，San Jose，2001：369-375.

[10]　Baharav Z，Shaked D. Watermarking of dither halftone images[C]. Proceedings of SPIE，San Jose，1999：307-313.

[11]　Cheng J，Kot A C. Objective distortion measure for binary text image based on edge line segment similarity[J]. IEEE Transactions on Image Processing，2007，16（6）：1691-1695.

[12]　Matsui K，Tanaka K. Video-steganography：How to secretly embed a signature in a picture[C]. IMA Intellectual Property Project Proceedings，Annapolis，1994，1（1）：187-205.

[13]　蒋燕玲. 基于信息隐藏技术的隐秘传真通信系统研究与实现[D]. 南京：东南大学，2013.

[14]　钮心忻. 信息隐藏与数字水印的研究与发展[J]. 计算机教育，2005，（1）：22.

[15]　刘春庆，戴跃伟，王执铨. 一种新的二值图像信息隐藏方法[J]. 东南大学学报（自然科学版），2003，33（增刊）：98-101.

[16]　王育民，刘建伟. 信息隐藏：理论与技术[M]. 北京：清华大学出版社，2006.

[17]　Cox I J，Miller M L. A review of watermarking and the importance of perceptual modeling[J]. Proceedings of Electronic Imaging，1997，97：92-99.

[18]　Filler T，Judas J，Fridrich J. Minimizing embedding impact in steganography using trellis-coded quantization[C]. IS&T/SPIE Electronic Imaging. International Society for Optics and Photonics，San Jose，2010：754105-754105-14.

[19]　丁玮,闫伟齐,齐东旭. 基于 Arnold 变换的数字图像置乱技术[J]. 计算机辅助设计与图形学学报,2001,13(4):338-341.

第7章 可逆信息隐藏算法

本章中，在概述可逆信息隐藏发展背景及其应用后，介绍了三种经典的可逆信息隐藏算法：差值扩展（difference expansion，DE）算法、直方图修改（histogram modification，HM）算法和预测误差扩展（prediction-error expansion，PEE）算法。这三种算法各有利弊，但是由于 HM 算法和其他两种算法相比具有较高的嵌入容量和峰值信噪比，目前已经成为比较主流的可逆信息隐藏算法。接着，重点介绍了在 HM 算法基础上发展出的其他几种改进算法：基于差值直方图平移，基于二维差值直方图平移及基于各种预测方案的误差扩展直方图平移等。

7.1 可逆信息隐藏算法概述

在信息化产业不断发展的今天，对于数字产品的侵权、盗用行为越来越严重，数字产品版权问题亟待解决，针对这个问题，信息隐藏技术应运而生。

信息隐藏技术是基于传统密码学的新兴学科。相较于传统的密码学，它的优点在于将嵌入数据隐藏在一个易获得的载体中，起到了很好的掩护效果，从而减小了被盗取的威胁。正是由于这样的性质，该技术在信息保护方面相较于密码技术有更大的应用空间。

传统的信息隐藏技术会给载体带来一定程度的失真，有些失真是不可恢复的。虽然这些失真是人类无法直观感知的，但是在一些特殊的应用场合，在提取机密信息后，需要完整地恢复载体。于是发展出了无失真的信息隐藏技术，即可逆信息隐藏（reversible data hiding，RDH）技术，即在数据嵌入的过程中，尽管可能对载体的感知性有一定的影响，但是只要在载体的传输过程中没有遭到损坏，接收方仍然可以根据一定的规则提取嵌入数据并且保证原始载体的完整性。在军事、法庭、医学领域都有可逆信息隐藏技术的具体应用。

早期的可逆数据隐藏大多是基于无损压缩（lossless compression）实现的，这类算法的中心思想是针对载体图像的一个或多个特征集进行无损压缩，利用冗余空间进行数据嵌入。例如，可以通过压缩具有最小冗余的位平面释放空间、压缩离散小波变换系数释放空间，但是由于位平面的相关性太弱，该方法无法提供高嵌入率，因此为了提高嵌入率，需要压缩更多的位平面的同时也产生了明显的嵌入失真。Celik 等[1]提出了 G-LSB 算法，通过无损压缩的方法利用量化差值进行信息嵌入，信息的嵌入数量得到了较大的改进。

后来，出现了更多基于直方图修改和扩展技术的算法。Ni 等[2]最早提出了基于直方图修改的可逆信息隐藏算法，利用了直方图的两个极值点进行信息嵌入，这种算法保证了载密图像的质量，控制了失真度。扩展技术（expansion technique）算法首先由 Tian[3] 提出，通过对图像差值的计算，向选定的图像对中嵌入隐藏信息。和早期的无损压缩算法相比，Tian 的算法能够保证大容量数据嵌入的同时，图像具有低失真性。扩展技术算法通过不断地发展，衍生出了整数变换、预测误差扩展等算法。

　　如今，越来越多的可逆信息隐藏算法都是基于 Thodi 等[4]提出的预测误差扩展。在预测误差扩展算法中，不像扩展算法只考虑相邻两个像素值，而是将更多的像素值作为一个整体进行变换，进一步提高了数据嵌入性能。

7.2　基于差值扩展的可逆信息隐藏算法

　　在文献[3]中，Tian 最早提出了差值扩展算法，算法的实质是对整数 Haar 小波的高频系数进行比特移位来进行数据嵌入的。因为对于邻近像素间存在大量冗余的自然图像而言，其整数 Haar 小波变换的高频系数的幅值动态范围同像素值的动态范围相比显著减小，而且其幅值分布围绕着 0 值呈能量集中式的高斯分布，这非常有利于进行基于比特移位的可逆数据嵌入。

　　Tian 所提出的灰度图像的整数 Haar 小波变换定义如下。假设有一相邻像素对 (x, y)，其中 $0 \leqslant x$，$y \leqslant 255$，定义该像素对的整数均值 l 和整数差值 h 为

$$\begin{cases} l = \left\lfloor \dfrac{x+y}{2} \right\rfloor \\ h = x - y \end{cases} \tag{7-1}$$

其中，符号 $\lfloor \ \rfloor$ 代表向下取整。那么相对应的这两个像素值 x、y 可以改写为

$$\begin{cases} x = l + \left\lfloor \dfrac{h+1}{2} \right\rfloor \\ y = l - \left\lfloor \dfrac{h}{2} \right\rfloor \end{cases} \tag{7-2}$$

　　可以证明，这个整数 Haar 小波变换是一个 (x, y) 和 (l, h) 的一一映射关系，能满足可逆信息隐藏的要求。考虑到图像像素值的取值范围问题，有 $0 \leqslant x$，$y \leqslant 255$，否则嵌入信息与原始图像就不可恢复，因此有如下的限制条件：

$$0 \leqslant l + \left\lfloor \frac{h+1}{2} \right\rfloor \leqslant 255, \quad 0 \leqslant l - \left\lfloor \frac{h}{2} \right\rfloor \leqslant 255 \tag{7-3}$$

　　式（7-3）等价于

$$\begin{cases} |h| \leqslant 2(255 - l) \\ |h| \leqslant 2l + 1 \end{cases} \tag{7-4}$$

又可以等价于

$$\begin{cases} |h| \leqslant 2(255-l), & 128 \leqslant l \leqslant 255 \\ |h| \leqslant 2l+1, & 0 \leqslant l \leqslant 127 \end{cases} \tag{7-5}$$

对 h 进行比特移位，则有

$$h' = 2h + b \tag{7-6}$$

其中，b 为嵌在 LSB 位上的 "0" 或 "1" 的信息比特。那么为了避免比特移位之后像素值溢出情况的出现，则

$$|h'| \leqslant \min\{2(255-l), 2l+1\} \tag{7-7}$$

根据上面的描述，把差值 h 分为可扩展和可交换两部分，定义如下。

可扩展的：

$$|2h+b| \leqslant \min\{2(255-l), 2l+1\} \tag{7-8}$$

可交换的：

$$\left|2 \cdot \left\lfloor \frac{h}{2} \right\rfloor + b\right| \leqslant \min\{2(255-l), 2l+1\} \tag{7-9}$$

通过这两个定义，我们不难发现：

（1）如果 h 值是可交换的，h' 也是可交换的；

（2）如果 h 值是可扩展的，那它同时也是可交换的；

（3）比特移位之后，扩展差值 h' 是可交换的；

（4）如果 $h = 0$ 或者 -1，可扩展和可交换的条件是一样的。

根据 h 的可交换性和可扩展性，可以将所有差值分为下面 4 个集合：

（1）EZ：包含所有可扩展的 $h = 0$ 或者 $h = -1$；

（2）EN：包含所有可扩展的 $h \notin \text{EZ}$；

（3）CN：包含所有可交换的 $h \notin (\text{EZ} \cup \text{EN})$；

（4）NC：包含所有非可交换的 h。

因为所有可扩展的 h 都是可交换的，所以整个图像的可交换的集合为 $\text{EZ} \cup \text{EN} \cup \text{CN}$。这时我们注意到，EN 集合中的 h 值在经过比特移位之后有可能变成可交换的但是不可扩展的，那么得到的可交换但是不可扩展的差值 h' 就无法和原始图像中属于 CN 集合中的差值区别开来，为此，Tian 引入了位置地图（location map）的概念。首先，所有集合 EZ 中的差值 h 均被用于差值扩展，而 EN 集合中的差值 h 会根据净负荷的大小需求被部分或者全部进行比特移位。被选中的 h 值定义为集合 EN_1，没有被选中的集合定义为 EN_2，在位置地图中，用 "0" 和 "1" 来表示每一个差值 h 的原始状态，若 h 属于 EZ 和 EN_1，则该像素对对应位置地图的位置记录为 "1"，若 h 属于 EN_2、CN 和 NC，则该像素对对应位置地图的位置记录为 "0"，这样在解码的时候，由原始属于 EZ 集合中的 h 变换来的 h' 就会和原来属于 CN 集合中的 h 区别开来，从而实现信息的可逆隐藏与提取。

对于 Tian 所提出的 DE 算法，因为只要像素对的取值满足式（7-8），就可以用来进行信息嵌入，且由于像素对两个元素之间的关联性比较强，所以满足式（7-8）的像素对

较多，即表明此算法的嵌入容量较大。但是这种算法也具有明显的缺点，将差值 h 进行扩展的时候，出现个数较少的 h 值也会进行嵌入，同时出现个数较少的 h 值一般都比较大，这会引起嵌入后像素值的变量较大。

7.3　基于直方图平移的可逆信息隐藏算法

灰度图像的直方图表示了图像中所有的灰度值对应的像素点个数。Ni 等[2]提出了基于灰度图像直方图平移的可逆信息隐藏算法，该算法的中心思想就是通过平移灰度图像直方图来产生冗余以制造空间来嵌入数据。

我们以 Lena 图像为例来说明 Ni 等的算法。然后将所提算法的嵌入和提取以伪代码的形式展示。

对于一个给定的灰度图像，也就是 Lena 图像（512×512×8），首先我们生成它的直方图，见图 7.1。

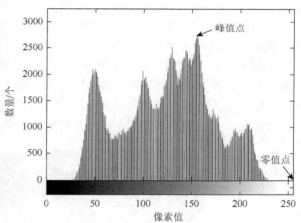

图 7.1　Lena 图像及其直方图

7.3.1　可逆信息隐藏算法嵌入过程

（1）在直方图中，首先找到一个零值点和一个峰值点。零值点对应于所给图像中没有像素值存在的灰度值（如图 7.1 中的 h（255））。峰值点对应于所给图像中像素值数量最多的灰度值（如图 7.1 中的 h（154））。为了计数的简洁，在这里我们只用一个零值点和一个峰值点来说明算法的原理。找到峰值点的目的是尽可能大地增加嵌入容量，因为在这个算法中，图像所能嵌入的比特数等于和峰值点相关的像素值的数量。使用两对或多对零值点和峰值点的算法将在后面的部分中讨论。

（2）对整个图像进行顺序扫描，可以是一行行地从上到下，或者一列列地从左到右，像素值在 155（包括 155）和 254（包括 254）之间的灰度值全部加"1"。这个步骤相当于改变直方图[155, 254]的范围向右移一个单位，让灰度值 155 变空。如图 7.2 所示。

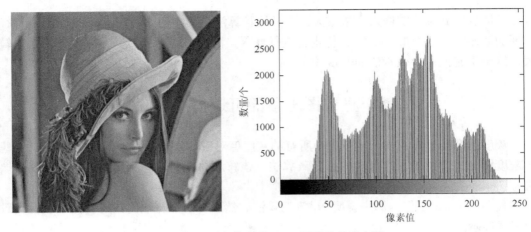

图 7.2   平移操作后的 Lena 图像及其直方图

（3）对整个图像再进行一次相同顺序扫描。一旦遇到灰度值为 154 的像素点，我们就检查待嵌入序列。如果相对应的待嵌入序列的比特是 "1"，图像的像素值就增加 "1"，否则像素值保持不变（注意到这个步骤可以包含到步骤（2），但是为了说明的方便，我们选择把嵌入算法呈现为这三个步骤）。

上述的三个步骤完成了数据嵌入过程。现在可以观察到当只利用一对零值点和峰值点的时候，这种算法的数据嵌入容量等于在步骤（1）中提到的峰值点灰度值的像素数量。图 7.3 分别展示了原始和嵌入后的 Lena 图像。嵌入秘密信息后的 Lena 图像的直方图展示在图 7.4 中。注意到图 7.1 中的峰值点 154 消失了。

(a)   (b)

图 7.3   Lena 图像

（a）原始图像；（b）嵌入图像（PSNR = 48.2dB）

7.3.2   嵌入算法的伪代码

注意到上面确定的零值点对于一些图像的直方图来说不一定存在。因此最小值点的概念就比较一般性了。对于最小值点，我们定义这样一个灰度值 b，假设这个像素值的数目是最小的，也就是说 $h(b)$ 是最小的。相应地，上述的峰值点也就是指最大值点。因此，在下面的讨论中，我们用最大值点和最小值点的称呼。

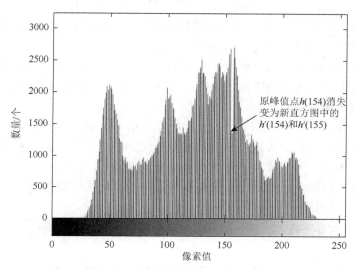

图 7.4　嵌入秘密信息后的 Lena 图像的直方图

（1）一对最大值点和最小值点的嵌入算法的伪代码。

对于一个像素尺寸为 $M \times N$ 的图像，每个像素值 $x \in [0, 255]$。

①生成图像的直方图 $H(x)$。

②在直方图 $H(x)$ 中，找到最大值点 $h(a)$，$a \in [0, 255]$ 和最小值点 $h(b)$，$b \in [0, 255]$。

③如果最小值点 $h(b) > 0$，记录下这些像素点坐标 (i, j) 和像素点灰度值 b 作为开销统计信息（简称开销信息）。然后设置 $h(b) = 0$。

④不失一般性地，假设 $a < b$。将 $x \in (a, b)$ 部分的直方图 $H(x)$ 向右移一个单位。这意味着所有的像素点灰度值（满足 $x \in (a, b)$）都加了"1"。

⑤扫描图像，一旦遇到灰度值为 a 的像素点，检查待嵌入比特。如果待嵌入比特为"1"，像素值改变为 $a + 1$。如果比特为"0"，像素值仍然为 a。

（2）实际数据嵌入容量（净负载）：这种方法下，实际数据嵌入容量 C 的计算公式为

$$C = h(a) - O \tag{7-10}$$

其中，O 用来表示开销信息的数据数目。

显然，如果要求的负载量比实际容量大，就需要用到更多对最大值点和最小值点。下面展示多对最大值点和最小值点的嵌入算法。

（3）多对最大值点和最小值点的嵌入算法的伪代码：不失一般性地，下面讨论三对最大值点和最小值点的嵌入算法的伪代码。对于其他数目的多对最大值点和最小值点的代码也是非常简单的。

对于一个 $M \times N$ 的图像，每个像素值 $x \in [0, 255]$。

①生成它的直方图 $H(x)$。

②在直方图 $H(x)$ 中，找到三个最小值点 $h(b_1)$、$h(b_2)$、$h(b_3)$，不失一般性地，假设这三个最小值点满足下面的条件：$0 < b_1 < b_2 < b_3 < 255$。

③在区间 $[0, b_1]$ 和 $[b_3, 255]$ 上，分别找到最大值点 $h(a_1)$、$h(a_3)$，假设 $a_1 \in (0, b_1)$，$a_3 \in (b_3, 255)$。

④在区间$[b_1, b_2]$和$[b_2, b_3]$上，分别找到最大值点。假设为 $h(a_{12})$，$h(a_{21})$ 满足 $b_1<a_{12}<a_{21}<b_2$ 和 $h(a_{23})$，$h(a_{32})$ 满足 $b_2<a_{23}<a_{32}<b_3$。

⑤在 $(h(a_1), h(a_{12}))$，$(h(a_{21}), h(a_{23}))$，$(h(a_{32}), h(a_3))$ 这几个最大值点对中，找到具有更多的直方图灰度值的点。不失一般性地，假设 $h(a_1)$、$h(a_{23})$、$h(a_3)$ 是三个选择出来的最大值点。

⑥于是 $(h(a_1), h(b_1))$，$(h(a_{23}), h(b_2))$，$(h(a_3), h(b_3))$ 是三对最大值点和最小值点。将上述一对最大值最小值点嵌入算法的步骤应用于每一对点上。也就是说，对待这三对点中的每一对当作一对最大值点和最小值点。

很显然，所提算法会导致实际嵌入容量与水印图像可视化质量综合指标的次优性能。

7.3.3　提取算法的伪代码

为了简明起见，这里只讨论一对最大值点和最小值点的简单例子，因为像上述所说，一般性的多对点的例子可以分解为几个一对点的例子。也就是说，多对点情况下的数据提取可以当作一对点情况的多次重复操作。

假设最大值点和最小值点的灰度值为 a 和 b。不失一般性地，我们假设 $a<b$。嵌入图像尺寸为 $M×N$，每个像素值 $x\in[0, 255]$。

（1）以和嵌入过程中相同的顺序扫描嵌入图像，如果遇到像素点的灰度值为 $a+1$，则提取一个比特"1"；如果遇到像素点的灰度值为 a，则提取一个比特"0"。

（2）再次扫描嵌入图像，对于任何一个像素值 $x\in(a, b]$，像素值 x 减去"1"。

（3）如果在提取数据中发现开销信息，设置像素点（坐标 (i, j) 存储在开销信息中）灰度值为 b。

经过以上操作，原始图像可以没有任何损坏地恢复出来。

7.3.4　嵌入和提取流程图

总结来说，所提的可逆信息嵌入和提取算法可以分别用图 7.5 和图 7.6 所示的流程图表示。

7.3.5　嵌入图像相对于原始图像的 PSNR 下界

直方图平移算法生成的嵌入图像的 PSNR 下界能够达到大于 48dB 的水平。

从嵌入算法可以很清楚地观察到在数据嵌入过程中，最小值点和最大值点之间的像素值或加"1"或减"1"。因此，最差的情况下，所有像素点的灰度值会被要么加"1"要么减"1"，这就意味着均方误差（MSE）最大等于 1，即 MSE = 1。这也就导致了嵌入图像相对于原始图像的峰值信噪比变为

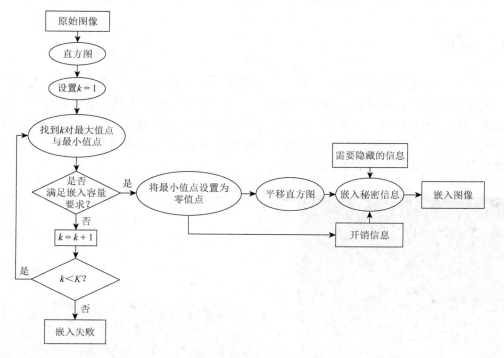

图 7.5　数据嵌入算法

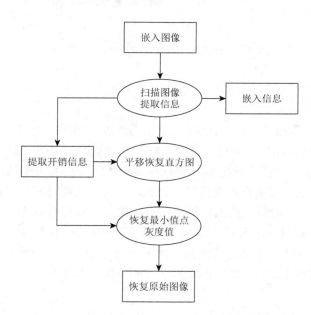

图 7.6　一对最大值点和最小值点的提取算法

$$PSNR = 10 \times \log_{10} \left(\frac{255 \times 255}{MSE} \right) = 48.13\text{dB} \qquad (7\text{-}11)$$

7.3.6　应用

对于一个给定图像的直方图，最大值点和最小值点是确定的，在右边、在左边、在中间对于我们的算法来说都是没有影响的。关键点在于直方图有最大值点和最小值点，也就是说直方图要足够上下起伏。该算法不能奏效的一个极端的例子就是图像含有非常水平的直方图。其中的一个人造的图像例子展示在图 7.7 中。大致来说，给定直方图的振幅变化越剧烈，数据嵌入容量就越多。

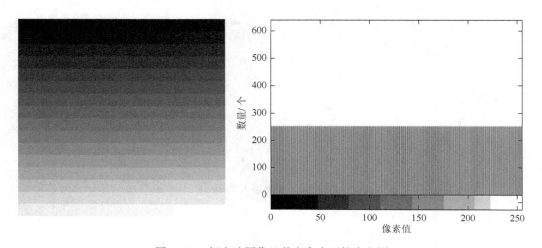

图 7.7　一幅人造图像及其完全水平的直方图

7.3.7　计算复杂度

所提算法的计算负担是很轻的，因为它不需要任何的变换，如离散余弦变换（DCT）、离散小波变换（DWT）和快速傅里叶变换（FFT）。所有的过程都是在空间域进行的。必需的过程主要是生成直方图，决定最大值点和最小值点（还有可能的次最大值点和次最小值点），扫描像素点，像素点灰度值加 1 或减 1，因此完成时间相当短。假设图像的高为 M，宽为 N，对于一对最大值点和最小值点，我们需要在数据嵌入过程中对图像进行三次扫描，因此，计算复杂度为 $O(3MN)$。由于多对的情况只是一对情况的多次重复，整体计算复杂度为 $O(3kMN)$，k 为使用到的最大值点与最小值点对数。对于一个 2.6 GHz 的英特尔处理器和 MATLAB R2015a 软件，Lena 图像（$512 \times 512 \times 8$）的嵌入时间仅需要 36ms。

7.3.8　实验结果和比较

基于直方图平移的可逆信息隐藏算法已经成功应用在了不同种类的图像上，包括一些常用的图像、医学图像、纹理图像、航拍图像和 CorelDRAW 数据库中的 1096 幅图像，已经取得了令人满意的结果，这证明了其良好的普适性。图 7.8 展示了具有不同特征直方图的不同种类的图像。

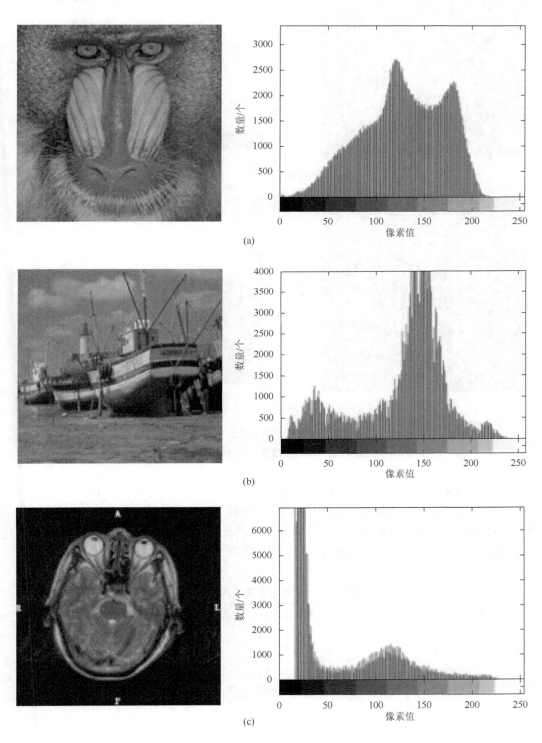

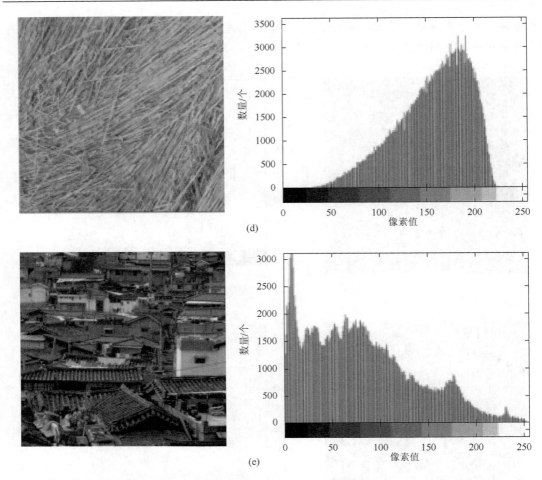

图 7.8　一些测试图像它们的直方图

（a）Baboon；（b）Boat；（c）医学图像；（d）纹理图像；（e）数据库图像

　　在所有的实验中，都利用了两对最大值点和最小值点。注意到表 7.1～表 7.5，列出的负载都是净负载，也就是说都已经去掉了开销信息的数目。表 7.6 展示了对于现有的可逆标记技术和所提出的技术关于净负载和 PSNR 的比较。表 7.7 展示了对于两幅经典且具有不同嵌入表现的 Lena 和 Baboon 图像的比较结果。

表 7.1　一些常用图像的测试结果

图像（512×512）	图像的峰值信噪比/dB	净负载/bit
Lena	48.2	5460
Airplane	48.3	16171
Tiffany	48.2	8782
Jet	48.7	59978
Baboon	48.2	5421

续表

图像（512×512）	图像的峰值信噪比/dB	净负载/bit
Boat	48.2	7301
House	48.3	14310
Bacteria	48.2	13579
Blood	48.2	79460

表 7.2　八幅医学图像的实验结果

图像（512×512）	图像的峰值信噪比/dB	净负载/bit
Mipic1	48.2	72554
Mipic2	48.3	184442
Mipic3	48.2	48356
Mipic4	48.2	37692
Mipic5	48.3	88224
Mipic6	48.2	151225
Mipic7	48.2	83505
Mipic8	48.2	139626

表 7.3　六幅纹理图像的实验结果

图像（512×512）	图像的峰值信噪比/dB	净负载/bit
Texture1	48.2	4017
Texture2	48.3	6487
Texture3	48.2	6349
Texture4	48.2	11131
Texture5	48.3	7923
Texture6	48.2	10246

表 7.4　六幅航拍图像的实验结果

图像（512×512）	图像的峰值信噪比/dB	净负载/bit
Aerial 1	48.2	54265
Aerial 2	48.2	41457
Aerial 3	48.2	46978
Aerial 4	48.2	38734
Aerial 5	48.3	56853
Aerial 6	48.2	35287

表 7.5　平面设计数据库中 1096 幅图像的实验结果

图像（512×512）	图像的峰值信噪比/dB	净负载/bit		
		最大值	最小值	平均值
1096 幅图像	48.2	59262	6115	18263

表 7.6　直方图平移算法和其他可逆标志技术的比较

算法	512×512×8 图像的净负载/bit	嵌入图像的峰值信噪比/dB
文献[5]算法	<102	没有提及
文献[6]算法	<2046	没有提及
文献[7]算法	1024	没有提及
文献[8]算法	$3\times10^3\sim41\times10^3$	39
文献[9]算法	<4096	<35
文献[10]算法	$15\times10^3\sim94\times10^3$	24～36
文献[11]算法	$15\times10^3\sim143\times10^3$	38
Proposed	$5\times10^3\sim80\times10^3$	>48

表 7.7　直方图平移算法和其他可逆标志技术关于两幅经典图像的 Lena 和 Baboon 的比较结果

算法	Lena（512×512×8）		Baboon（512×512×8）	
	净负载/bit	PSNR/dB	净负载/bit	PSNR/dB
文献[5]算法	<1024	没有提及	<1024	没有提及
文献[6]算法	<2048	没有提及	<2048	没有提及
文献[7]算法	1024	没有提及	<1024	没有提及
文献[8]算法	24108	39	2905	39
文献[9]算法	1024	30	1024	29
文献[10]算法	85507	36.6	14916	32.8
文献[11]算法	74600	38	15176	38
文献[2]算法	5460	48.2	5421	48.2

从这些比较中我们可以看出基于直方图平移算法有很高的数据嵌入容量且达到最高的 PSNR 下界。

7.4　基于预测误差扩展的可逆信息隐藏算法

由于灰度图像相邻像素值的关联性较强，所以使用邻近的像素点灰度值来预测中心像素点的灰度值也最为准确。在文献[4]中，Thodi 等提出了基于预测误差扩展（PEE）的可逆信息隐藏算法。这种算法的中心思想即对通过 MED 预测算法生成的预测差值进行扩展来嵌入隐藏信息。

　　MED 方式最早在文献[12]中提出。对于灰度图像的像素值 x，取当前像素值的右方、下方、右下方像素值作为像素值 x 的参考像素点，如图 7.9 所示。

图 7.9　MED 预测算法像素区域

　　利用 MED 预测算法生成当前 x 的预测值 $\hat{x}$，$\hat{x}$ 的定义为

$$\hat{x} = \begin{cases} \max(a,b), & c \leqslant \min(a,b) \\ \min(a,b), & c \geqslant \max(a,b) \\ a+b-c, & \text{其他} \end{cases} \tag{7-12}$$

　　预测误差（prediction error，Pe）的定义为 $\text{Pe} = x - \hat{x}$。为了嵌入一个隐藏信息比特 i，使用 Pe 的二进制形式来表示 Pe，将其向左平移一位，再将 i 嵌入最不重要比特位（least significant bit，LSB）中，假设 Pe 的二进制表示共 l 位，则有

$$\begin{cases} \text{Pe} = b_{l-1}b_{l-2}\cdots b_1 b_0 \\ \text{Pe}' = b_{l-1}b_{l-2}\cdots b_1 b_0 i = 2\text{Pe} + i \end{cases} \tag{7-13}$$

其中，Pe′ 表示扩展后的预测误差，则扩展后的像素值为

$$x' = \hat{x} + \text{Pe}' = x - \text{Pe} + 2 \times \text{Pe} + i = x + \text{Pe} + i \tag{7-14}$$

　　由于要实现数据的可逆提取，x' 必须满足 $x' \in [0,255]$，则有

$$0 \leqslant x + \text{Pe} + i \leqslant 255, \quad i = 0,1 \tag{7-15}$$

式（7-15）可以等价为

$$\begin{cases} x + \text{Pe} \leqslant 254, & \text{Pe} \geqslant 0 \\ x + \text{Pe} \geqslant 0, & \text{Pe} < 0 \end{cases} \tag{7-16}$$

即只有满足式（7-16）的像素点才会作为信息嵌入位置。

　　在隐藏信息提取过程中，首先计算载密图像的预测误差 Pe′，嵌入信息会被从各个像素值的 LSB 中提取出来，即

$$\text{Pe} = \left\lfloor \frac{\text{Pe}'}{2} \right\rfloor \tag{7-17}$$

$$i = \begin{cases} 1, & \text{Pe} \neq \text{Pe}'/2 \\ 0, & \text{Pe} = \text{Pe}'/2 \end{cases} \tag{7-18}$$

$$x = x' - \text{Pe} - i \tag{7-19}$$

7.5　基于差值直方图平移的可逆信息隐藏算法

　　Ni 等的算法虽然嵌入容量较大，但是对于某些峰值点不突出的灰度直方图的图像，因为直方图的均一化，图像的最大值并不是很高，即使使用多对最大值点和最小值点，也不能取得很好的嵌入性能。而且 Ni 等的算法中在使用多对最大值和最小值点的时候必须要使用额外信息数据来记录最大值和最小值，这也造成了嵌入容量的减小。

　　基于 Ni 等的算法的这个弊端，Tai 等在文献[13]中提出了基于差值直方图的平移（difference histogram modification，DHM）算法。此算法的重点是用相邻像素对 (x,y)

的灰度差值形成的直方图代替原始图像的灰度直方图，从而形成峰值点更高、形状更陡峭的直方图。

7.5.1　差值直方图

对于灰度图像来说，相邻像素点之间的关联性比较大，像素差值（pixel difference，PD）的分布具有更明显的最大值。也就是说，差值直方图（pixel difference histogram，PDH）提高了直方图的峰值点，也就是提高了嵌入容量。

对于一幅具有 N 个像素点的灰度图像 H，对其进行 Z 形扫描，得到一个长度为 N 的像素值串 x，x_i 代表第 i 个像素值，其中 $0 \leq i \leq N-1$，$x_i \in [0, 255]$。扫描后得到的像素值串 x 进行差值计算，即

$$d_i = \begin{cases} x_i, & i = 0 \\ |x_{i-1} - x_i|, & \text{其他} \end{cases} \quad (7\text{-}20)$$

对于得到的差值 d 作差值直方图，如图 7.10 所示。

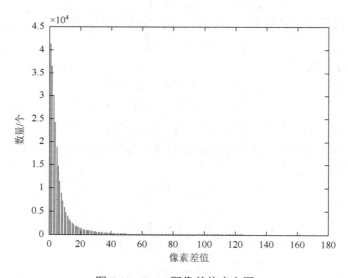

图 7.10　Lena 图像差值直方图

可以看到，差值的分布规律几乎是一个零均值的 Laplace 分布[14]，在文献[15]、[16]中提到了 Laplace 分布可以用于信息隐藏框架以提高隐藏性能。且将图 7.10 和图 7.1 的直方图进行比较，可以发现直方图的峰值从 2500bit 提高到了 45000bit，则根据式（7-20），使用差值直方图的算法，嵌入容量将显著提升。

7.5.2　算法描述

基于上述差值直方图的形成，具体算法描述如下。

（1）根据式（7-23）生成图像的差值直方图，假设差值直方图的峰值点为 a。

（2）再次对原始图像进行 Z 形扫描。

①对于 $d_i < a$，x_i 的像素值保持不变。

②对于 $d_i > a$，将 x_i 平移一个单位，即载密图像像素点串的第 i 个像素值为

$$y_i = \begin{cases} x_i, & i = 0 \\ x_i + 1, x_i \geq x_{i-1} \\ x_i - 1, x_i < x_{i-1} \end{cases} \tag{7-21}$$

③对于 $d_i = a$，有

$$y_i = \begin{cases} x_i + b, & x_i \geq x_{i-1} \\ x_i - b, & x_i < x_{i-1} \end{cases} \tag{7-22}$$

其中，b 为待嵌入信息比特。

（3）在信息提取过程中，对图像进行相同的 Z 形扫描，则嵌入信息 b 可以通过式（7-23）恢复。

$$b = \begin{cases} 0, & |y_i - x_{i-1}| = a \\ 1, & |y_i - x_{i-1}| = a + 1 \end{cases} \tag{7-23}$$

（4）载体图像像素值的恢复。

$$x_i = \begin{cases} y_i + 1, & |y_i - x_{i-1}| > a; y_i < x_{i-1} \\ y_i - 1, & |y_i - x_{i-1}| > a; y_i > x_{i-1} \\ y_i, & 其他 \end{cases} \tag{7-24}$$

7.5.3　二维差值直方图平移算法

前面所介绍的算法，无论 HM 算法还是 DHM 算法，都是基于一维直方图的平移算法。由于一维直方图并不能够很好地利用图像的冗余部分，Li 等在文献[17]中提出了基于二维直方图的平移算法。此算法的重点是用相邻像素对 (x, y) 和周围像素点构造预测值，生成真实相邻差值和预测差值，对这两个值组成的二维直方图进行平移操作。

1. GAP 预测

对于一对像素对产生的第二个差值，这里采用的是梯度自适应预测（gradient adjusted prediction，GAP）预测方式。

假设一对像素对 (x, y) 与其相邻像素 $\{v_1, v_2, \cdots, v_{10}\}$ 如图 7.11 所示。则预测值 z 的产生由式（7-25）给出。

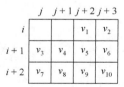

图 7.11　GAP 预测像素组

x 的坐标为 (i, j)

$$z = \begin{cases} v_1, & d_v - d_h > 80 \\ \dfrac{v_1 + u}{2}, & d_v - d_h \in (32, 80] \\ \dfrac{v_1 + 3u}{4}, & d_v - d_h \in (8, 32] \\ u, & d_v - d_h \in [-8, 8] \\ \dfrac{v_4 + 3u}{4}, & d_v - d_h \in [-32, -8) \\ \dfrac{v_4 + u}{2}, & d_v - d_h \in [-80, -32) \\ v_4, & d_v - d_h < -80 \end{cases} \tag{7-25}$$

其中，$d_v = |v_1 - v_5| + |v_3 - v_7| + |v_4 - v_8|$ 代表垂直梯度；$d_h = |v_1 - v_2| + |v_3 - v_4| + |v_4 - v_5|$ 代表水平梯度；$u = (v_1 + v_4)/2 + (v_3 - v_5)/4$，如果 z 不是整数则取离 z 值最近的整数代替 z 值。通过 GAP 预测，可以得到两个差值 d_1、d_2 为

$$\begin{cases} d_1 = x - y \\ d_2 = y - z \end{cases} \tag{7-26}$$

同时在这里引入计算复杂性测度（complexity measurement，CM）这个概念，类似于进行像素点排序[18]。则 CM（x, y）可以利用像素点 x 和 y 的十个相邻像素点的像素值进行计算，即

$$\begin{aligned} \mathrm{CM}(x, y) = &|v_1 - v_2| + |v_3 - v_4| + |v_4 - v_5| + |v_5 - v_6| + |v_7 - v_8| + |v_8 - v_9| \\ &+ |v_9 - v_{10}| + |v_3 - v_7| + |v_4 - v_8| + |v_1 - v_5| + |v_5 - v_9| + |v_2 - v_6| + |v_6 - v_{10}| \end{aligned} \tag{7-27}$$

可以很明显地看到，平滑区域的像素对对应的复杂性测度的值比较小，那么在嵌入的时候可以设置阈值 T，只有小于阈值 T 的像素对才去计算其对应的两个差值 d_1 和 d_2，进行数据嵌入。

2. 二维差值直方图平移原理

在数据嵌入的过程中，对于像素对 (x, y) 来说，要么 x 要么 y 的值会改变"1"，那么此时 (x, y) 会有四个方向的变化，那么相对应的差值对 (d_1, d_2) 也有四个方向的变化。如图 7.12 所示。

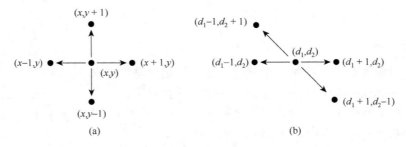

图 7.12　像素对（x, y）与差值对（d_1, d_2）的对应变换

对于像素对 (x, y) 与其对应差值对 (d_1, d_2)，可以用图 7.13 来表示信息嵌入的过程。

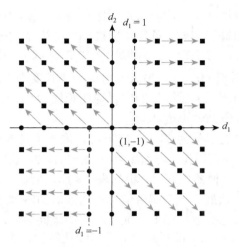

图 7.13　差值直方图平移原理图

在图 7.13 中，所有黑色的圆点被当作进行扩展操作的点，所有黑色的正方形被当作进行更改操作的点。对于图 7.13 所示的信息嵌入原理，可以在表 7.8 中体现出来。

表 7.8　差值直方图平移原理

(d_1, d_2) 满足条件	像素对 对应操作	差值对 移动方向	像素对 移动方向	修改后 像素对
$d_1 = 1$ 且 $d_2 > 0$	扩展	右	右	$(x + b, y)$
$d_1 = -1$ 且 $d_2 < 0$	扩展	左	左	$(x - b, y)$
$d_1 = 0$ 且 $d_2 >= 0$	扩展	左上	上	$(x, y + b)$
$d_1 < 0$ 且 $d_2 = 0$				
$d_1 = 0$ 且 $d_2 < 0$	扩展	右下	下	$(x, y - b)$
$d_1 > 0$ 且 $d_2 = 0$				
$d_1 = 1$ 且 $d_2 = -1$				
$d_1 > 1$ 且 $d_2 > 0$	更改	右	右	$(x + 1, y)$
$d_1 < -1$ 且 $d_2 < 0$	更改	左	左	$(x - 1, y)$
$d_1 < 0$ 且 $d_2 > 0$	更改	左上	上	$(x, y + 1)$
$d_1 > 1$ 且 $d_2 < 0$	更改	右下	下	$(x, y - 1)$
$d_1 = 1$ 且 $d_2 < -1$				

这种算法利用了 Ni 等的方法的中心思想，即人为制造冗余用于数据嵌入。只不过在制造冗余的方式上通过 GAP 预测生成第三个像素值，使用了两个差值进行构造，使得更大的冗余空间得以利用。

3. 算法描述

通过前面的介绍，可将基于二维差值直方图平移的算法描述如下：

（1）除了最后两行和最后两列之外，将图像顺序分为 k 个像素对。在此，引入位置地图，对于第 i 个像素对，对于其 x，y 满足 $x \in \{0,255\}$ 或 $y \in \{0,255\}$ 的像素对，在其对应位置上标记 $L(i) = 1$，否则 $L(i) = 0$。那么 L 将是一个长度为 k 的二进制序列，使用长度编码对位置地图进行无损压缩，压缩后的位置地图长度为 l。对于每一个 $L(i) = 0$ 的像素对，计算对应的差值对和复杂性测度。

（2）设置复杂性测度的阈值为 T。若 $L(i) = 1$，嵌入信息有可能会导致像素值溢出，对于这样的像素对不进行任何操作。若 $L(i) = 0$ 且 $\text{CM}(i) > T$，认为这样的像素对不够平滑，也不进行任何操作。对于其他的像素对，根据表 7.8 所示的嵌入原理进行数据嵌入，当所有信息均嵌入完成后，记录最后一个携带信息的像素对的序列号为 k^*。

（3）为了实现可逆信息提取，需要生成相对应的辅助信息。

①记录前 $12 + 3\lceil \log_2 k \rceil + l$ 个像素点的最不重要比特位，组成一个二进制序列 S。

②将 S 嵌入剩下的像素对中，即从第 $k^* + 1$ 到第 k 个像素对，用 k_{end} 表示最后一个携带信息的像素对的序列号。

③将前 $12 + 3\lceil \log_2 k \rceil + l$ 个像素点的最不重要比特位替代为下列生成的辅助信息：

（a）复杂性测度的阈值 T（12bit）；

（b）k^*（$\lceil \log_2 k \rceil$ bit）；

（c）位置地图长度 l（$\lceil \log_2 k \rceil$ bit）；

（d）k_{end}（$\lceil \log_2 k \rceil$ bit）；

（e）位置地图（l bit）。

④在信息的提取过程中，必须采用与嵌入过程相反的扫描顺序，也就是说将第 $i + 1$ 个像素对的值恢复之后，再去进行第 i 个像素对的操作，只有这样，才能像嵌入的时候一样得到相同的预测值 z 和相同的复杂性测度，从而实现信息的可逆提取。

7.6 基于多直方图平移的可逆信息隐藏算法

大部分以前的基于预测误差扩展的直方图平移算法都是基于一维或二维的直方图变化。但是由于这些算法中直方图平移的方式是固定的，而且具体的算法和图像内容是独立的，所以还是没有取得比较好的性能。而多直方图平移（multiple histogram modification，MHM）算法[19]的提出，可以让该类算法能够自适应调整直方图平移方式，从而实现更好的隐藏性能。

7.6.1 预测误差直方图平移算法

预测误差直方图平移（prediction error histogram modification，PHM）算法[20]不像前

面内容中 Thodi 等提出的算法，它是利用预测误差组成的直方图进行人为制造冗余来实现数据嵌入的。

1. 算法描述

假设灰度图共有 N 个像素点 $(x_1,\cdots,x_N)$，对于其中的元素 x_i，经过预测器之后它的预测值为 $\hat{x}_i$，那么预测误差 e 的表达式为

$$e_i = x_i - \hat{x}_i \qquad (7\text{-}28)$$

我们定义 h 函数如下：

$$h(e) = \#\{1 \leqslant i \leqslant N : e_i = e\} \qquad (7\text{-}29)$$

其中，#表示这个集合的基数。

此时生成基于 $(e_1,\cdots,e_N)$ 的预测误差直方图，可以发现此时的直方图是一个中间具有峰值点且向两边下降的图形，则可以利用 Ni 等的算法使用两对最大值点与最小值点进行数据嵌入。根据嵌入容量的需求，假设选取的两个像素点最大值为 a_1 和 a_2，不失一般性地，假设 $a_1 < a_2$，则选取的两个最小值点为图像两侧的零值点。那么像素点的预测误差 e_i' 可以由式（7-30）给出：

$$e_i' = \begin{cases} e_i, & a_1 < e_i < a_2 \\ e_i + b, & e_i = a_2 \\ e_i - b, & e_i = a_1 \\ e_i + 1, & e_i > a_2 \\ e_i - 1, & e_i < a_1 \end{cases} \qquad (7\text{-}30)$$

其中，b 为待嵌入比特。此时，对 $e_i \in (a_1, a_2)$ 的像素点进行维持（unchangable）操作。则载密图像的像素值 x_i' 由预测值 $\hat{x}_i$ 和预测误差 e_i' 生成，即

$$x_i' = \hat{x}_i + e_i' \qquad (7\text{-}31)$$

那么在数据提取的时候，同样需要先生成每个像素点对应的像素预测值，那么可以看出，预测误差扩展的可逆性的前提就是保证在嵌入过程和提取过程的预测值是完全相同的，通过前面内容提到 MED 预测和 GAP 预测这一类的半包围式预测方式都可以实现信息的可逆隐藏。

在图像恢复时，根据 Ni 等的算法，有

$$x_i' = \begin{cases} x_i' - 1, & e_i' > a_2 \\ x_i', & a_1 \leqslant e_i' \leqslant a_2 \\ x_i' + 1, & e_i' < a_1 \end{cases} \qquad (7\text{-}32)$$

嵌入的信息 b 的提取有

$$b = \begin{cases} 1, & e_i' = a_2 + 1 \\ 1, & e_i' = a_1 - 1 \\ 0, & e_i' = a_2 \\ 0, & e_i' = a_1 \end{cases} \qquad (7\text{-}33)$$

2. 失真度优化

在前面的算法描述中，假设 N_{end} 是能够满足嵌入容量的当前像素点的坐标，则有 $N_{end} \leqslant N$，我们给出 g 的定义如下：

$$g(e) = \#\{1 \leqslant i \leqslant N_{end} : e_i = e\} \tag{7-34}$$

不像前面给出的 h 的定义，g 代表在数据嵌入过程中被处理的那些像素点的预测误差的频率。那么嵌入失真（embedding distortion，ED）可以由式（7-35）给出：

$$ED = \sum_{1}^{N_{end}} (x_i' - x_i)^2 \tag{7-35}$$

根据算法描述中给出的嵌入原理，ED 可以改写为

$$ED = \frac{g(a_1) + g(a_2)}{2} + \sum_{e < a_1} g(e) + \sum_{e > a_2} g(e) \tag{7-36}$$

由于 g 表示前 N_{end} 个像素点预测误差的频率，那么则有

$$g(e) \approx \frac{N_{end}}{N} h(e) \tag{7-37}$$

将式（7-37）代入式（7-36），有

$$ED = \frac{N_{end}}{N}\left(\frac{h(a_1) + h(a_2)}{2} + \sum_{e < a_1} h(e) + \sum_{e > a_2} h(e) \right) \tag{7-38}$$

同时，嵌入容量 EC 也可表示为

$$EC = g(a_1) + g(a_2) \approx \frac{N_{end}}{N}(h(a_1) + h(a_2)) \tag{7-39}$$

将式（7-39）代入式（7-40），有

$$ED \approx EC\left(\frac{\displaystyle\sum_{e < a_1} h(e) + \sum_{e > a_2} h(e)}{h(a_1) + h(a_2)} + \frac{1}{2} \right) \tag{7-40}$$

那么对于给定的嵌入容量 EC，想要实现失真度的最优化，则有

$$\min\left(\frac{\displaystyle\sum_{e < a_1} h(e) + \sum_{e > a_2} h(e)}{h(a_1) + h(a_2)} \right), \quad h(a_1) + h(a_2) \geqslant EC \tag{7-41}$$

总而言之，对于给定的嵌入容量，要想获得更低的失真度，(a_1, a_2) 的选取必须由式（7-41）决定。

3. 双层嵌入

在文献[21]中，Sachnev 等首先提出了双层嵌入（double-layered embedding）的概念。双层嵌入即将图像分为阴影区域和空白区域，如图 7.14 所示。

在进行信息嵌入的过程中，假设要求嵌入容量为 EC，那么 EC/2 的秘密信息嵌入阴影部分中，EC/2 的秘密信息嵌入空白部分中。首先对阴影部分进行像素值预测，然后进行信息嵌入。在阴影部分的所有操作结束之后，对空白部分进行像素值预测和信息嵌入。在数据提取的时候，要先对空白部分进行隐藏信息的提取，并恢复其原本的像素值，再对阴影部分进行数据提取与图像恢复，只有这样，才能保证嵌入过程和提取过程预测值是相同的，从而实现信息的可逆隐藏。由于对空白部分的操作和阴影部分是完全相同的，所以在后面的章节中，只以阴影部分作为例子进行讨论。

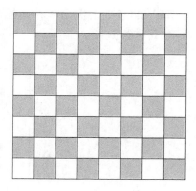

图 7.14　双层嵌入图像分层示意图

7.6.2　图像像素值预测

1. 半包围预测

前面章节所提到的 MED 预测与 GAP 预测都算作半包围预测方式，即只是用当前像素点的部分周围像素点参与像素预测工作，此处不再赘述详细算法。

2. 全包围预测

对于图像像素值的预测方法，除了前面内容所提到的 MED 预测和 GAP 预测，Sachnev 等还提出了菱形预测的全包围预测方式，并且证明了全包围预测的准确度要高于 MED 预测和 GAP 预测这一类的半包围预测方式。

图 7.15　菱形预测像素组示意图

假设要预测的中心像素值为 x，它的四周像素值分别为 v_1, v_2, v_3, v_4，如图 7.15 所示。

像素值 x 的预测值为

$$\hat{x} = \left\lfloor \frac{v_1 + v_2 + v_3 + v_4}{4} \right\rfloor \tag{7-42}$$

针对 Lena 图像的阴影部分，我们使用 MED 预测、GAP 预测和菱形预测三种预测方式生成预测误差直方图，如图 7.16 所示。

从图中可以看出，使用菱形预测产生的 PE 直方图峰值点最高，这说明了菱形预测最为准确，同时也可以看到，在直方图下降的两段上，菱形预测的直方图最低，这说明了该直方图平移时做更改操作的点较少，这也代表了式（7-41）中的最小值条件中，菱形预测对应的分子是最小的，分母是最大的，能够获得更小的失真。

3. 方向性预测

根据上面的仿真验证，发现了菱形预测的性能是要优于半包围预测的，Song 等[22]在

Li 等[19]的基础上提出一种新的预测方式——方向性预测（directional prediction），接下来将对其进行介绍。

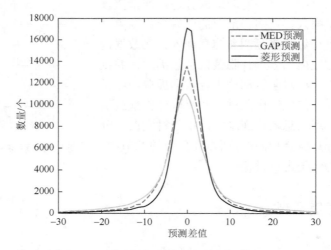

图 7.16　三种预测方式生成的预测误差直方图

假设要预测的中心像素值为 x，它的四周像素值分别为 v_1，v_2，v_3，v_4，如图 7.15 所示。定义水平方向预测均值 $\hat{x}_h$ 和垂直方向预测均值 $\hat{x}_v$，有

$$\hat{x}_h = \left\lfloor \frac{v_2 + v_4}{2} \right\rfloor, \quad \hat{x}_v = \left\lfloor \frac{v_1 + v_3}{2} \right\rfloor \tag{7-43}$$

由此，可以定义水平方向预测误差 e_h 和垂直方向预测误差 e_v，有

$$\begin{cases} e_h = x - \hat{x}_h \\ e_v = x - \hat{x}_v \end{cases} \tag{7-44}$$

定义 $\hat{x}_d$ 为方向性预测的预测值，其中 $d \in \{h,v\}$。那么方向性预测的预测误差 e_d 可定义为

$$e_d = x - \hat{x}_d \tag{7-45}$$

设定预测误差向量 $\boldsymbol{e} = (e_h, e_v)$ 代表预测误差组，那么预测误差 e 和方向性变量 d 可定义为

$$e = \begin{cases} e_h, & |e_h| \leqslant |e_v| \\ e_v, & |e_h| > |e_v| \end{cases} \tag{7-46}$$

$$d = \begin{cases} h, & |e_h| \leqslant |e_v| \\ v, & |e_h| > |e_v| \end{cases} \tag{7-47}$$

也就是说，通过比较 e_h 和 e_v 的绝对值，取绝对值小的值对应方向的预测值作为像素值 x 的预测值，这样的操作使得预测值更加接近原像素值，更有利于生成峰值点更高、整体形状更加陡峭的预测误差直方图。图 7.17 所示为 Lena 图像的阴影部分分别使用菱形预测和新提出的方向性预测产生的预测误差直方图。可以看到，新提出的预测算法相较于菱形预测具有更高的峰值点，且在直方图下降的两段上，方向性预测的直方图更低，

这说明了该直方图平移时做更改操作的点较少，满足了式（7-41）的最小化要求。

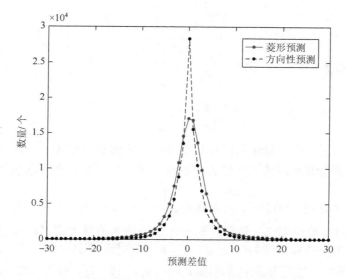

图 7.17 菱形预测和方向性预测预测误差直方图对比

7.6.3 信息的嵌入与可逆提取

根据嵌入容量的需求，假设选取的两个像素点最大值为 a_1 和 a_2，不失一般性地，假设 $a_1 < a_2$，则选取的两个最小值点为图像两侧的零值点。那么像素点的预测误差 e' 可以由式（7-48）给出：

$$e' = \begin{cases} e, & a_1 < e < a_2 \\ e+b, & e = a_2 \\ e-b, & e = a_1 \\ e+1, & e > a_2 \\ e-1, & e < a_1 \end{cases} \tag{7-48}$$

其中，b 为待嵌入比特。那么载密图像的像素值 x' 为

$$x' = x + (e' - e) \tag{7-49}$$

定义 $\hat{x}'_d$ 为 x' 的预测值，e'_d 为 x' 的预测误差，由于这里使用的是双层嵌入的方式，所以可以保证有式（7-50）成立：

$$\hat{x}'_d = \hat{x}_d \tag{7-50}$$

通过结合式（7-45）、式（7-49）和式（7-50），可以得到 e'_d 的表达式为

$$e'_d = x' - \hat{x}'_d = x + (e' - e) - \hat{x}_d = e_d + (e' - e) \tag{7-51}$$

根据式（7-48），可以发现 e_h 和 e_v 在数据嵌入的时候会同时更改 $(e' - e)$。

嵌入信息 b 可以根据载密图像的像素值以及 a_1 和 a_2 的数值给出，即

$$b = \begin{cases} 1, & e' = a_2 + 1 \\ 1, & e' = a_1 - 1 \\ 0, & e' = a_2 \\ 0, & e' = a_1 \end{cases} \qquad （7\text{-}52）$$

原始图像的像素值同时可由式（7-53）计算得出：

$$x = \begin{cases} x' - 1, & e' > a_2 \\ x', & a_1 \leqslant e' \leqslant a_2 \\ x' + 1, & e' < a_1 \end{cases} \qquad （7\text{-}53）$$

上面我们给出了可逆信息嵌入的过程，其中的关键是保证式（7-50）的实现，即载密图像像素点的预测值要和原始图像像素点的预测值相同，那么在提取过程中 d' 的选取要和 d 保持一致。

举例说明上述要求，假设预测误差向量 $e = (e_h, e_v) = (0,1)$，那么此时 $e = e_h = 0$，$d = h$，假设 $a_2 = 0$，即对当前像素点要进行扩展操作，当嵌入信息比特"1"之后，预测误差向量变为 $e' = (e_h', e_v') = (1,2)$，此时 $e' = e_h' = 1, d' = h$，此时满足 $d' = d, \hat{x}_d' = \hat{x}_d$，可以实现信息的可逆提取。但是假如此时预测误差向量 $e = (e_h, e_v) = (0,-1)$，那么此时 $e = e_h = 0$，$d = h$，假设 $a_2 = 0$，即对当前像素点要进行扩展操作，当嵌入信息比特"1"之后，预测误差向量变为 $e' = (e_h', e_v') = (1,0)$，那么此时 $e' = e_v' = 0, d' = v$，此时 $d' \neq d, \hat{x}_d' \neq \hat{x}_d$，此时会从当前像素点提取出嵌入信息为"0"，出现了错误。针对这种错误情况的出现，必须进行像素点的筛选工作。

由于 $a_1 < 0 \leqslant a_2$（关于这两个最大值点的选择规则会在后面内容中给出），则将 e_h 和 e_v 的选取做如下讨论，我们将通过一个二维坐标轴进行辅助讨论，如图 7.18 所示，其中 e_h 和 e_v 分别作为两个坐标，每一个整数点代表一个误差向量 $e = (e_h, e_v)$。

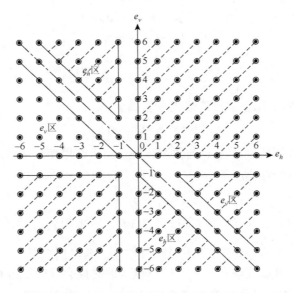

图 7.18　预测误差向量二维坐标图

1. $e_h \geqslant 0$ ，$e_v \geqslant 0$

此时点 (e_h, e_v) 位于第一象限（包含坐标轴），此时必有 $e \in \{e_h, e_v\} \geqslant 0$ ，那么预测误差 e 满足 $e \in [0, a_2) \cup \{a_2\} \cup (a_2, +\infty)$

1）$e \in [0, a_2)$

根据式（7-48），此时对该像素点进行维持操作，有 $e' = e, e' = (e_h', e_v') = (e_h, e_v) = e$ 成立，可以实现可逆恢复。

2）$e = a_2$

根据式（7-48），此时应该对该像素点进行扩展操作，则有 $e' = e + b$ ，$e' = (e_h', e_v') = (e_h + b, e_v + b)$ 成立，当 $b = 0$ 时，点 (e_h, e_v) 不变，可看作进行了自转，当 $b = 1$ ，点 (e_h, e_v) 向右上角移动变为 $(e_h + 1, e_v + 1)$ ，可看作进行了右上平移操作。由于 $e_h, e_v \geqslant 0$ ，e_h', e_v' 和 e_h, e_v 的绝对值大小关系不变，则有 $d' = d, \hat{x}_d' = \hat{x}_d$ 成立，可以实现可逆恢复。

3）$e \in (a_2, +\infty)$

根据式（7-48），此时应该对该像素点进行更改操作，则有 $e' = e + 1$ ，$e' = (e_h', e_v') = (e_h + 1, e_v + 1)$ 成立，点 (e_h, e_v) 向右上角移动变为 $(e_h + 1, e_v + 1)$ ，可看作进行了右上平移操作。由于 $e_h, e_v \geqslant 0$ ，e_h', e_v' 和 e_h, e_v 的绝对值大小关系不变，则有 $d' = d, \hat{x}_d' = \hat{x}_d$ 成立，可以实现可逆恢复。

2. $e_h < 0$ ，$e_v < 0$

此时点 (e_h, e_v) 位于第三象限（不包含坐标轴），此时必有 $e \in \{e_h, e_v\} < 0$ ，那么预测误差 e 满足 $e \in (-\infty, a_1) \cup \{a_1\} \cup (a_1, 0)$

1）$e \in (a_1, 0)$

根据式（7-48），此时对该像素点进行维持操作，有 $e' = e, e' = (e_h', e_v') = (e_h, e_v) = e$ 成立，可以实现可逆恢复。

2）$e = a_1$

根据式（7-48），此时应该对该像素点进行扩展操作，则有 $e' = e - b$ ，$e' = (e_h', e_v') = (e_h - b, e_v - b)$ 成立，当 $b = 0$ 时，点 (e_h, e_v) 不变，可看作进行了自转，当 $b = 1$ ，点 (e_h, e_v) 向左下角移动变为 $(e_h - 1, e_v - 1)$ ，可看作进行了左下平移操作。由于 $e_h, e_v < 0$ ，e_h', e_v' 和 e_h, e_v 的绝对值大小关系不变，则有 $d' = d, \hat{x}_d' = \hat{x}_d$ 成立，可以实现可逆恢复。

3）$e \in (-\infty, a_1)$

根据式（7-48），此时应对该像素点进行更改操作，有 $e' = e - 1$ ，$e' = (e_h', e_v') = (e_h - 1, e_v - 1)$ 成立，点 (e_h, e_v) 向左下角移动变为 $(e_h - 1, e_v - 1)$ ，可看作进行了左下平移操作。由于 $e_h, e_v < 0$ ，e_h', e_v' 和 e_h, e_v 的绝对值大小关系不变，则有 $d' = d, \hat{x}_d' = \hat{x}_d$ 成立，可以实现可逆恢复。

3. $e_h \geqslant 0$ ，$e_v \leqslant -1$ ，$e_h + e_v \leqslant -1$

此时点 (e_h, e_v) 位于第四象限标注的 e_h 区，此时必有 $|e_h| < |e_v|$ ，则 $e = e_h \geqslant 0$ ，根据

第 1 点中提到的，点 (e_h, e_v) 要么进行自转操作，要么进行右上平移操作，那么要实现可逆操作的前提是进行嵌入之后，(e'_h, e'_v) 还处于第四象限标注的 e_h 区中，这样才能保证 $d' = d = h, \hat{x}'_d = \hat{x}_d = x_h$，实现数据的可逆提取。显然对于图 7.18 中标注的第四象限标注的 e_h 区中满足 $e_h + e_v = -1$ 和 $e_h + e_v = -2$ 的点不能实现右上平移操作后仍然在 e_h 区中。对于 $e_h = 0, e_v = -2$ 这个点虽然在右上平移操作之后不在 e_h 区中，但是此时 $e'_h = -e'_v = 1$，$|e'_h| = |e'_v| = 1$，而且点 $(1, -1)$ 只对应于点 $(0, -2)$ 的单射，只要在数据提取的时候将符合 $e'_h = -e'_v = 1$ 的点的预测误差 e'_d 设为 $e'_d = e'_h = 1$ 即可，同样可以实现数据的可逆提取。则最终可用于数据嵌入的点的集合为 $\langle (e_h, e_v) \| \{e_h \geqslant 0, e_v \leqslant -3, e_h + e_v \leqslant -3\} \bigcup (0, -2) \rangle$。

4. $e_h \geqslant 2$，$e_v \leqslant -1$，$e_h + e_v \geqslant 1$

此时点 (e_h, e_v) 位于第四象限标注的 e_v 区，此时必有 $|e_v| < |e_h|$，则 $e = e_v < 0$，根据第 2 点中提到的，点 (e_h, e_v) 要么进行自转操作，要么进行左下平移操作，那么要实现可逆操作的前提是进行嵌入之后，(e'_h, e'_v) 还处于第四象限标注的 e_v 区中，这样才能保证 $d' = d = v, \hat{x}'_d = \hat{x}_d = x_v$，实现数据的可逆提取。显然对于图 7.18 中标注的第四象限标注的 e_v 区中满足 $e_h + e_v = 1$ 和 $e_h + e_v = 2$ 的点不能实现右上平移操作后仍然在 e_v 区中。则最终可用于数据嵌入的点的集合为 $\{(e_h, e_v) \| e_h \geqslant 4, e_v \leqslant -1, e_h + e_v \geqslant 3\}$。

5. $e_h \leqslant -1$，$e_v \geqslant 0$，$e_h + e_v \leqslant -1$

与第 3 点的描述同理，可以得到最终可用于数据嵌入的点的集合为 $\langle (e_h, e_v) \| \{e_h \leqslant -4, e_v \geqslant 0, e_h + e_v \leqslant -3\} \bigcup (-2, 0) \rangle$。

6. $e_h \geqslant 2$，$e_v \leqslant -1$，$e_h + e_v \geqslant 1$

与第 4 点的描述同理，可以得到最终可用于数据嵌入的点的集合为 $\{(e_h, e_v) \| e_h \leqslant -1, e_v \geqslant 4, e_h + e_v \geqslant 3\}$。

7. $e_v = -e_h \neq 0$

此时，$|e_v| = |e_h|$，以 $e_h > 0$ 为例，若取 $d = h$，则 $e_d = e_h > 0$，点 (e_h, e_v) 要么进行自转操作，要么进行右上平移操作，会导致 $\langle (e_h, e_d) \| e_h > 0, e_v < 0, e_h + e_v = 2 \rangle$ 上的点成为非单射情况，会同时成为 $\langle (e_h, e_d) \| e_h > 0, e_v < 0, e_h + e_v = 4 \rangle$ 进行左下平移的映射点，在提取过程中不能准确判断 d' 的取值，会导致 $d' \neq d, \hat{x}'_d \neq \hat{x}_d$ 情况的出现。同理，若取 $d = v$，会导致 $\langle (e_h, e_d) \| e_h > 0, e_v < 0, e_h + e_v = -2 \rangle$ 上的点成为非单射情况，会同时成为 $\langle (e_h, e_d) \| e_h > 0, e_v < 0, e_h + e_v = -4 \rangle$ 进行右上平移的映射点，同样在提取过程中不能准确判断 d' 的取值，会导致 $d' \neq d, \hat{x}'_d \neq \hat{x}_d$ 情况的出现。$e_h < 0$ 同理。

综上所述，最终的可用于信息嵌入的点如图 7.19 所示，图中标记 "×" 的点为不可用点，标记 "·" 的点为可用点，假设可用点集合为 R。图中的虚线代表该点可进行的两类操作：自转或右上平移操作和自转或左下平移操作。

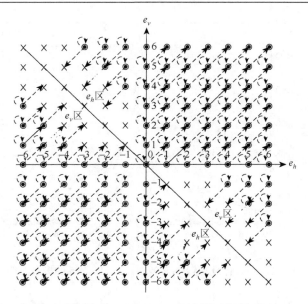

图 7.19　预测误差向量二维坐标可用点示意图

7.6.4　多直方图平移算法

1. 多直方图的产生

假设像素值 x_i 和它的预测像素组如图 7.20 所示。

通过 7.6.2 节提出的方向性预测得出 x_i 的预测值和预测误差，并且计算每个像素值 x_i 对应的复杂性测度 CM_i：

图 7.20　多直方图预测像素组

$$
\begin{aligned}
CM_i = &\, |v_2 - w_3| + |w_3 - w_6| + |v_3 - w_7| + |v_4 - w_4| \\
&+ |w_4 - w_8| + |w_1 - w_2| + |w_2 - w_5| + |w_5 - w_9| \\
&+ |v_4 - w_2| + |w_3 - v_3| + |v_3 - w_4| + |w_4 - w_5| \\
&+ |w_6 - w_7| + |w_7 - w_8| + |w_8 - w_9|
\end{aligned}
\tag{7-54}
$$

为了减少直方图的数量，并且简化式（7-41）这个最小值问题，CM_i 的值会被缩放成较少的 M 个数，取 $M-1$ 个阈值为

$$
s_j = \arg\min_n \left\{ \frac{\#\{1 \leqslant i \leqslant N : CM_i \leqslant CM\}}{N} \geqslant \frac{j+1}{M} \right\}, \quad \forall j \in \{0, 1, \cdots, M-2\}
\tag{7-55}
$$

这样就会得到 M 个区间，即 $I_0 = [0, s_0]$，$I_1 = [s_0 + 1, s_1]$，$\cdots$，$I_{M-2} = [s_{M-3} + 1, s_{M-2}]$，$I_{M-1} = [s_{M-2} + 1, +\infty)$，即将 CM 的取值划分为了 M 个区间，如果 CM_i 属于第 j 个区间，就将 CM_i 的值更新为 j，这样就会得到 M 个预测误差直方图。图 7.21 显示了针对 Lena 图像的阴影部分进行预测，生成的 $n = 0, 4, 8, 12, 15$ 这 5 个直方图。

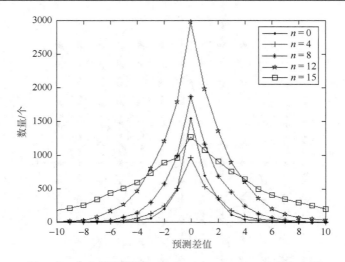

图 7.21　方向性预测下 $n = 0$，4，8，12，15 的多直方图

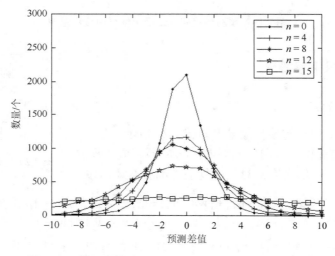

图 7.22　菱形预测下 $n = 0$，4，8，12，15 的多直方图

　　图 7.22 显示了菱形预测下针对 Lena 图像的阴影部分进行预测，生成的 $n = 0$，4，8，12，15 这 5 个直方图。由前面的图 7.17 已经得出了结论，新提出的方向性预测算法相较于菱形预测具有更高的峰值点，且在直方图下降的两段上，方向性预测的直方图更低，这在图 7.21 和图 7.22 中得到了进一步的体现。另外，从两幅图中可以观察到，在图 7.22 中，随着 n 的增大，直方图的峰值点越来越小，且峰值点两侧的直方图下降得更快，这符合我们的直观认识，即比较平滑的区域，预测得会比较准确，对应的复杂性测度会比较小。然而在图 7.21 中，$n = 12$ 的直方图具有最高的峰值点，$n = 0$ 的直方图峰值点甚至还没有 $n = 8$ 的直方图的峰值点高，这从另一方面说明了，使用方向性预测的方式，在大多数情况下，复杂性测度和预测准确度并不太具备一致性，所以将两者的关系越分离开，越能更好地利用图像冗余进行数据嵌入。

2. 信息嵌入

在多直方图产生之后，针对每一个直方图，需要根据嵌入容量的需要，决定每一个直方图的 a_1 和 a_2。根据式（7-41），此时针对多直方图，要使得失真度最优化，需达到的要求是

$$\min\left(\frac{\sum_{n=0}^{M-1}\left(\sum_{e<a_{1n}}h_n(e)+\sum_{e>a_{2n}}h_n(e)\right)}{\sum_{n=0}^{M-1}(h_n(a_{1n})+h_n(a_{2n}))}\right),\quad \sum_{n=0}^{M-1}(h_n(a_{1n})+h_n(a_{2n}))\geqslant \text{EC} \tag{7-56}$$

在这里，利用穷举的方式决定这 $2M$ 个参量 $\{(a_{1n},a_{2n})\},0\leqslant n\leqslant M-1$，为了减小计算复杂度，引入以下三个限制条件：

（1）对于 $n\in\{0,1,\cdots,M-1\}$，$a_{1n}=-a_{2n}-1$；

（2）对于 $n\in\{0,1,\cdots,M-1\}$，$a_{2n}\in\{0,1,2,3,4,5,6,7,\infty\}$；

（3）$a_{20}\leqslant a_{21}\leqslant\cdots\leqslant a_{2,M-1}$。

第（1）个和第（2）个限制条件给出了 $a_{1n}<0\leqslant a_{2n}$ 的要求。第（3）个限制条件的给出是希望在 n 较小时多嵌入一些比特，减少计算复杂度。当 $a_{2n}=\infty$ 时，代表这个直方图不进行任何操作。

为了实现可逆信息提取，需要生成相对应的辅助信息。

（1）参数 a_{2n}，其中，$n\in\{0,1,\cdots,M-1\}$，共 $4M\text{bit}$；

（2）阈值 s_n，其中，$n\in\{0,1,\cdots,M-2\}$，共 $10(M-1)\text{ bit}$；

（3）当前最后一个嵌入像素点下标 N_{end}，共 $\lceil\log_2 N\rceil\text{ bit}$；

（4）防止像素值溢出的位置地图长度 l，共 $\lceil\log_2 N\rceil\text{ bit}$；

（5）压缩后的位置地图，共 l bit。

那么辅助信息总长度为

$$\text{Aux}=14M+2\lceil\log_2 N\rceil+l-10 \tag{7-57}$$

对于一个尺寸大小为 512×512 的灰度图像来说，假设取 $M=16$，此时 $\text{Aux}=248+l$，辅助信息的长度只占嵌入容量很小的一部分，尤其是对于大容量嵌入的情况，辅助信息的影响微乎其微。

3. 算法描述

1）数据嵌入环节

在数据嵌入环节中，对于原始图像像素值 $(x_1,x_2,\cdots,x_N)$，计算两个方向的误差 $(e_{h1},e_{h2},\cdots,e_{hN})$ 和 $(e_{v1},e_{v2},\cdots,e_{vN})$，对于 $(e_{hi},e_{vi})\in\mathbf{R}$ 的点计算其复杂性测度 CM_i，生成 M 个直方图，通过穷举法决定参数 $\{(a_{1n},a_{2n})\},0\leqslant n\leqslant M-1$，并且确定辅助信息 Aux。

利用前面内容介绍的 MHM 算法原理在前 N' 个像素值中嵌入 EC/2 比特信息，其中 N' 表示最后一个因为嵌入而进行操作的像素点下标。然后记录前 Aux 个像素值的最不重要比特位组成二进制序列 LSB，将这个序列嵌入剩下的未处理的像素值中，假设最后一个

因为信息嵌入而进行操作的像素值下标为 N_{end}，将前 Aux 个像素点的最不重要比特位替代为生成的辅助信息，生成载密图像。

2）数据提取环节

与嵌入环节相反，先提取辅助信息，后提取嵌入信息。假设载密图像像素值为 $(x_1', x_2', \cdots, x_N')$，通过读取前 Aux 个像素点的最不重要信息位得到辅助信息，通过相反的扫描顺序，在 $(x_{N'+1}', \cdots, x_{N_{\text{end}}}')$ 中提取二进制序列 LSB，使用二进制序列 LSB 替换前 Aux 个像素点的最不重要信息位。利用相反的扫描顺序在前 N' 个像素值中提取嵌入信息并且恢复原始像素值，通过解压缩位置地图压缩序列决定发生像素值溢出的像素点位置，恢复其原始像素值。

7.6.5　MATLAB 仿真实验结果分析

在实验仿真过程中，设定 $M = 16$，即分为 16 个直方图进行信息嵌入。我们使用四幅标准的大小为 512×512 的灰度图像 Lena、Baboon、Boat 和 Peppers 进行验证（图 7.23）。这四幅图像都是从 USC-SIPI 数据库中下载的。

　　　（a）　　　　　　　　　（b）　　　　　　　　　（c）　　　　　　　　　（d）

图 7.23　仿真实验中用到的四幅灰度图像

（a）Lena；（b）Baboon；（c）Boat；（d）Peppers

如表 7.9 和表 7.10 所示为文献[19]和文献[22]方案针对 Lena 图像的阴影部分所穷举搜索出来的失真度最优化对应的 a_2 的值。

表 7.9　文献[19]方案下 Lena 图像阴影部分不同嵌入容量下的最优化参数选取

EC/bit	5000	10000	20000	30000
a_{20}	1	1	0	0
a_{21}	2	2	1	0
a_{22}	3	2	1	0
a_{23}	4	3	1	0
a_{24}	7	3	1	0
a_{25}	7	3	2	0
a_{26}	∞	3	2	0
a_{27}	∞	4	3	1
a_{28}	∞	7	3	1

续表

EC/bit	5000	10000	20000	30000
a_{29}	∞	7	3	1
$a_{2,10}$	∞	∞	5	2
$a_{2,11}$	∞	∞	7	3
$a_{2,12}$	∞	∞	∞	4
$a_{2,13}$	∞	∞	∞	4
$a_{2,14}$	∞	∞	∞	∞
$a_{2,15}$	∞	∞	∞	∞

表 7.10　文献[22]方案下 Lena 图像阴影部分不同嵌入容量下的最优化参数选取

EC/bit	5000	10000	20000	30000
a_{20}	0	0	0	0
a_{21}	2	0	0	0
a_{22}	2	1	0	0
a_{23}	2	1	0	0
a_{24}	2	2	0	0
a_{25}	2	2	0	0
a_{26}	3	2	0	0
a_{27}	5	2	0	0
a_{28}	7	3	0	0
a_{29}	7	3	1	0
$a_{2,10}$	∞	3	2	0
$a_{2,11}$	∞	5	3	0
$a_{2,12}$	∞	6	5	0
$a_{2,13}$	∞	∞	6	2
$a_{2,14}$	∞	∞	∞	∞
$a_{2,15}$	∞	∞	∞	∞

从表 7.9 和表 7.10 中可以发现，随着嵌入容量的增加，a_2 的参数选取越来越小，这是因为在小容量的时候，直方图的极大值点 a_1 和 a_2 可以不是最大值点，多直方图的存在，使得有选取极大值点的权利，从而减少进行更改操作的点的个数，减小图像失真。在大嵌入容量的时候，为保证嵌入容量的需求，必须使用每个直方图的最大值点作为极大值点，所以，在大容量情况下，多直方图的失真度和单一直方图算法的失真度基本相同。

Sachnev 等[21]的算法是基于预测误差扩展的，使用了菱形预测和双层嵌入的方式；Li 等[17]的算法是通过 GAP 预测构造预测值，通过两个预测差值的二维直方图进行数据嵌入，虽然该算法的性能要好于 Sachnev + 5 的算法，但是由于平移算法的固定性以及和图像内容的独立性，所以平移的操作会影响数据嵌入性能；Li 等[19]是基于菱形预测和双层嵌入的多直方图平移算法，Song 等[22]的算法在 Li 等[19]的框架下提出了新的像素值预测方式。各个算法的比较结果如图 7.24 所示。

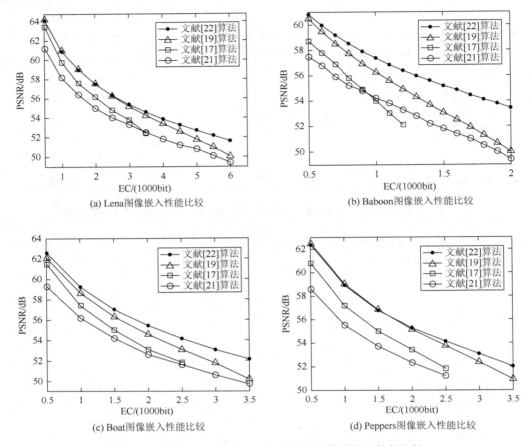

(a) Lena图像嵌入性能比较　　　　　　　　(b) Baboon图像嵌入性能比较

(c) Boat图像嵌入性能比较　　　　　　　　(d) Peppers图像嵌入性能比较

图 7.24　文献[17]、[19]、[21]、[22]四种算法嵌入性能比较

　　图 7.24 的仿真图像分别展示了使用的四幅图像对应四种算法的 PSNR，横坐标为 EC，纵坐标为 PSNR。表 7.11 给出了对于四幅图像，在嵌入容量为 20000bit 的时候四种算法对应的峰值信噪比。

表 7.11　针对四幅图像，EC = 20000bit 所提文献[21]、[17]、[19]和[22]算法比较

图像	[21]	[17]	[19]	[22]
Lena	55.02	56.23	57.52	57.50
Baboon	49.43	无	49.98	53.42
Boat	52.62	53.13	54.58	55.45
Peppers	52.31	53.42	55.13	55.26
平均值	52.35	54.26	54.30	55.41

　　从表 7.11 中可以看到，文献[22]的算法在嵌入容量为 20000bit 时相较于文献[21]、[17]和[19]的算法在峰值信噪比上有较明显的提升，这表明了我们的算法在保证了嵌入容量的基础上，最大限度地减少了图像的失真。

7.7　本　章　小　结

在本章中，介绍了三种经典的可逆信息隐藏算法：DE 算法、HM 算法和 PEE 算法。这三种算法各有利弊，但是由于 HM 算法和其他两种算法相比具有较高的嵌入容量和峰值信噪比，目前已经成为比较主流的可逆信息隐藏算法，重点介绍了在其基础上发展出来的其他几种改进算法：基于差值直方图平移、基于二维差值直方图平移以及基于各种预测方案的误差扩展直方图平移等。

参 考 文 献

[1]　Celik M U，Sharma G，Tekalp A M，et al. Lossless generalized-LSB data embedding[J]. IEEE Transactions on Image Processing，2005，14（2）：253-266.

[2]　Ni Z，Shi Y Q，Ansari N，et al. Reversible data hiding[J]. IEEE Transactions on Circuits & Systems for Video Technology，2006，16（3）：354-362.

[3]　Tian J. Reversible data embedding using a difference expansion[J]. IEEE Transactions on Circuits & Systems for Video Technology，2003，13（8）：890-896.

[4]　Thodi D M，Rodriguez J J. Reversible watermarking by prediction-error expansion[C]. IEEE Southwest Symposium on Image Analysis and Interpretation，Lake Tahoe，2004：21-25.

[5]　Honsinger C W，Jones P，Rabbani M，et al. Lossless recovery of an original image containing embedded data：U.S. patent 6278791 B1[P]. 2001.

[6]　Macq B，Deweyand F. Trusted headers for medical images[C]. Presented at the DFG VIII-D II Watermarking Workshop，Erlangen，1999.

[7]　Fridrich J，Goljan M，Du R. Invertible authentication[C]. Proceedings of SPIE Security Watermarking Multimedia Contents，San Jose，2001：197-208.

[8]　Goljan M，Fridrich J，Du R. Distortion-free data embedding[C]. Proceedings of 4th Information Hiding Workshop，Pittsburgh，2001：27-41.

[9]　Vleeschouwer C. D，Delaigle J F，Macq B. Circular interpretation on histogram for reversible watermarking[C]. IEEE International Multimedia Signal Processing. Workshop，Cannes，2001：345-350.

[10]　Xuan G，Zhu J，Chen J，et al. Distortionless data hiding based on integer wavelet transform[J]. IEE Electronics Letters，2002，38（25）：1646-1648.

[11]　Celik M U，Sharma G，Tekalp A M，et al. Reversible data hiding[C]. Proceedings of IEEE International Conference Image Processing，Rochester，2002：157-160.

[12]　Weinberger M，Seroussi G，Sapiro G. LOCOI：A low complexity，context-based，lossless Image compression algorithm[C]. IEEE Proceedings. on Data Compression Conference，Snowbird，1996：140-149.

[13]　Tai W L，Yeh C M，Chang C C. Reversible data hiding based on histogram modification of pixel differences[J]. IEEE Transactions on Circuits and Systems for Video Technology，2009，19（6）：906-910.

[14]　Norton R. M. The double exponential distribution：Using calculus to find a maximum likelihood estimator[J]. The American Statistician，1984，38（2）：135-136.

[15]　Zou D，Shi Y Q，Ni Z，et al. A semi-fragile lossless digital watermarking scheme based on integer wavelet transform[J]. IEEE Transactions on Circuits System. Video Technology，2006，16（10）：1294-1300.

[16]　Ni Z，Shi Y Q，Ansar N，et al. Robust lossless image data hiding designed for semi-fragile image authentication[J]. IEEE Transactions on Circuits System. Video Technology，2008，18（4）：497-509.

[17]　Li X，Zhang W，Gui X，et al. A novel reversible data hiding scheme based on two-dimensional difference-histogram modification[J]. IEEE Transactions on Information Forensics & Security，2013，8（7）：1091-1100.

[18]　Li X，Yang B，Zeng T. Efficient reversible watermarking based on adaptive prediction-error expansion and pixel selection[J]. IEEE Transactions on Image Processing，2011，20（12）：3524-3533.

[19]　Li X，Zhang W，Gui X，et al. Efficient reversible data hiding based on multiple histograms modification[J]. IEEE Transactions on Information Forensics & Security，2015，10（9）：2016-2027.

[20]　Wang C，Li X，Yang B. Efficient reversible image watermarking by using dynamical prediction-error expansion[C]. Proceedings of IEEE ICIP，Hong Kong，2010：3673-3676.

[21]　Sachnev V，Kim H J，Nam J，et al. Reversible watermarking algorithm using sorting and prediction[J]. IEEE Transactions on Circuits System. Video Technology，2009，19（7）：989-999.

[22]　Song C，Zhang Y，Lu G. Reversible data hiding based on directional prediction and multiple histograms modification[C]. Proceedings of 9th International Conference on Wireless Communication and Signal Processing，Nanjing，2017：1-6.

第8章 密文域可逆信息隐藏算法

密文域可逆信息隐藏作为加密域信号处理技术与信息隐藏技术的重要结合点，对于数据处理过程中的信息安全可以起到双重保险的作用，在医学图像和军事图像管理中具有重要作用，尤其随着云服务的推广，密文域可逆信息隐藏是实现云环境下隐私保护的研究重点之一。

8.1 概　　述

可逆信息隐藏根据载体是否加密分为密文域与非密文域两类，其中密文域可逆信息隐藏用于嵌入的载体是经过加密的，嵌入信息后仍然可以无差错解密并恢复出原始载体。加密技术通常用于实现信息存储与传输过程中的隐私保护，密文域可逆信息隐藏可主要用于加密数据管理与认证，隐蔽通信或其他安全保护。例如，医学图像在远程诊断的传输或存储过程中通常经过加密来保护患者隐私，同时需要嵌入患者的身份、病历、诊断结果等来实现相关图像的归类与管理，但是医学图像任何一处修改都可能成为医疗诊断或事故诉讼中的关键，因此需要在嵌入信息后能够解密还原原始图像；军事图像一般都要采取加密存储与传输，同时为了适应军事场合中数据以及访问权限的多级管理，可以在加密图像中嵌入相关备注信息，但是嵌入过程不能损坏原始图像导致重要信息丢失，否则后果不堪设想；云环境下，为了使云服务不泄露数据隐私，用户需要对数据进行加密，而云端为了能直接在密文域完成数据的检索、聚类或认证等管理，需要嵌入附加的备注信息。总之，密文域可逆信息隐藏对于密文域环境下诸多领域有着较大的应用需求，对于数据处理过程中的信息安全可以起到双重保险的作用，尤其随着云服务的推广，密文域可逆信息隐藏作为密文信号处理技术与信息隐藏技术的结合，是当前云环境下隐私数据保护的研究重点之一。

首个图像密文域可逆信息隐藏算法由上海大学的 Zhang 在 2011 年提出[1]，将载体图像流密码加密后分块，巧妙利用图像块的空间域结构特征进行密文域隐写，但严格无损嵌入前提下的有效信息隐藏容量有限，且当隐藏容量升高时，会出现数据提取及图像恢复误差。2012 年，Hong 等在此基础上进行了改进，通过边缘匹配技术和调整判别函数等进一步提升了最大无损嵌入容量，降低了误差率[2]。在以上算法中，秘密数据只能在图像解密后才能提取。这样就存在数据提取会威胁到图像数据的隐私性问题。为了解决这个问题，Zhang[3]利用低密度奇偶校验矩阵压缩加密图像的低有效位，从而创建冗余空间进行数据嵌入，实现了数据提取和图像解密可分离的图像密文域可逆数据隐写，建立了图像密文域可逆信息隐藏新思路，然而，有效隐藏容量依然有限。2013 年，中国科学技术大学的 Zhang 等在文献[4]提出一种新的图像密文域可逆信息隐藏算法，将有效信息隐藏容量提高了约 10 倍。但此框架下图像加密与数据嵌入不可分离，不完全符合隐私保护的应用需求。类似文献[4]的基于预测的方法[5]也同样存在这个问题。值得关注的是，2014 年 4 月 *Signal Processing* 上发表了一篇密文域信号通用隐写方法的论文，该方法适用于任何数字表示的加密信号[6]，这代表着密文域隐写已经从最初的数字图像领域向其他数字信号领域发展。

综上，图像密文域可逆信息隐藏不仅是新兴研究热点，而且是当前大数据和云计算大环境下受隐私保护需求强烈驱动的研究点；是信息隐藏、密码学和图像信号处理及密文域信号处理多学科交叉的研究点。面向隐私保护的研究目前尚处于初级阶段，许多问题有待进一步研究。

（1）目前已有图像密文域可逆信息隐藏研究中，所用到的图像加密算法非常有限，无法适应云计算的需求。尽管当前数据加密算法很丰富，但现代密码体制往往结构复杂、计算量大、加密效率低，且多未结合数字图像数据量大、冗余度高等特征，不适合直接应用于图像密文域可逆信息隐藏中的图像加密。因而，尽管图像密文域可逆信息隐藏是图像加密与可逆信息隐藏的有机结合，但已有的图像密文域可逆信息隐藏研究均将创新重点放在可逆信息隐藏，而图像加密部分大多数应用个别简单加密算法（流密码位异或运算加密）。如何使得现代密码体制与可逆信息隐藏有效结合，以提高图像数据和图像密文域可逆信息隐藏系统的安全性，使之适应隐私保护应用需求，有待进一步研究。

（2）已有部分图像密文域可逆信息隐藏算法中数据提取依赖于图像解密，即只有先将图像解密之后才能提取所嵌入的数据，这导致拥有数据提取密钥而没有图像解密密钥的合法接收方无法正确提取数据，而数据提取必然威胁载体内容隐私性；而解决了该问题的方法往往也存在其他方面的弱点，如有效载荷低、隐写质量欠佳、数据提取或图像恢复存在误差，或者图像加密与数据嵌入过程融合而不可分等。

（3）在当前没有实现更多的加密技术与可逆信息隐藏相结合的阶段，如何针对现有的加密算法，设计出新的可逆信息隐藏算法，特别是分析、挖掘图像密文域数据特征进行可逆信息隐藏的问题有待进一步深入研究。

（4）2009 年提出的全同态加密技术[7]具备保持数据原始特征的性质，它允许人们对密文进行特定的代数运算得到仍然是加密的结果，与对明文进行同样的运算后再加密结果一样。这一技术无疑为理想化的图像密文域可逆信息隐藏研究（所有非密文域的研究成果均可在密文域使用）带来了希望。目前，阻止全同态加密进一步走向应用的根源在于加密效率问题。一方面，如何扬长避短，发扬全同态加密的优势使其与可逆信息隐藏更好地结合是图像密文域可逆信息隐藏领域值得深入研究的问题；另一方面，在图像的完全同态加密尚未完全走向应用的阶段，松弛对加密算法的要求，降低算法复杂度，基于函数加密、保序加密、加法同态等的可逆信息隐藏同样值得深入研究。

密文域可逆信息隐藏的技术根据数据加密与信息嵌入的结合方式，算法主要可分为非密文域嵌入与密文域嵌入两类。下面从密文域可逆信息隐藏框架出发，介绍几种经典的密文域可逆信息隐藏算法。

8.2　密文域可逆信息隐藏框架

众所周知，加密是一种有效且常用的隐私保护手段。近年来，对密文域信号处理的研究主要来自云计算平台和各种隐私的需求，获得越来越多的关注。数据隐藏和加密的结合也得到了最早的关注。在一些现有的联合数据隐藏和加密方案中[8-10]，只是一部分的载体数据是加密的，其余的可以用来携带额外的信息。在文献[8]中，内部预测模式、运动矢量差值和 DCT 系数符号被加密，而水印是嵌入 DCT 系数幅值中的。在文献[9]中，分别在载体数据变换域的高、低位平面加密和嵌入水印。然而，在这些联合方案中，由于只涉及部分加密，因此会导致载体的部分信息泄露。此外，没有考虑水印载体中原始载体和嵌入数据分离。而且，数据嵌入不是可逆的。

在第 7 章中讨论的大部分关于 RDH 的研究是适用于明文域的，即附加数据嵌入原始的、未加密的多媒体数据中。随着人们对密文域信号处理的日益关注，出现在密文域中以可逆的方式嵌入附加数据的研究。为了与他人安全存储或共享多媒体文件，内容所有者在数据传输之前可以加密媒体数据。在某些应用场景中，网络或服务器管理员希望在加密的媒体中添加一些附加的信息，如原始信息、图像标注说明或验证数据等，尽管他不知道原始数据的内容。以医学图像管理为例，当医学图像已经加密，以保护患者的隐私，数据库管理员可能希望在相应的加密图像中嵌入个人信息。此外，人们也希望在接收端解密和数据提取之后，原始图像可以准确恢复。这些是密文域中的 RDH（RDH-ED）所要求的。本章介绍 RDH-ED 经典算法及最新嵌入技术。

作为一种新兴的技术，RDH-ED 的目标是将附加信息嵌入密文域而不暴露明文内容，并且在接收端无错误地恢复原始明文内容。为了便于讨论，在表 8.1 中列出了一些常用术语的解释。

表 8.1　本章涉及的图像密文域可逆信息隐藏术语

术语	解释
原始图像	明文形式的图像
加密图像	通过加密原始图像获得的图像
秘密信息	待嵌入加密图像的二进制数据流
含密加密图像	包含秘密信息的加密图像
含密解密图像	直接解密的与原始图像相近的图像
恢复图像	与原始图像完全一致的无差错恢复的图像
图像拥有者	对原始图像加密的图像拥有者
信息隐藏者	在加密图像中嵌入秘密信息的人
图像接收者	接收加密含密图像，并进行数据提取和图像恢复

RDH-ED 的通用框架如图 8.1 所示。考虑整个工作流程中的三个方面：图像拥有者、信息隐藏者和图像接收者，各自的作用描述如下。

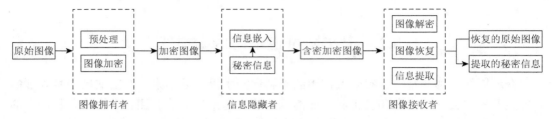

图 8.1 RDH-ED 通用框架

在整个系统中，图像拥有者利用加密密钥对图像进行预处理和图像密文并传输给信息隐藏者，信息隐藏者拿到加密图像后，利用信息隐藏密钥将秘密信息嵌入加密图像中，并传输给图像接收者。对于拥有不同密钥的图像接收者，可以允许有不同的操作：利用加密密钥解密含密加密图像得到含密解密图像；利用信息隐藏密钥得到提取的秘密信息；利用加密密钥和信息隐藏密钥恢复图像得到原始图像并提取秘密信息。

从图像加密和创造嵌入空间步骤上来划分，目前已存的图像密文域可逆信息隐藏算法可以分为两类：加密前预留空间（vacating room before encryption，VRBE）和加密后预留空间（vacating room after encryption，VRAE）。从图像解密和信息提取步骤上来划分，目前已存的图像密文域可逆信息隐藏算法可以分为两类：可分离算法（separable algorithm）与联合算法（joint algorithm）。图 8.2 给出了这几类算法的框架图。VRBE 的框架结构中，通过在明文域中创造冗余空间的方式嵌入秘密信息。因此，图像拥有者需要事先在图像加密操作前对图像进行预处理操作，在这一过程中，可以利用明文域可逆信息隐藏算法来进行。在 VRAE 算法中，图像拥有者直接对图像进行加密操作，无须进行图像处理。信息隐藏者直接在加密图像进行像素比特值的改变。在经过 VRBE/VRAE 算法得到含密加密图像之后，根据嵌入算法特性，可对含密加密图像进行可分离的或联合的信息提取与图像恢复操作。在联合算法中，图像接收者只能通过先解密后提取的方案进行信息提取与图像恢复，秘密信息的提取只能在密文域中进行。而可分离算法中，根据对含密加密图像的利用目的不同，以及掌握加密密钥和信息隐藏密钥的人员不同，可以分为以下三种形式。

（1）用户 A 利用加密密钥对含密加密图像进行解密，得到解密图像给用户 B，用户 B 利用信息隐藏密钥对含密图像进行信息提取与图像恢复得到秘密信息和原始图像。秘密信息的提取在明文域中进行。

（2）用户 A 利用信息隐藏密钥对含密加密图像进行信息提取，得到秘密信息与加密图像，将加密图像给用户 B，用户 B 利用加密密钥对加密图像进行解密和图像恢复得到原始图像。秘密信息的提取在密文域中进行。

（3）用户 A 利用加密密钥与信息隐藏密钥对含密加密图像进行信息提取、图像解密与恢复，得到秘密信息和原始图像。秘密信息的提取可以在明文域或密文域中进行。

一般来说，VRBE 算法的性能要优于 VRAE 算法，明文域可逆信息隐藏算法的利用使得 VRBE 算法具有嵌入容量大、可逆操作性强等特点，但 VRBE 算法需要对图像进行预处理，使得算法的计算复杂度比 VRAE 算法要高。在图像接收端，可分离算法允许信息提取和图像解密恢复这两个步骤不必在同一个图像接收者处进行操作，进一步保障了图像内容及秘密信息的安全性，其应用场景比联合算法更为广泛。

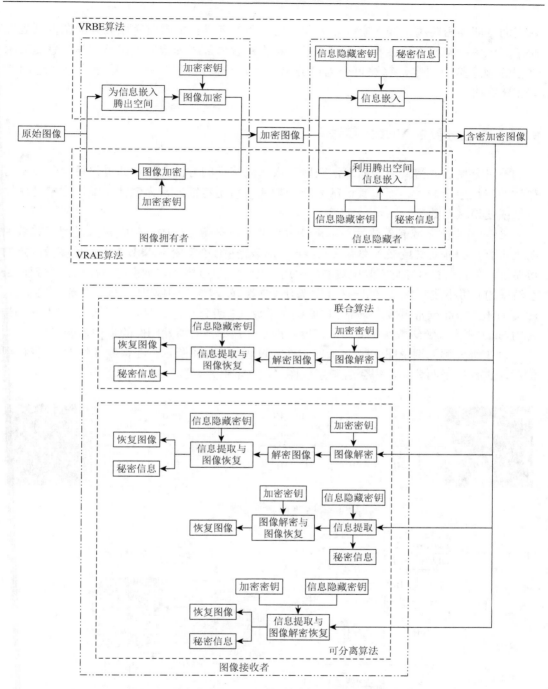

图 8.2　图像密文域可逆信息隐藏基本分类算法框架图

8.3　VRBE 算法

VRBE 算法,有的文献将其称为非密文域嵌入算法,其基本思想是在明文中创建嵌入空间，即加密前腾出嵌入空间。因此，内容所有者需在加密前完成额外的图像预处理操作。VRBE 算法在嵌入和加密完成后，根据对含密加密图像的图像解密与信息提取两过程的顺序是否固定，算法可分为可分离与不可分离两类算法。下面分别介绍这两类VRBE 算法。

8.3.1　不可分离的 VRBE 算法

不可分离的非密文域嵌入算法获取可嵌入的特征的方法主要是通过保留部分加密前载体的特征用于嵌入，而将其他部分用于加密，所用特征通常为载体压缩过程中的属性特征或变换域系数等。

文献[9]的密文域嵌入技术并不是针对可逆信息隐藏提出的，但是嵌入过程可有效说明不可分离的非密文域嵌入类算法的特点，对载密密文的解密结果具有对原始图像恢复的可逆性，在后来的研究与文献中被多次引用。文献[9]进行嵌入与加密的特征来自基于 Haar 小波基的 n 级小波分解，产生选择可分离的滤波器组，对输入图像进行 Haar 变换，产生 LH、HL、HH 三个高频带系数，一个 LL 低频带系数（3 级分解时如图 8.3 所示）。其中低频带是由 Haar 变换分解级数决定的最大尺度、最小分辨率下对原始图像的最佳逼近。

以 3 级分解为例说明文献[9]加密与嵌入过程如图 8.4 所示，在得到 3 级 Haar 变换图像后，进行位平面分离，得到若干层位图（图 8.4 中为 8 层）。

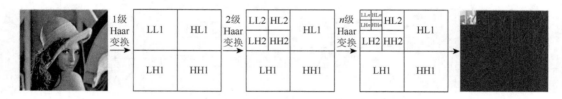

图 8.3　Lena 图像第三级 TSH 变换

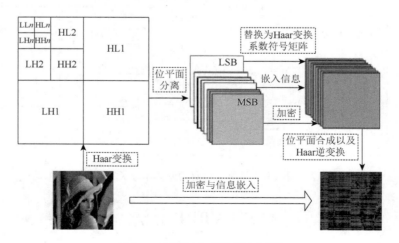

图 8.4　文献[9]加密与嵌入过程

其中最低有效位（last significant bit，LSB）层用 Haar 变换后各系数的符号构成的矩阵来替换。选择前若干最高有效位层进行加密，剩余位层用于嵌入秘密信息。最后将加密或载密位层进行位平面合成并进行 Haar 逆变换，提到载密密文图像。而在方案设计中，由于信息提取需要根据明文像素信息，因此需要先解密前若干最高有效位层，根据载密明文图像提取嵌入信息，算法的可逆恢复依赖于明文像素相关性与已知的嵌入信息，根据载密明文图像与提取的秘密信息可进一步恢复原始图像，因此方案信息提取与载体恢复的顺序固定。

8.3.2　可分离的 VRBE 算法

1. 图像分块可逆嵌入 VRBE 算法

文献[4]是利用传统的 RDH 方法，在数字图像中将某些像素的 LSB 位嵌入其他像素中，从而腾出嵌入空间的。然后，预处理后的图像由所有者加密以生成加密的图像。因此，加密图像中这些空出的 LSB 位可以被信息隐藏者使用，且可以实现有效载荷可达 0.5bpp（bpp：bit per pixel，比特每像素）。

1）加密图像生成

实际上，为构造加密的图像，第一阶段可以分为三个步骤：图像分割、自可逆嵌入和图像加密。首先，图像分割将原始图像分为 A 和 B 两部分；然后，基于标准的 RDH 算法，图像块 A 的 LSB 被可逆地嵌入图像块 B 中，以备存储消息；最后，对重新排列的图像进行加密生成最终的加密图像。

（1）图像分割。

加密前保留空间的思想是基于一种标准的 RDH 技术，所以图像分割的目标是构造一个更平滑的区域 B，在此区域上，标准的 RDH 算法可以达到更好的性能。为此，不失一般性地，假设原始图像 C 是一个标准 8 位灰度图像，其像素尺寸大小是 $M \times N$，像素 $C_{i,j} \in [0,255], 1 \leq i \leq M, 1 \leq j \leq N$。首先，图像内容所有者从原始图像中沿着行，提取多个重叠的图像块，其数量用 l 表示，其大小由要嵌入信息的多少决定。详细来说，每一个图像块包括 m 行，$m = \lceil l/N \rceil$，图像块数量 $n = M - m + 1$。重要的一点是，每个图像块被前后图像块沿行覆盖。对于每个图像块，定义函数来测量它的一阶平滑度：

$$f = \sum_{u=2}^{m} \sum_{v=2}^{N-1} \left| C_{u,v} - \frac{C_{u-1,v} + C_{u+1,v} + C_{u,v-1} + C_{u,v+1}}{4} \right| \tag{8-1}$$

f 值较高表明其对应的图像块有较复杂的纹理。因此，图像内容所有者选择特定最高 f 值的图像块作为 A，并将其放在图像的前面，其余较少的纹理区域的图像块 B 连接在一起，如图 8.5 所示。

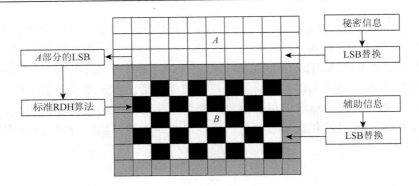

图 8.5　图像分割和嵌入过程示意图

上述讨论隐含着这样一个事实，仅仅记录图像块 A 中一个 LSB 平面。很明显，内容所有者还可以将图像块 A 两个或多个 LSB 平面嵌入图像块 B 中，这就导致图像块 A 的大小减少一半，或一半以上。然而，随着越来越多的位平面被利用，第二阶段数据嵌入后，以峰值信噪比进行刻画，A 的性能明显降低。因此，研究最多三个 LSB 平面被使用的情况。

（2）自可逆嵌入。

自可逆嵌入的目标是使用传统 RDH 算法将图像块 A 的 LSB 平面嵌入图像块 B 中。注意，此步骤与任何特定的 RDH 算法无关。

首先将图像块 B 其余部分的像素分为两组——白像素集合：像素坐标 i，j 满足关系 $(i+j) \bmod 2 = 0$；黑像素集合：像素坐标 i，j 满足关系 $(i+j) \bmod 2 = 1$，如图 8.4 所示。那么，每个白色像素 $B_{i,j}$，由其周围四个黑色像素的插值估计如下：

$$B'_{i,j} = w_1 B_{i-1,j} + w_2 B_{i+1,j} + w_3 B_{i,j-1} + w_4 B_{i,j+1} \tag{8-2}$$

利用双向直方图平移进行自可逆嵌入。也就是说，先将误差估计直方图分为两部分，即左侧和右侧，并在每个部分中搜索最高点分别以 LM 和 RM 表示。对于典型的图像，$LM = -1$，$RM = 0$。接着，搜索每一部分的零值点，用 LN 和 RN 表示。将信息嵌入估计误差等于 RM 的位置，将所有 RM + 1 和 RN−1 之间所有误差值向右移一位，然后，我们利用像素值 RM 表示嵌入了比特 0，用像素值 RM + 1 表示嵌入了比特 1。左边部分的嵌入过程类似，除了移动的方向是左的，而且移动是从对应的像素值中减去 1 来实现的。

（3）图像加密。

重新排列自嵌入图像后生成图像 X，我们可以加密图像 X 来构造加密后的图像，记为 E。利用任何一个流密码算法，很容易获得加密图像 E。最后，嵌入了 10bit 信息到加密图像的前 10 个像素的 LSB 中，告诉数据隐藏者可以嵌入信息的行数和位平面数。值得注意的是，在图像加密之后，数据隐藏者或第三方，没有加密密钥无法访问原始图像的内容，因此内容所有者的隐私性受到保护。

2）加密图像数据隐藏

一旦数据隐藏者获得加密的图像，他就可以将一些数据嵌入其中，尽管他无法访问原始图像。嵌入过程从定位 A 的加密部分 A_E 开始。因为 A_E 重新排列到 E 的顶部，对数据隐藏者来说，读取前 10 个加密像素的 LSB 中的 10bit 信息是毫不费力的。在知道了可以修改多少位平面和多少像素行后，数据隐藏者可以简单地采用 LSB 替换，用附加数据 m 来代替可用位平面。最后，数据隐藏者在 m 之后设置一个标签来指出嵌入过程结束位置，接着，根据数据隐藏密钥进一步加密 m，形成载密的加密图像 E'。任何没有数据隐藏密钥的人都不可以提取附加的数据。

3）数据提取和图像恢复

因为数据提取完全独立于图像的解密，它们的顺序意味着两个不同的实际应用。

（1）从加密图像中提取数据。

在管理和更新图像的个人信息中，为保护客户的隐私，其图像已经加密，数据库管理员只能通过数据隐藏密钥，而且只能在密文域中提取数据。图像解密之前数据提取的顺序保证了在这种情况下数据提取的可行性。

当数据库管理员获得数据隐藏密钥时，他可以解密 A_E 的 LSB 平面，并通过直接读取解密后的版本提取附加数据 m。当请求更新加密图像信息时，数据库管理员通过 LSB 替换和更新信息，并再次根据数据隐藏密钥加密更新的信息。因为整个过程是完全在密文域完成的，避免了原内容的泄露。

（2）从解密图像中提取数据。

首先生成解密含密图像。利用流密码对含密加密图像进行解密，需要注意的是，除了 A_E 的 LSB 平面其余都进行流密码解密，通过重新排列 A 和 B 的位置得到含密解密图像。

此时根据信息隐藏密钥从 A 部分的 LSB 平面中提取嵌入的秘密信息。再通过明文域中预测误差扩展直方图算法的解密过程，利用各个参数从 B 部分中提取 A 部分的原始 LSB 平面进行图像恢复。此时的恢复图像和原始图像完全一致。

2. 图像分割可逆嵌入 VRBE 算法

上述算法首先提出了可分离的 VRBE 算法，但还是存在如下两个缺点。

（1）算法的可逆性必须依赖于交换特定的图像条与剩余部分，图像接收者并不能直接通过解密图像获得含密解密图像，只有在他知道 A 部分图像条的开始与结束行数时才能获得有信息内容意义的含密解密图像。

（2）由于图像经过图像条的重排，不同图像条连接处的像素点之间相关性被破坏，尤其在图像条的个数变大的时候被破坏得更为严重。另外，需要在重组后的 B 部分中进行 A 部分的 LSB 嵌入，像素点之间相关性破坏会导致误差扩展直方图平移操作的时候嵌入性能下降。

因此文献[11]提出了基于图像分割和像素相关性的 VRBE 算法，具体算法流程如下。

1）加密图像生成

在 PEE-HM 算法中，关键在于直方图的产生。受预测误差直方图生成方式中菱形预测算法的启发，提出了一种新的图像分割方案。具体形式可见图 8.6。

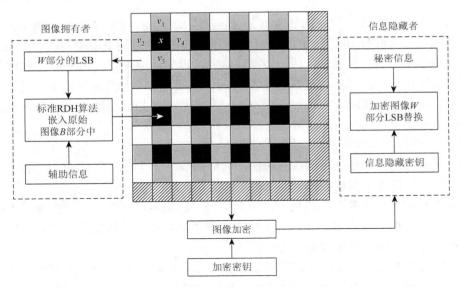

图 8.6　图像密文域信息嵌入示意图

对于像素值尺寸为 512×512 的灰度图像，i 和 j 分别表示像素点的横坐标与纵坐标（左上角像素点坐标为（1, 1））。除了最后一行与最后一列，根据双层嵌入算法，首先将图像分割为两个部分——灰色部分：像素点坐标满足 $\mathrm{mod}(i + j, 2) = 1$；剩余部分，像素点坐标满足 $\mathrm{mod}(i + j, 2) = 0$。同时为了图像恢复的完整性与可逆性，待预测像素点的邻居像素值在生成直方图平移前后应该保持一致。因此，将剩余部分像素点继续分为两类：白色部分，像素点坐标满足 $\mathrm{mod}(i + j, 2) = 0$ 和 $\mathrm{mod}(i, 2) = 1$；黑色部分，像素点坐标满足 $\mathrm{mod}(i + j, 2) = 0$ 和 $\mathrm{mod}(i, 2) = 0$。

至此，图像被分割成三部分：

白色部分（white part，W）用来嵌入秘密信息；

黑色部分（black part，B）用来嵌入白色部分的 LSB；

灰色部分（gray part，G）用来对黑色部分像素点进行像素值预测。

（1）自适应信息嵌入。

自适应信息嵌入的目的在于利用明文域可逆信息算法将 W 部分的 LSB 嵌入 B 部分以给后续的秘密信息的嵌入创造冗余空间。在这一过程中，主要利用了预测误差扩展和多直方图平移算法。

首先对 B 部分的像素点进行像素值预测。如图 8.6 所示，假设待预测像素值为 x，其周围 G 部分中四个邻居像素点分别为 v_1，v_2，v_3，v_4，在菱形预测算法下，中心像素点 x 的预测值 $\hat{x}$ 为

$$\hat{x} = \left\lfloor \frac{v_1 + v_2 + v_3 + v_4}{4} \right\rfloor \tag{8-3}$$

预测误差 e 为

$$e = x - \hat{x} \tag{8-4}$$

　　在生成预测误差及预测误差直方图后，我们根据图像分割的方案提出复杂性测度（CM）的概念。复杂性测度是衡量中心像素点周围区域平滑性的指标，定义为中心像素点垂直方向与水平方向邻居像素值差值的绝对值之和，即

$$CM = |v_1 - v_3| + |v_2 - v_4| \tag{8-5}$$

　　利用 7.6.4 节中的多直方图平移算法，CM 值会被分割为 M 个区间，这 M 个区间的 $M-1$ 个分割点定义为

$$s_j = \arg\min_n \left\{ \frac{\#\{1 \leqslant i \leqslant N : CM_i \leqslant CM\}}{N} \geqslant \frac{j+1}{M} \right\}, \quad \forall j \in \{0,1,\cdots,M-2\} \tag{8-6}$$

　　最终生成 M 个预测误差直方图。对于生成的每个直方图，可以利用基于两对极值点直方图平移算法进行信息嵌入，假设选取的两个像素点极大值为 $p_{1,n}$ 和 $p_{2,n}$，不失一般性地，假设 $p_{1,n} < p_{2,n}$，直方图平移过后预测误差 e' 为

$$e' = \begin{cases} e, & p_{1,n} < e_i < p_{2,n} \\ e+b, & e = p_{2,n} \\ e-b, & e = p_{1,n} \\ e+1, & e > p_{2,n} \\ e-1, & e < p_{1,n} \end{cases} \tag{8-7}$$

其中，b 是 W 部分的 LSB 组成的二进制码流中的比特。此时的像素值变为 x'，满足

$$x' = x + (e' - e) \tag{8-8}$$

　　可以发现此时算法的嵌入能力与性能取决于参数 $p_{1,n}$ 和 $p_{2,n}$ 的选择。根据式（7-40），此时对于失真度优化的条件为

$$\min_{\sum_{n=1}^{M}(h_n(p_{1,n})+h_n(p_{2,n})) \geqslant EC} \left(\frac{\sum_{n=1}^{M}\left(\sum_{e<p_{1,n}} h_n(e) + \sum_{e>p_{2,n}} h_n(e)\right)}{\sum_{n=1}^{M}(h_n(p_{1,n})+h_n(p_{2,n}))} \right) \tag{8-9}$$

　　在直方图平移的过程中可能会出现像素值的溢出问题，如从 0 变为 -1 或从 255 变为 256。为了避免此类情况的出现，事先将图像中的 0 像素值变为 1，255 像素值变为 254，同时，利用位置地图（LM）去记录这些位置的横纵坐标，利用游程编码对其进行无损压缩，最终生成 l bit 的数据流。

　　为了实现 W 部分 LSB 的可逆提取，在进行 W 部分 LSB 的嵌入过程中，还需要生成一些辅助信息（auxiliary information，Aux）一起进行嵌入：

①参数，其中 $1 \leqslant n \leqslant M$，共 $4M$ bit；

②CM 的分隔值 s_n，其中 $1 \leqslant n \leqslant M-1$，共 $\lceil \log_2 CM_{max} \rceil \times (M-1)$ bit；

③当前最后一个嵌入像素点的顺序下标 N_{end}，共 $\lceil \log_2 N \rceil$ bit；

④位置地图，共 l bit；

⑤位置地图长度 l，共 $\lceil \log_2 N \rceil$ bit。

则辅助信息 Aux 总长度 S_{Aux} 为

$$S_{Aux} = 4M + \lceil \log_2 CM_{max} \rceil \times (M-1) + 2\lceil \log_2 N \rceil + l \tag{8-10}$$

将 S_{Aux} 利用 8 位二进制码进行表示放在 S_{Aux} 位比特辅助信息二进制码流前，更新辅助信息 Aux。在 W 部分的 LSB 嵌入完成后，假设最后一个嵌入像素点的顺序下标为 N'，记录下 B 部分前（$S_{Aux}+8$）个像素点的 LSB 组成二进制序列 Aux_{LSB}，将该序列继续进行嵌入，此时最后一个嵌入像素点的顺序下标为 N_{end}。最后利用 LSB 替换法将辅助信息 Aux 替换 B 部分前（$S_{Aux}+8$）个像素点的 LSB，最终生成待加密图像，设定为 I'。此时在上述步骤全部完成后，只有 B 部分的像素值发生改变，命名 B' 部分，则此时待加密图像 I' 由三部分组成：B'、W、G。

（2）图像加密。

在自适应嵌入过程后，待加密图像 I' 经过图像加密变为加密图像 E。根据流密码加密的算法原理，加密图像 E 中像素值的计算公式为

$$E_{i,j}(k) = I'_{i,j}(k) \oplus r_{i,j}(k), \quad k = 0,1,\cdots,7 \tag{8-11}$$

其中，$r_{i,j}(k)$ 表示利用 RC4 加密算法由加密密钥所产生的流密码发生器的密钥流。

在加密操作完成之后，B'、W、G 部分变成了 B''、W'、G' 部分。最后，在 W' 部分的前 16 个像素点的 LSB 中嵌入 16bit 的信息来告诉信息隐藏者所能嵌入的秘密信息的比特数 EC_{max}。在这一步骤过后，任何没有加密密钥的第三方都不会得到图像的真实内容。图像拥有者的隐私问题得到了切实保护。

2）密文域信息嵌入

当信息隐藏者得到加密图像 E 的时候，他能很容易地得到在 W' 部分的前 16 个像素点的 LSB。在得知他所能嵌入秘密信息的最大容量之后，信息隐藏者只需通过简单的 LSB 替换操作即可将经过信息隐藏密钥加密的秘密信息 m 嵌入 W' 部分中去，同时将 W' 部分的前 16 个像素点的 LSB 替换为真实嵌入的秘密信息的比特数 EC，此时 W' 部分变为 W'' 部分。很显然可以得知 W' 部分和 W'' 部分的像素值二进制表示下前 7bit 的值是相同的。经过秘密信息嵌入过程后，加密图像 E 变为含密加密图像 E'，由三部分组成：B''、W'' 和 G' 部分。在这一步骤过后，任何没有信息隐藏密钥的第三方都不会得到图像中隐藏的秘密信息，即使他知道信息提取的规则。图 8.7 展示了生成加密图像和信息嵌入的流程图及对应 B、W、G 三部分的变化情况。

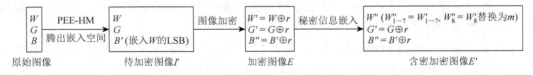

图 8.7　图像预处理、图像加密与信息嵌入流程图及三部分像素点变化情况

3）信息提取与图像恢复

在这一步骤中，信息提取和图像解密这两个步骤是相互独立的。因此，这两个步骤的顺序代表了两种不同的应用。

（1）从明文域中提取信息（解密图像后提取秘密信息）。

在图像接收者掌握加密密钥后，先对图像中除了 W'' 部分的 LSB 进行异或解密：

$$I''_{i,j}(k) = E'_{i,j}(k) \oplus r_{i,j}(k), \quad k = 0,1,\cdots,7 \tag{8-12}$$

并根据式（8-13）生成解密含密图像 I''：

$$I''_{i,j} = \sum_{k=0}^{7} I''_{i,j}(k) \times 2^k, \quad k = 0,1,\cdots,7 \tag{8-13}$$

在经过上述解密步骤后，B''、G'、W''部分的第 1～7 位的部分分别变为

$$B'' \oplus r = (B' \oplus r) \oplus r = B' \tag{8-14}$$

$$G' \oplus r = (G \oplus r) \oplus r = G \tag{8-15}$$

$$W''_{1\sim7} \oplus r = W'_{1\sim7} \oplus r = (W_{1\sim7} \oplus r) \oplus r = W_{1\sim7} \tag{8-16}$$

也就是说，此时图像的失真来自于两部分：W''部分的 LSB 中嵌入的秘密信息和图像预处理过程中在 B'部分中嵌入的 W 部分的 LSB。

此时图像接收者可以根据需求进一步进行信息提取和图像恢复，主要分为以下几个步骤。

步骤一：读取 W''部分的前 16 个像素点的 LSB 得知嵌入的秘密信息的总比特数 EC；记录 W''部分接下来 EC 个像素点的 LSB，并利用信息隐藏密钥进行解密得到嵌入的秘密信息。

步骤二：通过读取 B'部分前 8 个像素点的 LSB 得到辅助信息二进制序列的长度 S_{Aux}，读取接下来的 S_{Aux} 个像素点的 LSB 得到辅助信息 Aux，并解码出参数 $p_{2,n}$、s_n、N_{end} 及位置地图 I 的信息。

步骤三：利用和嵌入操作时相反的顺序从第 N' 到第 N_{end} 个像素点中提取二进制序列 Aux_{LSB} 并可逆恢复这些像素点，并将二进制序列 Aux_{LSB} 恢复到 B'部分的前 $S_{aux} + 8$ 个像素点的 LSB 上。

步骤四：以和嵌入操作相反的顺序对前 N'个像素点进行 W 部分 LSB 的可逆提取，并可逆恢复这些像素点。

步骤五：根据无损压缩恢复出的位置地图 LM 进行像素值恢复，对于位置地图中标出的防溢出像素点更新其像素值 255 为 254，1 为 0。

步骤六：替换 W 部分的 LSB，最终得到原始图像 I。

其中需要解释的是步骤三和步骤四中的可逆提取操作。前面内容已经提到在进行信息提取和图像恢复之前 G 部分已经保证了可逆恢复，即保证了用来预测的像素值和数据嵌入时完全相同。根据式（8-3），预测值 $\hat{x}$ 在嵌入和提取过程中是相同的。那么根据式（8-4）和式（8-9），此时的预测误差和嵌入过程中直方图平移后的预测误差完全相同，均为 e'。且由于用来进行预测的像素值完全相同，那么根据式（8-5），此时每个像素点的复杂性测度 CM 也相同，根据辅助信息中的参数 s_n，可以恢复出嵌入过程结束后完全一致的预测误差直方图。在图像恢复时，对每个预测误差直方图，有

$$x = \begin{cases} x' - 1, & e' > p_{2,n} \\ x', & p_{1,n} \leqslant e' \leqslant p_{2,n} \\ x' + 1, & e' < p_{1,n} \end{cases} \tag{8-17}$$

对嵌入的秘密信息 b 的提取有

$$b = \begin{cases} 1, & e' = p_{2,n} + 1 \\ 1, & e' = p_{1,n} - 1 \\ 0, & e' = p_{2,n} \\ 0, & e' = p_{1,n} \end{cases} \qquad (8\text{-}18)$$

（2）从密文域中提取信息（先提取秘密信息后解密图像）。

为了更好地保护图像内容，当含密加密图像发送给数据库管理者的时候，图像解密前进行秘密信息提取显得尤为重要。当拥有信息隐藏密钥后，首先从含密加密图像 E' 的 W'' 部分的前 16 个像素点的 LSB 中读取图像中嵌入的秘密信息的总比特数 EC，然后读取 W'' 部分中接下来 EC 个像素点的 LSB，利用信息隐藏密钥进行解密，得到隐藏的秘密信息。

提取秘密信息之后，利用加密密钥对整幅图像进行异或解密：此时图像中的 B''、G'、$W_{1\sim7}''$，部分仍然满足式（8-14）～式（8-16）。那么此时的图像恢复过程与密文域提取秘密信息过程中的步骤二～步骤六完全相同，可以完成图像内容的可逆恢复。

8.4　VRAE 算法

在 VRAE 算法中，原始信号直接由内容所有者加密，信息隐藏者通过修改加密数据嵌入了附加信息。基于可以在哪一个数据域提取嵌入信息，进一步将 VRAE 算法分成三个基本类别，其中包括明文域数据提取、密文域数据提取和两个域中的数据提取。

8.4.1　VRAE：明文域数据提取

在这些算法中，对于包含嵌入附加数据的加密媒体，接收方可以先根据加密密钥进行解密，然后根据数据隐藏密钥，提取嵌入的数据和恢复原始图像。密文域嵌入算法中的数据嵌入过程完全在密文域上进行，不会造成原始信息泄露。实现嵌入的关键技术主要有基于图像加密技术、密文域信息处理技术如同态加密技术与熵编码、密文域压缩等。

1. 基于图像加密技术

密文域操作的对象需要加密技术作为前提，信息隐藏的载体通常集中于图像载体，因此基于图像加密技术的密文域可逆信息隐藏是当前该领域算法的重要组成。代表性算法如文献[1]，它首次将图像加密和信息隐藏结合，提出密文图像中的可逆信息隐藏算法。

该算法包括 4 个部分：图像加密、数据嵌入、图像解密和秘密信息提取与载体恢复。其基本思想是信息隐藏者将加密图像分成块，并通过翻转每一图像块一半像素的三个 LSB 来嵌入 1bit 数据。在接收端，隐秘的加密图像被解密为近似图像，翻转三个像素的三个 LSB 形成一个新的块，并使用一个函数来估计每个图像块的图像纹理。由于自然图像中的空间相关性，假设原始图像块比干扰图像块光滑得多。因此，可以同时提取嵌入的数据和恢复原始的图像。该方法的嵌入率取决于图像块的大小。如果选择了不合适的图像块大小，在数据提取和图像恢复过程中可能会发生错误。下面具体说明并分析文献[1]方案的过程。

1）图像加密

假设原始图像使用无损的 8 位灰度图，取值范围在[0, 255]，其像素灰度值记为 $p_{i,j}$，其中（i, j）表示像素点位置，像素点的位值记为 $b_{i,j,k}$，$k = 0, 1, \cdots, 7$（$k = 0$ 表示像素点的最低有效位），则 $p_{i,j}$ 与 $b_{i,j,k}$ 的关系为

$$b_{i,j,k} = \left\lfloor \frac{p_{i,j}}{2^k} \right\rfloor \bmod 2, \quad k = 0,1,\cdots,7 \tag{8-19}$$

$$p_{i,j} = \sum_{k=0}^{7} b_{i,j,k} \cdot 2^k \tag{8-20}$$

使用加密密钥产生随机二进制序列 R，序列 R 的每一位值记为 $r_{i,j,k}$，将图像像素各位值与随机序列逐位异或进行加密，加密后的位值记为 $B_{i,j,k}$：

$$B_{i,j,k} = b_{i,j,k} \oplus r_{i,j,k} \tag{8-21}$$

2）数据嵌入

先将密文图像分成若干大小相同不重叠的块，图像块的大小是 $s \times s$，块中像素根据隐写密钥随机均分为 S_0 与 S_1 两个集合，通过翻转块内特定集合内全部像素的后三个 LSB 来嵌入信息。嵌入后密文图像像素的位值为 $B'_{i,j,k}$，嵌入信息为 1 时：

$$B'_{i,j,k} = \overline{B_{i,j,k}}, \quad (i, j) \in S_1; k = 0,1,2 \tag{8-22}$$

嵌入信息为 0 时：

$$B'_{i,j,k} = B_{i,j,k}, \quad (i, j) \in S_0; k = 0,1,2 \tag{8-23}$$

3）解密与数据恢复

将解密得到的后三个 LSB 位值记为 $b'_{i,j,k}$，翻转操作在以比特位异或为基础的加密机制上具有同态效应，故在图像解密之后，翻转操作的影响被保留。

$$\begin{aligned} b'_{i,j,k} &= r_{i,j,k} \oplus B'_{i,j,k} \\ &= r_{i,j,k} \oplus \overline{B_{i,j,k}} \\ &= r_{i,j,k} \oplus \overline{b_{i,j,k} \oplus r_{i,j,k}} \\ &= \overline{b_{i,j,k}}, \quad k = 0,1,2 \end{aligned} \tag{8-24}$$

此时根据自然图像的像素相关性，对解密后的图像通过构造某种失真函数或波动函数来测量这种翻转操作是否存在。如果图像某一块很不平滑，而翻转了块内的特定集合 S_i 中像素的后三个 LSB 之后变得平滑，说明块中嵌入了信息 i（0 或 1），而翻转操作即可完成图像的可逆恢复。

文献[1]的方法操作简单且满足一定的可逆性要求，但是加密算法是采用像素点位值逐位异或，对于当前图像加密技术来说，加密方式比较简单，同时嵌入量受图像恢复质量与分块大小限制，可逆效果与失真函数的精确性有关。根据其不同位产生错误的影响，可以推得其可逆恢复过程的平均错误值为 E_A：

$$E_A = \frac{1}{8}\sum_{u=0}^{7}(u-(7-u))^2 = 21 \tag{8-25}$$

其可逆恢复的峰值信噪比（PSNR）（单位：dB）的理论值为

$$PSNR = 10 \cdot \log_{10}\frac{255^2}{\dfrac{E_A}{2}} = 37.9\text{dB} \tag{8-26}$$

式（8-26）表明恢复数据中存在失真，只是将失真的程度控制在人眼视觉不可分辨范围内，而且算法中信息提取是基于自然图像的像素相关性，因此提取前需要先进行图像解密，两过程不可交换。

类似的方法应用于 JPEG 图像，Qian 等[12]提出了加密的 JPEG 数据位流中隐藏数据，通过分析数据隐藏产生的块效应恢复原始的数据位流。文献[1]方法提出后，先后有多种改进算法提出[2, 13-16]。例如，在文献[2]中，通过利用邻近图像块空间相关性和边匹配算法，性能得到改进，恢复的图像具有较低的错误率并获得较高的嵌入容量。通过引入翻转比[13]和使用不平衡位翻转[14]，性能进一步得到提高。在文献[15]中，提出了一个更精确的函数来估计每个图像块的图像纹理，以提高数据提取和图像恢复的准确性。此外，文献[16]在嵌入数据时，将加密图像中较少的像素 LSB 翻转，而不是翻转一半像素的 LSB，这导致了近似图像的视觉质量显著改善。基于图像局部内容的特征分布，提出了一种新的自适应判断函数，用于估计数据提取和图像恢复过程中每个图像块的图像纹理，从而在一定程度上减少了数据提取和图像恢复的误差。

2. 基于同态加密技术

同态加密技术对于密文域信号处理技术的发展意义重大，其特点在于允许在密文域直接对密文数据进行操作（如加或乘运算），而不需要解密原始数据，操作过程不会泄露任何明文信息。在操作之后，将数据解密，得到的结果等同于直接在明文数据上进行相同操作后的结果。当前加密技术在隐私保护过程中被普遍使用，同态加密技术保证了密文域数据与明文域信息的同态变换，能够直接在密文域实现对密文的管理。同态加密根据其满足同态运算的类型与可执行次数，主要可分为全同态、类同态与单同态加密。其中，全同态算法可同态执行任意次数的加或乘运算；类同态算法可同态执行有限次数的加或乘运算；单同态算法只满足加或乘同态。当前同态加密技术的研究重点在于设计全同态与类同态算法，因为单同态算法如加同态只能用于构造对称密码，其应用场景较少。可逆信息隐藏算法中的重要一类是利用同态加密技术进行数据嵌入，同态加密技术的引入为信息隐藏技术与加密技术的深度结合提供了重要的技术支持与理论保证。

同态加密的概念首先由 Rivest 等于 1978 年提出[17]。同态加密与一般的加密系统的区别在于，它不仅能够实现基本的明文域加密操作，而且还能实现密文域上的各种计算操作，最大的特性是可以保证在密文域操作和在明文域操作得到的结果完全相同，这保证了先计算后解密等价于先解密后计算。这就为密文域的信号处理带来了诸多的拓展算法。结合 Diffie 等提出的公钥加密体制[18]，同态加密系统得到了广泛的研究与应用。同态加密系统这样的特性为密文域可逆信息隐藏提供了强大的技术支持。

假设 $E(\cdot,k)$ 表示利用加密密钥 k 的加密操作，$D(\cdot,k)$ 表示利用加密密钥 k 的解密操作，O_m 和 O_c 分别表示在明文域和密文域的操作，对于两个明文 m_1、m_2，其对应的密文域内容为 c_1、c_2，且满足

$$c_1 = E(m_1,k_1), \quad c_2 = E(m_2,k_2) \tag{8-27}$$

那么该加密系统是同态的即需满足

$$E(O_m(m_1,m_2),k) = O_c(c_1,c_2) \tag{8-28}$$
$$D(O_c(c_1,c_2),k) = O_m(m_1,m_2) \tag{8-29}$$

Paillier 加密系统由于同时具备同态特性和概率特性，被广泛应用于研究安全计算的各个领域[19]。在 Paillier 同态加密系统中，明文由同一个加密密钥 k 进行加密，但是由于参数选择的随机性，可以得到不同的密文。在接收端根据私钥能够解码出完全一致的明文信息。同时 Paillier 加密系统还是加性同态公钥加密系统。加性同态即存在运算操作 $\oplus$ 使得加密系统满足

$$E(m_1 + m_2) = E(m_1) \oplus E(m_2) \tag{8-30}$$
$$m_1 + m_2 = D(E(m_1) \oplus E(m_2)) \tag{8-31}$$

整个系统可分为密钥生成、加密过程和解密过程。

1）密钥生成

随机选择两个大素数 p 和 q，计算 p 和 q 的乘积 N 以及 $p-1$ 和 $q-1$ 的最小公倍数 λ，然后随机选择一个整数 $g \in \mathbf{Z}_{N_2}^*$，$\mathbf{Z}_{N_2}^*$ 表示与 N_2 互质的小于 N_2 的整数集合，其中整数 g 还必须满足

$$\gcd(L(g^\lambda \bmod N^2),N) = 1 \tag{8-32}$$

其中，gcd 表示两个输入的最大公约数。函数 L 定义为

$$L(x) = \frac{x-1}{N} \tag{8-33}$$

此时产生的 (N,g) 为公钥，λ 为私钥。

2）加密过程

对于原文 $m \in \mathbf{Z}_N$，随机选择整数 $r \in \mathbf{Z}_N^*$，则对应的密文 c 为

$$c = E(m,r) = g^m r^N \bmod N^2 \tag{8-34}$$

因为参数 r 选择的随机性，相同的密文 m 也可以得到不同的密文 c。同时根据式（8-34），可知 $c \in \mathbf{Z}_N^*$。

3）解密过程

利用私钥 λ，可以对 m 进行解密：

$$m = D(c,\lambda) = \frac{L(c^\lambda \bmod N^2)}{L(g^\lambda \bmod N^2)} \bmod N \tag{8-35}$$

对于 Paillier 同态加密系统，满足密文间的同态乘法：

$$E(m_1,r_1) \cdot E(m_2,r_2) = (g^{m_1} r_1^N \cdot g^{m_2} r_2^N) \bmod N^2 = g^{m_1+m_2}(r_1 \cdot r_2)^N \bmod N^2 = E(m_1+m_2, r_1 \cdot r_2) \tag{8-36}$$

以及密文与常数的同态乘法：

$$E^k(m_1, r_1) = g^{km_1} \cdot r_1^{kN} \bmod N^2 = E(km_1, r_1^k) = E(km_1, r^*) \tag{8-37}$$

式（8-36）表示两密文的积为对应明文加和的加密结果。式（8-37）表示密文与常数的积为对应常数倍明文的加密结果。利用 Paillier 同态加密系统的上述两个特性，发展出了许多基于 Paillier 同态加密方案的密文域可逆信息隐藏算法。例如，文献[20]、[21]等属于在密文域信息隐藏领域引入了同态加密技术的早期算法，文献[22]用 Okamoto-Uchiyama 公钥密码加密载体数据，利用类同态技术适应性替换量化后的密文图像 DCT 系数来嵌入数字水印。在文献[23]中，以数字图像为例，提出了一种适用于任何加密信号的 RDH 方案。

该算法首先将像素点两两分为一组，对同一组内的像素对 $\{p_1, p_2\}$ 中每一个进行 MSB 和 LSB 的像素值分解，得到 $\{(x_1, y_1), (x_2, y_2)\}$，其中 y 代表每个像素值的 LSB，且满足

$$p_1 = x_1 + y_1, \quad p_2 = x_2 + y_2 \tag{8-38}$$

对得到的四部分像素值分别进行 Paillier 同态加密，最终得到 $E(x_1)$、$E(y_1)$、$E(x_2)$、$E(y_2)$。将这四部分都传送给信息隐藏者，至此完成了图像加密工作。

信息隐藏者通过改变每个像素对的 LSB 进行秘密信息的嵌入工作。具体地，利用密文间的同态乘法特性，即式（8-37）进行秘密信息 m 的嵌入。

（1）当 $m = 1$ 时：

$$E(y_1') = E(2 + y_1 + (y_2 + 1)) = E(2) \cdot E(y_1) \cdot E(y_2) \cdot E(1)$$
$$E(y_2') = E(2 + y_1 - (y_2 + 1)) = E(2) \cdot E(y_1) \cdot E^{-1}(y_2) \cdot E^{-1}(1) \tag{8-39}$$
$$E(x_1') = E(x_1), \quad E(x_2') = E(x_2)$$

且此时必有

$$y_1' = 2 + y_1 + (y_2 + 1) > 2 + y_1 - (y_2 + 1) = y_2' \tag{8-40}$$

（2）当 $m = 0$ 时：

$$E(y_1') = E(2 + y_1 - (y_2 + 1)) = E(2) \cdot E(y_1) \cdot E^{-1}(y_2) \cdot E^{-1}(1)$$
$$E(y_2') = E(2 + y_1 + (y_2 + 1)) = E(2) \cdot E(y_1) \cdot E(y_2) \cdot E(1) \tag{8-41}$$
$$E(x_1') = E(x_1), \quad E(x_2') = E(x_2)$$

且此时必有

$$y_1' = 2 + y_1 - (y_2 + 1) < 2 + y_1 - (y_2 + 1) = y_2' \tag{8-42}$$

当图像接收者获得含密加密图像后，通过私钥 λ 进行解密操作。此时得到的像素对满足

$$p_1 = x_1' + y_1' = x_1 + y_1', \quad p_2 = x_2' + y_2' = x_2 + y_2' \tag{8-43}$$

此时通过比较 y_1' 和 y_2' 的大小关系即可进行秘密信息提取与 y_1 和 y_2 的恢复。当 $y_1' < y_2'$ 时，根据式（8-40）与式（8-42），可知 $m = 0$。且此时 y_1 和 y_2 的恢复根据式（8-39）与式（8-41）有

$$y_1 = \frac{y_1' + y_2' - 4}{2}, \quad y_2 = \frac{y_1' - y_2' - 2}{2} \tag{8-44}$$

当 $y_1' > y_2'$ 时，根据式（8-42）与式（8-44），可知 $m = 1$。且此时 y_1 和 y_2 的恢复根据式（8-39）与式（8-41）有

$$y_1 = \frac{y_1' - y_2' - 2}{2}, \quad y_2 = \frac{y_1' + y_2' - 4}{2} \tag{8-45}$$

以上介绍的方法主要针对数据的提取在解密之后。换句话说，隐藏的数据必须从明文域中提取，数据提取前主要明文内容被曝光，如果某人有数据隐藏密钥，但没有加密密钥，他将不能从隐秘的加密媒体中提取任何信息。因为对嵌入的数据进行提取和恢复原始媒体通常是共同完成的，这一类可逆信息隐藏算法也称为不可分离的密文域可逆信息隐藏算法[3]。与不可分离算法相反，另一类称为可分离的密文域可逆信息隐藏算法，其数据提取可以在图像解密之前单独进行，即密文域数据提取。

8.4.2　VRAE：密文域数据提取

在这类可逆信息隐藏算法中，对于隐秘的加密的媒体，具有数据隐藏密钥的合法接收者可以直接在密文域提取附加的数据信息，而具有加密密钥的接收者可以解密获取与原始媒体相似的媒体，即相近媒体。如果接收者同时具有数据隐藏和加密密钥，他可以提取附加数据并无差错地恢复原始媒体。

密文域提取数据想法最初是在文献[24]提出的，基本思想是载体所有者使用高级加密标准（AES）加密原始图像，数据隐藏者在 n 像素×n 像素的图像块中嵌入 1bit 信息，即嵌入率为 $1/n$（bpp）。在接收端，通过分析隐秘加密图像解密后局部标准差，来实现数据提取和图像恢复。虽然该方法提供了良好的嵌入率，但是在接收端有两个致命缺陷。一方面，攻击者通过统计方法可能破坏来自加密图像中的某些信息。因为每个图像块都是单独用一个加密密钥应用 AES 加密的，图像中的冗余性会导致重复加密块。另一方面，如果接收者直接解密隐秘加密图像，解密后的图像质量相当差，远远达不到人类的视觉要求。

Qian 等使用直方图平移思想对原始图像进行加密，然后使用 n 进制数据隐藏方案，将附加数据嵌入加密图像中[25]。在文献[26]中，载体图像划分为不重叠的块并进行多粒度加密。然后使用一个新的局部直方图平移思想，以分块图像光滑度顺序嵌入附加数据到图像块中。文献[25]、[26]均提供了满意的嵌入容量和良好的图像质量。然而，原始图像采用像素置换和仿射变换进行加密，在蛮力攻击下，图像直方图的泄漏是不可避免的。

其他一些方法通过加密位压缩进一步腾空嵌入空间[27-29]。Zhang 等将基于无损压缩的 RDH 算法扩展到密文域[27]。加密图像的第四 LSB 的一半，通过低密度奇偶校验（LDPC）编码被无损压缩，为数据隐藏腾出空间。在文献[29]中，作者使用 LDPC 码从流加密图像编码选择的比特，转换为综合比特，为容纳附加数据腾出空间。在文献[28]中，通过 LSB 流与辅助流之间的汉明距离计算，加密图像的像素的最低有效位被无损压缩。

在某些应用中，内容所有者对明文媒体如图像等进行加密，然后要求电信运营商或信道服务商传送加密的数据给某些用户。虽然电信运营商或信道服务商不知道明文内容，但是希望在加密图像中插入可见水印，然后将加有水印的加密数据发送给用户，这样没有为数据传输付费的用户，通过解密接收到的数据，只能得到一个有可见水印的版本，即质量下降的图像；而由内容所有者和电信运营商或信道服务商授权的用户，经过数据提取和内容恢复后，可以获得原始数据图像。这意味着密文域中可逆可见水印嵌入是必要的。在文献[30]中，提出了一种基于湿纸编码的加密图像可逆可见水印方案。在这个方案中，采用了异或运算用于加密，对水印图像黑色像素的加密数据部分进行修改，以插入可见水印并携带一些为内容恢复的附加数据。虽然水印是在密文域中插入的，通过加密的数据是不可见的，而在接收端直接解密后水印可见，即直接解密后得到可见水印的图像。如果持有数据隐藏和图像加密两个密钥，则接收方通过联合解密-提取运算，可以无差错地检索原始明文图像。

另外，大多数的 RDH-ED 算法都是基于流密码，Qian 等提出了另一种方法应用于分块加密图像[31]。在上传数据到远程服务器之前，内容所有者用块密码算法，使用加密密钥加密原始图像。然后，服务器用嵌入密钥嵌入额外的数据到加密图像，生成水印加密图像。在接收方，如果接收者有嵌入密钥，则附加的数据可以从密文域提取。与现有的基于分组密码的 RDH-ED 算法[24]相比，图像安全性和质量得到提高。

此外，在文献[6]中，描述了一个适用于任何密文域的通用的可逆数据嵌入方法。具体思想是，任何加密信号的编码冗余可以划分成段，并通过 Golomb-Rice 码本（GRC）进行熵编码。然后将两比特信息以可逆的方式嵌入每个段 GRC 码中。实验结果表明，对于加密信号每一比特，可以实现平均嵌入有效载荷为 0.169bit。

用上述方法虽然可以在密文域中使用数据隐藏密钥，在密文域提取嵌入数据，但是不可能在密文域完成数据提取。因此，有一个到目前为止所讨论的关键问题，即嵌入式数据只能是解码前提取或解码后提取。这意味着有数据隐藏密钥，但没有解码密钥的一个合法的接收者，他不能直接从密文域中提取嵌入的数据；从另一方面来说，一个合法的接收方有数据隐藏密钥，解密媒体包含附加的数据，但是他无法提取嵌入的数据。所以，需要一种既可以从明文域，也可以从密文域提取嵌入数据的新的 RDH-ED 框架。

8.4.3　VRAE：双域中数据提取

可在双域中提取数据的框架中，带有隐秘的加密媒体包含附加数据，一个合法接收方知道数据隐藏密钥，可以直接从密文域提取嵌入的数据。此外，持有加密密钥的合法用户可以将加密的数据解密，得到一个与原始媒体相似的版本。如果持有数据隐藏密钥的用户接收到相似版的媒体，他也能成功提取附加的数据，并完美地恢复原始图像。

在文献[32]中，提出了第一个基于伪随机序列调制的解决方案。在这个方案中，加密图像的 LSB 平面中一部分数据将替换为附加数据，LSB 平面中其余数据由替换比特和嵌入数据调制的伪随机序列修改。然后，数据隐藏密钥的附加数据用户可以轻松地在密文域提取附加的数据。因为数据嵌入操作只影响 LSB，直接解密可能导致保留主要原始内容的图像。通过找到对应最小波动的被调制序列，嵌入数据可以从解密后的图像中提取出来。当嵌入率不太高时，原始图像也可以在没有任何差错的情况下恢复。

有些 RDH-ED 算法是通过将数据嵌入不受加密影响的空间来实现的[33-37]。在文献[33]中，相邻两个像素的灰度值嵌入相同的伪随机比特。然后，附加数据以一种可逆方式被嵌入多种位平面中，参数优化方法用于确保良好的有效负载失真性能。因为用于容纳附加数据的数据空间不受加密操作的影响，即数据插入/提取可以在明文域和密文域执行，在两个域中数据的插入/提取是相同的。

　　在文献[34]中，提出了基于块划分的完全可分离的 RDHEI 方法、RC4 加密和分块直方图修改。起初，原始图像被分割成不重叠的块，然后应用 RC4 用相同的密钥对每个块内的所有像素进行加密。因此，每个加密块保存结构的冗余以携带附加的比特，通过块直方图平移实现 RDH。嵌入式数据可以无错误地从隐秘的加密图像（密文域）和直接从解密的图像（明文域）提取。然而，这种方法不适合包含饱和像素的图像。在文献[35]中，提出了类似的想法，图像通过交叉分割被分成若干组，每组内的所有像素用相同的密钥由 RC4 算法加密。因此，图像加密后生成差值直方图。然后，通过差值直方图平移可逆嵌入隐藏信息。在文献[36]中，载体图像首先使用混沌映射进行分块，并以逐个像素的方式进行置换加密。然后，采用像素值排序（PVO）嵌入方法[38]可逆地嵌入附加比特到每一置换图像块。因为在每个块 PVO 嵌入后，像素值的顺序是不变的，无论隐秘图像是否解密，利用逆 PVO 可以准确地提取出嵌入的数据。在文献[37]中，首先利用一种流密码加密样本像素，设计一种特定的加密方式用于加密非样本像素的插值误差计算。然后，通过改进的直方图平移和差值扩展技术嵌入附加的比特。最后，数据提取既可以在密文域，也可以在明文域中进行。然而，正如该文献中实验描述的那样，图像轮廓的泄露是不可避免的。

　　另一种方法是利用同态加密实现 RDH-ED[39]。该文献提出了一种无损的、可逆的和组合的数据隐藏方案，密码图像通过具有概率和同态性质的公钥密码系统加密。文献[39]首先提出了一种基于湿纸编码和直方图平移的同态加密可逆信息隐藏算法。其算法流程图如图 8.8 所示。

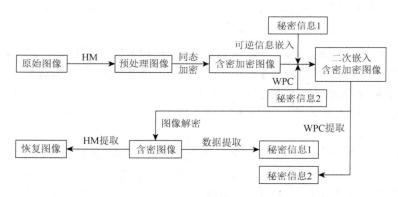

图 8.8　文献[39]算法流程图

　　首先利用选定的阈值 δ 对明文域像素值 m 进行编码：

$$m = \begin{cases} \delta + 1, & m \in [0, \delta + 1] \\ 255 - \delta, & m \in [255 - \delta, 255] \\ m, & m \in [\delta + 2, 254 - \delta] \end{cases} \tag{8-46}$$

　　此时所有像素值 m 都集中在区间$[\delta + 2, 254 - \delta]$ 中，且此时直方图极值点为 v。对于改变像素值的两部分像素点利用无损压缩将其编码为二进制码流 BS_1 和 BS_2。利用 Ni 等的直方图平移算法根据式（8-47）将其嵌入剩余的像素点中，最后根据式（8-37）对图像进行加密，传送给信息隐藏者。

$$m' = \begin{cases} m, & m > v \\ v, & m = v \text{且} b = 0 \\ v-1, & m = v \text{且} b = 1 \\ m-1, & m < v \end{cases} \tag{8-47}$$

在密文域中，信息隐藏者首先将图像分为 A 和 B 两部分，其像素横纵坐标 i, j 满足

$$\{c_{i,j} \in A \mid \text{mod}(i+j, 2) = 1\} \tag{8-48}$$
$$\{c_{i,j} \in B \mid \text{mod}(i+j, 2) = 0\}$$

这样的划分使得一个 A 部分的像素点被 4 个 B 部分的像素点包围。假设 A 部分的像素点个数为 $n/2$，利用纠错码将第一部分秘密信息扩展 $n/2$ 长度的码流，根据信息隐藏密钥和式（8-49），将其嵌入 A 部分中。

$$\begin{cases} c'_{i,j} = c_{i,j} g^{N-\delta} r'^N \bmod N^2, & w_b = 0 \\ c'_{i,j} = c_{i,j} g^{\delta} r'^N \bmod N^2, & w_b = 1 \end{cases} \tag{8-49}$$

式（8-49）保证了嵌入信息可以在解密后进行提取。为了在密文域也可以进行信息提取，设计了与湿纸编码相结合的信息嵌入方式。首先根据信息隐藏密钥计算密文像素点 c''：

$$c''_{i,j} = c'_{i,j} g^0 r''^N \bmod N^2 = c_{i,j} r''^N \bmod N^2 \tag{8-50}$$

分别提取 c' 和 c'' 的各个二进制位 $c'_{i,j}(k)$ 和 $c''_{i,j}(k)$，$k = 1, 2, \cdots, 8$，显然此时 $c'_{i,j}(k) = c''_{i,j}(k)$ 的概率为 1/2。则可将密文根据各个二进制位值相等与否分为 K 个集合：

$$S_K = \{c'_{i,j} \mid c'_{i,j}(K) \neq c''_{i,j}(K), c'_{i,j}(k) \neq c''_{i,j}(k), k = 1, 2, \cdots, K-1\} \tag{8-51}$$

将 k 层 LSB 看成湿纸编码信道，即可将第二部分秘密信息嵌入对应集合中。在信息接收方，可根据 WPC 的原理对第二部分秘密信息直接进行密文域提取。利用同态加密系统的解密算法先进行图像解密，再进行第一部分秘密信息的可逆提取。在图像恢复步骤中，可根据同态加密系统的解密算法和直方图平移的可逆恢复算法对原始图像进行恢复。

同态算法尤其是全同态加密技术较大的计算复杂度与密文扩展影响了可分离的密文域嵌入算法的效率，可分离算法可以通过引入密文压缩技术有效提高嵌入效率，文献[3]是利用密文压缩技术实现可分离的代表算法，提出了一个基于流加密图像的 RDH-ED 算法，并通过压缩加密比特流来容纳附加数据的思想。

在预处理阶段，保留 N_P 个原始图像的像素点并在之后的操作中保持其位置不变，将这 N_P 个像素点的位置作为隐写密钥，而将其余像素点加密。对于密文图像，选择 LSB 进行矩阵运算：首先将加密后的像素的 LSB 分为 $M \cdot L$ 大小的块，每个块都是 0-1 二值矩阵。构造变换矩阵 G：

$$G = [I_{M \cdot L - S} \, Q] \tag{8-52}$$

其中，G 可分为两个矩阵，左边部分 $I_{M \cdot L - S}$ 是大小为 $(M \cdot L - S) \cdot (M \cdot L - S)$ 的单位矩阵；右边部分 Q 是大小为 $(M \cdot L - S) \cdot S$ 的随机二进制矩阵；S 是正整数，可表示压缩的力度。预留的 N_P 个像素点的 LSB 此时可携带两部分信息：一是秘密信息；二是 M、L、S 的值。

将每个加密像素的 LSB 块中的数值排成一维向量，向量长度为 $M \cdot L$，依次记为 $B(k, i)$，$i = 1, 2, \cdots, M \cdot L$，其中 k 用于标记所在的 LSB 块。矩阵运算后的向量长度为 $M \cdot L - S$，各元素依次记为 $B'(k, i)$，$i = 1, 2, \cdots, M \cdot L - S$，则

$$\begin{bmatrix} B'(k,1) \\ B'(k,2) \\ \vdots \\ B'(k, M \cdot L - S) \end{bmatrix} = G \cdot \begin{bmatrix} B(k,1) \\ B(k,2) \\ \vdots \\ B(k, M \cdot L) \end{bmatrix} \tag{8-53}$$

由式（8-53）可知，矩阵运算后的 LSB 值被压缩，每个原始密文像素的 LSB 块会空留出 S 个位置用于嵌入恢复信息，根据预留的 N_P 个像素点的修改情况，用于恢复这 N_P 个像素点的信息。

在接收方，如果只知道隐写密钥，可以根据密钥在嵌入后密文图像的对应 N_P 个位置中提取像素的 LSB，即为秘密信息；如果只知道解密密钥，可直接对嵌入后图像进行解密操作，由于嵌入与压缩变换只是修改了像素的 LSB，解密图像的失真一般人眼不能区分；如果同时知道隐写密钥与解密密钥，先进行直接解密，然后将携带秘密信息的 N_P 个像素点利用压缩后保存的信息进行恢复，而由于矩阵运算的不可逆，整个图像的恢复主要基于图像像素间的相关性，通过构造失真函数来实现。

还有一类算法基于格密码进行加密[40]。这类算法主要是有效利用了格密码算法的特点，通过对加密过程产生的数据冗余再编码进行信息隐藏。格密码算法当前面临的主要困难问题是以错误学习（learning with error，LWE）问题为主。而 LWE 算法具有以下三方面特点，可有效用于实现密文域可逆信息隐藏：一是可靠的理论安全性，已知求解 LWE 问题的算法都运行在指数时间内，能够抵抗量子攻击；二是格空间是一种线性结构，LWE 算法中的运算基本是线性运算，加密速度比目前广泛使用的基于大整数分解难题和离散对数难题的公钥密码高出很多，适用于数据量极大的多媒体环境与云环境下的数据加密；三是 LWE 算法加密后的数据携带大量的信息冗余，这些冗余对于没有私钥的攻击者来说不包含任何有用信息，但是对于拥有私钥的用户来说该部分冗余是可控的。

8.5　本 章 小 结

在本章中，重点介绍了密文域可逆信息隐藏算法。从密文域可逆信息隐藏算法的基础框架出发，介绍了其基本算法分类。从 VRBE 算法和 VRAE 算法，以及可分离与不可分离算法的分类角度上对各个类别的一些经典算法进行了介绍。

参 考 文 献

[1]　Zhang X. Reversible data hiding in encrypted image[J]. IEEE Signal Processing Letters，2011，18（4）：255-258.

[2]　Hong W，Chen T S，Wu H Y. An improved reversible data hiding in encrypted images using side match[J]. IEEE Signal Processing，2012，19（4）：199-202.

[3]　Zhang X. Separable reversible data hiding in encrypted image[J]. IEEE Transaction on Information Forensics and Security，2012，7（2）：826-832.

[4]　Ma K，Zhang W，Zhao W，et al. Reversible data hiding in encrypted images by reserving room before encryption[J]. IEEE Transaction on Information Forensics and Security，2013，8（3）：553-562.

[5]　Zhang W，Ma K，Yu N. Reversibility improved data hiding in encrypted images[J]. Signal Processing，2014，94（1）：118-127.

[6]　Karim M S A，Wong K. Universal data embedding in encrypted domain[J]. Signal Processing，2014，94：174-182.

[7]　Gentry C. Fully homomorphic encryption using ideal lattices[C]. Proceedings of the Forty-first Annual ACM Symposium on Theory of Computing（STOC' 09），2009：169-178.

[8]　Lian S，Liu Z，Ren Z，et al. Commutative encryption and watermarking in video compression[J]. IEEE Transaction on Circuits and Systems for Video Technology，2007，17（6）：774-778.

[9]　Cancellaro M，Battisti F，Carli M，et al. A commutative digital image watermarking and encryption method in the tree structured Haar transform domain[J]. Signal Process Image，2011，26：（1）：1-12.

[10]　Schmitz R，Li S，Grecos C，et al. A new approach to commutative watermarking-encryption[C]. 13th Joint IFIP TC6/TC11 Conference on Communication and Multimedia Security，Berlin，2012：117-130.

[11]　Song C，Zhang Y，Lu G. Reversible data hiding in encrypted images based on image partition and spatial correlation[C]. Digital Forensics and Watermarking. IWDW 2018. Jeju：Lecture Notes in Computer Science，2018：180-194.

[12]　Qian Z，Zhang X，Wang S. Reversible data hiding in encrypted JPEG bitstream[J]. IEEE Transaction on Multimedia，2014，16（5）：1486-1491.

[13]　Yu J，Zhu G，Li X，et al. An improved algorithm for reversible data hiding in encrypted image[C]. Digital Forensics and Watermarking，Shanghai，2012：384-394.

[14]　Hong W，Chen T S，Chen J，et al. Reversible data embedment for encrypted cartoon images using unbalanced bit-flipping[J]. Lecture Notes in Computer Science，2013，7929：208-214.

[15]　Liao X，Shu C. Reversible data hiding in encrypted images based on absolute mean difference of multiple neighboring pixels[J]. Journal of Visual Communication and Image Representation，2015，28：21-27.

[16]　Qin C，Zhang X. Effective reversible data hiding in encrypted image with privacy protection for image content[J]. Journal of Visual Communication and Image Representation，2015，31：154-164.

[17]　Rivest R L，Adleman L，Dertouzos M L. On data banks and privacy homomorphisms[J]. Foundations of Secure Computation，1978，4（11）：169-180.

[18]　Diffie W，Hellman M E. New directions in cryptography[J]. IEEE Transactions on Information Theory，1976，22（6）：644-654.

[19]　Paillier P. Public-key cryptosystems based on composite degree residuosity classes[J]. Lecture Notes in Computer Science，1999，（1592）：223-238.

[20]　Kuribayashi M，Tanaka H. Fingerprinting protocol for images based on additive homomorphic property[J]. IEEE Transactions on Image Processing，2005，14（12）：2129-2139.

[21]　Memon N，Wong P. A buyer-seller watermarking protocol[J]. IEEE Transactions on Image Processing，2001，10（4）：643-649.

[22]　Okamoto T，Uchiyama S. A new public-key cryptosystem as secure as factoring[C]. International Conference on the Theory and Application of Cryptographic Techniques. Berlin：Springer，1998：308-318.

[23]　Chen Y C，Shiu C W，Horng G. Encrypted signal-based reversible data hiding with public key cryptosystem[J]. Journal of Visual Communication and Image Representation，2014，25（5）：1164-1170.

[24]　Puech W，Chaumont M，Strauss O. A reversible data hiding method for encrypted images[J]. International Society for Optics and Photonics，2008，6819：68191E-1-68191E-9.

[25]　Qian Z，Han X，Zhang X. Separable reversible data hiding in encrypted images by n-nary histogram modification[C]. Proceedings of 3rd International Conference on Multimedia Technology，2013：869-876.

[26]　Yin Z，Luo B，Hong W. Separable and error-free reversible data hiding in encrypted image with high payload[J]. The Scientific World Journal，2014：604876.

[27]　Zhang X，Qian Z，Feng G，et al. Efficient reversible data hiding in encrypted images[J]. Journal of Visual Communication and Image Representation，2014，25（2）：322-328.

[28]　Zheng S，Li D，Hu D，et al. Lossless data hiding algorithm for encrypted images with high capacity[J]. Multimedia Tools Application，2016，75：13765-13778.

[29]　Qian Z，Zhang X. Reversible data hiding in encrypted images with distributed source encoding[J]. IEEE Transactions on Circuits and Systems for Video Technology，2016，26（4）：636-646.

[30]　Zhang X，Wang Z，Yu J，et al. Reversible visible watermark embedded in encrypted domain[C]. Proceedings of 3rd IEEE China Summit & International Conference on Signal and Information Processing（ChinaSIP），Chengdu，2015：826-830.

[31]　Qian Z，Zhang X，Ren Y，et al. Block cipher based separable reversible data hiding in encrypted images[J]. Multimedia Tools & Applications，2016，75（21）：13749-13763.

[32]　Zhang X，Qin C，Sun G. Reversible data hiding in encrypted images using pseudorandom sequence modulation[C]. Digital Forensics and Watermarking，Shanghai，2012：358-367.

[33]　Zhang X. Commutative reversible data hiding and encryption[J]. Security & Communication Networks，2013，6（11）：1396-1403.

[34]　Yin Z，Wang H，Zhao H，et al. Complete separable reversible data hiding in encrypted image[C]. Proceedings of First International Conference on Cloud Computing and Security，2015：101-110.

[35]　Li M，Xiao D，Zhang Y，et al. Reversible data hiding in encrypted images using cross division and additive homomorphism[J]. Image Communication：A Publication of the European Association for Signal Processing，2015，39：234-248.

[36]　Ou B，Li X，Zhang W. PVO-based reversible data hiding for encrypted images[C]. IEEE China Summit & International Conference on Signal & Information Processing，2015：831-835.

[37]　Xu D，Wang R. Separable and error-free reversible data hiding in encrypted images[J]. Signal Processing，2016，123：9-21.

[38]　Li X，Li J，Li B，et al. High-fidelity reversible data hiding scheme based on pixel-value-ordering and prediction-error expansion[J]. Signal Processing，2013，93（1）：198-205.

[39]　Zhang X，Long J，Wang Z，et al. Lossless and reversible data hiding in encrypted images with public key cryptography[J]. IEEE Transactions on Circuits & Systems for Video Technology，2016，26（9）：1622-1631.

[40]　Zhang M，Ke Y，Su T. Reversible steganography in encrypted domain based on LWE[J]. Journal of Electronics & Information Technology，2016，38（2）：354-360.